W0053877

Kohlhammer

Rudolf Bieker

Erfolgreich bewerben im Erziehungs- und Sozialsektor

Ein Leitfaden

Verlag W. Kohlhammer

Dieses Buch ist Christa († 1997) und Marlies gewidmet.

Alle Rechte vorbehalten
© 2008 W. Kohlhammer GmbH Stuttgart
Umschlag: Gestaltungskonzept Peter Horlacher
Gesamtherstellung:
W. Kohlhammer Druckerei GmbH + Co. KG Stuttgart

ISBN 978-3-17-019896-8

Inhalt

Vorwort

Das vorliegende Buch ist ein Leitfaden. Es soll Ihnen helfen, sich professionell zu bewerben, gleich ob Sie Berufseinsteiger/in sind oder schon „alter Hase". Wenn Sie sich im Erziehungs- und Sozialsektor bewerben, konkurrieren Sie nicht selten gegen eine große Zahl von Mitbewerber/innen. Wer sich gegen harte Konkurrenz durchsetzen will, muss nicht nur ausreichend qualifiziert sein; er muss sein berufliches Können, seine Erfahrungen und seine persönlichen und sozialen Kompetenzen auch angemessen präsentieren können, in den Bewerbungsunterlagen und im Vorstellungsgespräch

Die Erfahrung lehrt: Mit dieser Anforderung tun sich viele Menschen schwer, manchmal wegen falscher Bescheidenheit, oft aber weil das Know-how für eine qualifizierte Selbstpräsentation (noch) fehlt. Das Buch soll Ihnen zeigen, wie Sie Ihre „Performance" im Erziehungs- und Sozialsektor ebenso zielgerichtet wie seriös ausrichten können. Widerlegen Sie mithilfe dieses Leitfadens, was ein erfahrener Personalexperte und Autor kürzlich in einem Lehrbuch bemerkte: „Die meisten können es nicht besonders gut: Ein Bewerbungsschreiben formulieren, das Eindruck macht. Die meisten Bewerbungsschreiben gleichen sich wie ein Ei dem anderen. Es sind Standardanschreiben mit den üblichen Floskeln, den bekannten Einleitungs- und Schlusssätzen."

Die Empfehlungen dieses Buches gründen

- in der langjährigen Tätigkeit des Autors in der Geschäftsführung von Non-Profit-Organisationen,
- in Bewerbungstrainings mit Studierenden der Sozialen Arbeit/des Sozialmanagements,
- in der nebenberuflichen Personalberatung von sozialen Diensten und Einrichtungen sowie
- in der Auswertung anerkannter Publikationen zu den Themenfeldern Stellensuche und Personalbeschaffung.

Profitieren Sie von diesem Buch, gleich ob Sie weiblichen oder männlichen Geschlechts sind. Machen Sie sich nichts daraus, wenn an der einen Stelle von „der Bewerberin" und an einer anderen Stelle von „dem Bewerber" die Rede ist. Dies ist Absicht und trotzdem unbedeutend.

Für ihre Unterstützung bei der Durchsicht und Korrektur des Manuskriptes danke ich meiner Lebensgefährtin Marlies Hesse und meiner Tochter Julia Bieker sehr herzlich. Bei Recherchen hat mir Bartholomäus Matuko hilfreich zur Seite gestanden.

Köln, im Juni 2007   *Rudolf Bieker*

1 Was für einen Arbeitsplatz suchen Sie?

Wer einen (neuen) Arbeitsplatz sucht, braucht eine Vorstellung davon, was er sucht. So wie der Arbeitgeber sich klar darüber werden muss, welchen Anforderungen der Bewerber genügen soll, müssen auch Sie als Bewerber klären, welche Erwartungen Sie an Ihren zukünftigen Arbeitsplatz stellen. Dabei geht es nicht nur um Art und Inhalt der Tätigkeit; auch organisationskulturelle Aspekte und die Rahmenbedingungen und Konditionen der Tätigkeit spielen eine wichtige Rolle.

Warum es Sinn macht, über diese Frage nachzudenken

Berufstätigkeit ist nicht nur Gelderwerb. Ihrem Potenzial nach ist sie auch ein wesentlicher Baustein für unsere Identität, für Selbstverwirklichung und für die Sinnhaftigkeit unseres Tuns. In vielen Dienstleistungsberufen verbraucht die Arbeit in erheblichem Umfang unsere seelischen Energien; oft endet sie nicht mit der Arbeitszeit, sondern läuft in Gedanken oder am Schreibtisch zuhause weiter. Unsere Berufstätigkeit strahlt massiv auf unser privates Leben aus: Ob wir in unserem Privatleben ausgeglichen oder gereizt sind, wie viel Motivation und Kraft wir für gemeinsame Aktivitäten mit Familie und Freunden aufbringen, wie viel Zeit für Privates überhaupt zur Verfügung steht, wird weitgehend durch das Berufsleben beeinflusst. Deshalb tut jeder von uns gut daran, sich vor der Jobsuche oder einem Arbeitsplatzwechsel Gedanken darüber zu machen, welche Erwartungen er an den gewünschten Arbeitsplatz stellt („Was ist mir wie wichtig?"). Wer erst gar keine Vorstellung von dem entwickelt, wohin ihn seine Suche führen soll, läuft Gefahr, sich ohne zwingenden Grund für das zweitbeste Arbeitsangebot zu entscheiden. Ein klarer Fehler!

Wenn Sie bei der Suche nach dem gewünschten Arbeitsplatz über kurz oder lang feststellen, dass Sie Ihre Vorstellungen nicht oder nur zum Teil umsetzen können, werden Sie Ihre Ziele den Gegebenheiten anpassen, ganz automatisch. Dass Dinge nicht so sind, wie sie sein könnten, ist allemal besser zu ertragen als resignative Voraus-Ergebenheit („Man muss schließlich nehmen, was kommt."). Nehmen Sie die Nichteinlösbarkeit aller Ihrer Ansprüche nicht schon in Ihrem Kopf vorweg. Geben Sie sich nicht geschlagen, bevor Sie Ihre Chancen überhaupt ausgelotet haben.

So kommen Sie zu Ihrem Wunschprofil

Der folgende Merkmalskatalog hilft Ihnen zu klären, welches Profil Ihr zukünftiger Arbeitsplatz im Idealfall aufweisen sollte. Gehen Sie den Katalog systematisch durch. Kombinieren und bewerten Sie die Anforderungsmerkmale entsprechend Ihren Vorstellungen. Es geht um Ihre nähere berufliche Zukunft, nicht um Ihre langfristigen beruflichen Ziele. Mit dem Punktwert können Sie deutlich machen, was Ihnen besonders und was Ihnen weniger wichtig erscheint. Je nach Arbeitsplatz können mehr oder weniger viele der genannten Merkmale von Bedeutung für Sie sein. Die Überschneidung der Kriterien ist nicht immer ausgeschlossen. Nehmen Sie sich für diese Reflexion ein wenig Zeit; es kommt nicht darauf an, „schnell durchzukommen". Die Merkmale sind nicht abschließend gemeint; sehen Sie sie auch als Anstoßgeber für das eigene Nachdenken.

„Am liebsten wäre mir eine Tätigkeit mit folgendem Profil ..."	
Art und Inhalt der Tätigkeit	*−3 = möchte ich auf keinen Fall* *0 = ist mir egal* *+3 = hat höchste Priorität für mich*
Beratende/begleitende Aufgaben	−3 | −2 | −1 | 0 | +1 | +2 | +3
(Heil-)pädagogische oder therapeutische Aufgaben; Diagnostik	−3 | −2 | −1 | 0 | +1 | +2 | +3
Fachlich-konzeptionelle Aufgaben	−3 | −2 | −1 | 0 | +1 | +2 | +3
Planende Aufgaben; strategische Entwicklung	−3 | −2 | −1 | 0 | +1 | +2 | +3
Koordinierende und vernetzende Aufgaben	−3 | −2 | −1 | 0 | +1 | +2 | +3
Administrativ-organisatorisch-betriebswirtschaftliche Aufgaben; Personalaufgaben; Mittelbeschaffung	−3 | −2 | −1 | 0 | +1 | +2 | +3
Kreativ-künstlerisch-handwerkliche Aufgaben	−3 | −2 | −1 | 0 | +1 | +2 | +3
Wissenschaftlich-forschende Aufgaben	−3 | −2 | −1 | 0 | +1 | +2 | +3
Bildende und unterrichtende Aufgaben	−3 | −2 | −1 | 0 | +1 | +2 | +3
Fachliche Beratung/Anleitung von Mitarbeiter/innen/ Unterstützung von Projekten Dritter	−3 | −2 | −1 | 0 | +1 | +2 | +3
Pflegende und versorgende Aufgaben	−3 | −2 | −1 | 0 | +1 | +2 | +3
Rechtlich geprägte Aufgaben; Vertragsgestaltung	−3 | −2 | −1 | 0 | +1 | +2 | +3
Repräsentierend-interessenvertretende Aufgaben (nach außen gerichtet; Gremienarbeit)	−3 | −2 | −1 | 0 | +1 | +2 | +3
Präsentierende und kommunikative Aufgaben (z. B. Öffentlichkeitsarbeit; betriebsinterne Kommunikation; Vorträge; Schreiben; Berichterstattung)	−3 | −2 | −1 | 0 | +1 | +2 | +3
Ausführende, sachbearbeitende Tätigkeit	−3 | −2 | −1 | 0 | +1 | +2 | +3
Eigenverantwortung, Gestaltungsmöglichkeiten	−3 | −2 | −1 | 0 | +1 | +2 | +3
Führende/leitende/steuernde Tätigkeit	−3 | −2 | −1 | 0 | +1 | +2 | +3
Zuarbeitende Tätigkeit (z. B. für Geschäftsführung, Vorstand, Mitgliedsorganisationen)	−3 | −2 | −1 | 0 | +1 | +2 | +3
Entwicklungs- und aufbauorientierte Aufgaben (z. B. Schaffung neuer Dienstleistungsangebote oder Organisationseinheiten)	−3 | −2 | −1 | 0 | +1 | +2 | +3

„Am liebsten wäre mir eine Tätigkeit mit folgendem Profil ..."							
Regelmäßig wiederkehrende/gleich bleibende Aufgaben	−3	−2	−1	0	+1	+2	+3
Abwechslungsreiche Tätigkeit	−3	−2	−1	0	+1	+2	+3
Projektbezogene Arbeit	−3	−2	−1	0	+1	+2	+3
Prüfende, evaluierende Tätigkeit (z. B. Qualitätsmanagement, Controlling)	−3	−2	−1	0	+1	+2	+3
Internationale Ausrichtung	−3	−2	−1	0	+1	+2	+3
Einzelarbeit	−3	−2	−1	0	+1	+2	+3
Teamarbeit	−3	−2	−1	0	+1	+2	+3
EDV-betonte Tätigkeit	−3	−2	−1	0	+1	+2	+3
Telefon-/mediengestützte Tätigkeit	−3	−2	−1	0	+1	+2	+3
Sonstiges							
	−3	−2	−1	0	+1	+2	+3
	−3	−2	−1	0	+1	+2	+3
	−3	−2	−1	0	+1	+2	+3
Organisationskultur							
Ausrichtung auf den Klienten/Ratsuchenden/Kunden	−3	−2	−1	0	+1	+2	+3
Ausrichtung auf die Mitarbeiter/innen (z. B. Freiheit/Eigengestaltung, Beteiligung)	−3	−2	−1	0	+1	+2	+3
Innovationsbereitschaft	−3	−2	−1	0	+1	+2	+3
Angenehmes Arbeitsklima/-atmosphäre	−3	−2	−1	0	+1	+2	+3
Kooperativer Führungsstil	−3	−2	−1	0	+1	+2	+3
Religiös-weltanschauliche Prägung	−3	−2	−1	0	+1	+2	+3
Klare Werteorientierung	−3	−2	−1	0	+1	+2	+3
Erkennbares Leitbild	−3	−2	−1	0	+1	+2	+3
Klar geregelte Führungs- und Organisationsstrukturen	−3	−2	−1	0	+1	+2	+3
Sonstiges							
	−3	−2	−1	0	+1	+2	+3
	−3	−2	−1	0	+1	+2	+3
	−3	−2	−1	0	+1	+2	+3
Rahmenbedingungen und Konditionen							
Flexible Arbeitszeit	−3	−2	−1	0	+1	+2	+3
Wochenenddienst, Schichtdienst	−3	−2	−1	0	+1	+2	+3
Vollzeittätigkeit	−3	−2	−1	0	+1	+2	+3
Gehalt	−3	−2	−1	0	+1	+2	+3
Betriebliche Sozialleistungen (Zusatzversorgung, Betriebsrente)	−3	−2	−1	0	+1	+2	+3

Rahmenbedingungen und Konditionen	
Befristetes Arbeitsverhältnis	−3 | −2 | −1 | 0 | +1 | +2 | +3
Räumlicher Standort/örtliches Umfeld	−3 | −2 | −1 | 0 | +1 | +2 | +3
Supervision	−3 | −2 | −1 | 0 | +1 | +2 | +3
Fortbildungsmöglichkeiten	−3 | −2 | −1 | 0 | +1 | +2 | +3
Einarbeitungszusage	−3 | −2 | −1 | 0 | +1 | +2 | +3
Aufstiegsmöglichkeiten	−3 | −2 | −1 | 0 | +1 | +2 | +3
Sonstiges	
	−3 | −2 | −1 | 0 | +1 | +2 | +3
	−3 | −2 | −1 | 0 | +1 | +2 | +3
	−3 | −2 | −1 | 0 | +1 | +2 | +3

Fassen Sie am Ende Ihres Durchgangs die mindestens mit zwei Pluspunkten und die mindestens mit zwei Minuspunkten bewerteten Anspruchskriterien, Ihre „essentials", noch einmal zusammen. Wandeln Sie dabei Nichtgewünschtes in Gewünschtes um. Wenn Sie oben angegeben hatten, dass Sie ein „befristetestes Arbeitsverhältnis" ablehnen, tragen Sie nunmehr „unbefristetes Arbeitsverhältnis" ein. Statt „keine Wochenendarbeit" tragen Sie „5-Tage-Woche" ein. So entsteht eine eindeutige Liste Ihrer persönlichen Prioritäten.

„Das will ich"
1. ....
2. ....
3. ....
4. ....
5. ....
6. ....
7. ....
8. ....
9. ....
10. ....
11. ....
12. ....
13. ....
14. ....
15. ....

Wenn Sie Ihr arbeitsplatzbezogenes Anspruchsprofil sorgfältig ermittelt haben, können Sie es ab sofort für den gesamten Prozess Ihrer Bewerbung nutzen. Das Profil kann Ihnen als Prüfraster dienen

- bei der Klärung, wie gut Ihre Wunschvorstellungen zu Ihren Stärken und Nicht-Stärken passen (Kapitel 3),
- bei der Auswertung von Stellenanzeigen (Kapitel 4),
- bei der Formulierung von Fragen, die Sie bereits vor Absendung Ihrer Bewerbungsunterlagen klären möchten (Kapitel 5),
- bei der Vorbereitung auf das Vorstellungsgespräch, in dem Sie herausfinden wollen, wie attraktiv der Arbeitsplatz für Sie ist (Kapitel 9).

2 Gezielt suchen – Ihr Weg zum Arbeitsplatz

In diesem Kapitel zeigen wir Ihnen, welche vielfältigen Möglichkeiten der Stellensuche bestehen, und wie Sie diese für eine berufliche Tätigkeit im Erziehungs- und Sozialbereich erfolgreich nutzen können.

Stellensuche in Printmedien

Der Stellenmarkt in Zeitungen und Zeitschriften hat zwar durch elektronische Stellenbörsen und arbeitgebereigene Online-Angebote erhebliche Konkurrenz erhalten; dennoch ist er als klassisches Medium der Stellensuche immer noch von erheblicher Bedeutung. Wenn man sich nicht auf die Auswertung einer einzigen Zeitung oder Zeitschrift beschränkt (wozu nicht zu raten ist), kostet das Auffinden des passenden Angebotes allerdings Zeit und Geld.

Je nach Stelle und Ihrer räumlichen Mobilität kann sich Ihre Suche auf verschiedene Typen von Printmedien ausrichten:

Regionale Tageszeitungen

Die Stellenangebote in den Wochenendausgaben der regionalen bzw. lokalen Presse beziehen sich vor allem auf die Wohnort-Region. Gibt es mehrere lokale Blätter, sollten Sie diese möglichst alle auswerten, da nicht ohne Weiteres davon auszugehen ist, dass ein Arbeitgeber eine Stellenanzeige in allen Zeitungen gleichzeitig schaltet. Halten Sie bei jedem Anzeigenausriss Quelle und Veröffentlichungsdatum für Ihr Bewerbungsschreiben fest.

Überregionale Tageszeitungen

Im Unterschied zu den lokalen Tageszeitungen bringen die überregionalen Blätter wie die „Süddeutsche Zeitung", die „Frankfurter Allgemeine Zeitung", die „Frankfurter Rundschau" deutschlandweite Stellenangebote. In öffentlichen Bibliotheken und in Hochschulbibliotheken können die großen überregionalen Zeitungen häufig kostenlos gelesen werden.

Wochenblätter

Unter den Wochenblättern hat sich insbesondere „Die Zeit" einen Namen als Print-Stellenbörse für Berufe aus dem Erziehungs-, Gesundheits-, Kultur- und Sozialwesen gemacht. Hier lassen sich vorwiegend akademische Stellenangebote bzw. Leitungspositionen mit akademischem Ausbildungsprofil aufspüren (Diplom-Psychologe, Diplom-Sozialarbeiter, Abteilungsleiter/in, Geschäftsführer/in, Referent).

Recherchen in den Stellenanzeigen von Tages- und Wochenzeitungen sind meist auch online über die jeweiligen Homepages möglich, z. B. www.zeit.de/jobs, www.sueddeutsche.de. Dies reduziert Ihren zeitlichen und kostenmäßigen Aufwand vor allem bei einer längeren Stellensuche erheblich. Die meisten namhaften Blätter, wie z. B. die „Süddeutsche Zeitung", bieten auf ihren Seiten außerdem viele Serviceangebote für Bewerber/innen. Wer ein persönliches Suchprofil in die Datenbank eingibt, kann sich z. B. per E-Mail über Stellenangebote informieren lassen – ganz automatisch. Außerdem werden unterschiedlichste Informationen, z. B. über Auslandstätigkeiten, branchenübliche Gehälter und arbeitsrechtliche Fragen angeboten. Eine Übersicht über die Online-Ausgaben deutscher Zeitungen gibt die Website des Bundesverbandes deutscher Zeitungsverleger.

http://www.bdzv.de/zeitungswebsites.html

Aus Größe und Aufmachung einer Printanzeige sollten Sie nicht vorschnell auf die Attraktivität des Arbeitgebers bzw. eines Arbeitsplatzes schließen. Die Gestaltung einer Anzeige hängt von vielen Variablen ab (z. B. der zu vergebenden Position, der Größe des Arbeitgebers, der aktuellen Arbeitsmarktsituation, der gewünschten Außenwirkung etc.). Außerdem sind Printanzeigen teuer, nicht nur für kleinere bzw. finanzschwache Arbeitgeber aus dem Erziehungs- und Sozialbereich. Schenken Sie deshalb auch weniger auffällig bzw. schlichter designten Inseraten Ihre Aufmerksamkeit. Ihre größere Aufgeschlossenheit wird womöglich durch eine kleinere Zahl von Mitbewerber/innen belohnt.

Fachzeitschriften

Fachzeitschriften für pädagogische und psychosoziale Berufsfelder scheiden weitgehend für eine systematische Stellensuche aus. Oft bringen die Fachblätter überhaupt keine Stellenanzeigen, zum Teil erfolgt dies nur sporadisch und auf eine Einzelanzeige beschränkt.

Fachzeitschriften mit vereinzelten Stellenanzeigen

- Altenheim (Leitungskräfte)
- Deutsche Jugend (Fach- und Führungskräfte Jugendhilfe)
- Krankenhausumschau (Fach- und Führungskräfte)
- NDV – Nachrichtendienst des Deutschen Vereins für öffentliche und private Fürsorge (hauptsächlich für Leitungskräfte, z. B. Abteilungsleiter/innen in Sozialbehörden, Amtsleiter oder Dezernenten)
- Neue Caritas, Caritas in NRW-Aktuell
- Psychologie heute (Psychologen)
- Psychotherapeutenjournal (Psychotherapeuten)
- Sozialmagazin (Fach- und Führungskräfte Soziale Arbeit)
- Unsere Jugend

Sonstige Druckmedien

Es gibt Dienstleister, die eine Vielzahl von Zeitschriften auswerten und das Aufgefundene in Papierform als „Ausschnittsdienst" offerieren. So bietet z. B. der Wissenschaftsladen Bonn (www.wilabonn.de) u. a. den Informationsdienst „Arbeitsmarkt Bildung/Kultur & Sozialwesen" im Abonnement an. Der Bezugspreis für vier Ausgaben beträgt für Einzelpersonen 15,40 € und für Organisationen bzw. Institutionen 40,00 €. Seit dem 1. Juli 2006 zahlen Studierende (Nachweis erforderlich) einen reduzierten Preis von 13,20 €. Seit mehr als zehn Jahren gibt der Infodienst Woche für Woche auf rund 90 Seiten einen bundesweiten Überblick über die aktuellen Stellenangebote für Geisteswissenschaftler/innen. Pro Ausgabe findet man im Schnitt etwa 300 qualifizierte Arbeitsangebote. Ausgewertet werden kontinuierlich die Stellenangebote von mehr als 60 Tages- und Wochenzeitungen – von der Aachener Zeitung bis zur Märkischen Oderzeitung, vom Flensburger Tageblatt bis zur Südwestpresse. Hinzu kommen rund 30 Fachzeitschriften und Informationsdienste sowie zirka 50 Jobbörsen und Firmenportale aus dem Internet. Ergänzt werden diese durch Stellenanzeigen, die Unternehmen, Verwaltungen oder Institutionen direkt an den Wissenschaftsladen richten.

Einen weiteren Zugang zu Printstellenangeboten bietet die Datenbank der Universitätsbibliothek Siegen, die die weltweite Tages- und Wochenpresse im Internet erschließt.

http://www.ub.uni-siegen.de/epub/ztg00.htm

Jobbörsen im Internet

Das Internet bietet inzwischen mehrere hundert Jobbörsen, auf denen Sie sich bundesweit und sogar weltweit kostenlos nach offenen Stellen umsehen können. Die zeitaufwändige Recherche in Printmedien oder auf den Homepages einzelner Arbeitgeber können Sie dadurch erheblich abkürzen und vereinfachen. Angesichts der Vielzahl der Stellenbörsen fällt die Orientierung allerdings nicht leicht. Neben den Branchen übergreifenden Stellenbörsen gibt es viele mit branchenspezifischer Ausrichtung. Manche bieten nur regionale Angebote, andere wiederum konzentrieren sich auf bestimmte Zielgruppen (z. B. Führungskräfte, Berater). Websites wie

www.jobboerse-vergleich.de
www.crosswater-systems.com

sowie die periodisch aktualisierte Stellenbörsen-Übersicht der Arbeitsagentur München (als pdf-Format unter www.arbeitsagentur.de) helfen Ihnen dabei, die individuell am besten passenden Stellenbörsen auszuwählen.

Deutliche Unterschiede bestehen in der Nutzungsqualität der einzelnen Portale (Spezifizierbarkeit der Suchkriterien, Bequemlichkeit der Navigation, Schnellig-

keit des Seitenaufbaus, Treffsicherheit der angezeigten Stellen). Zum Teil bestehen Probleme mit der Aktualität der Stellennachweise, so dass sich im Zweifelsfall eine telefonische Voranfrage bei dem Arbeitgeber empfiehlt, ob die Stelle
überhaupt noch zu haben ist. Ein sinnvoller Service für Stellensuchende ist das
so genannte Matching (englisch für: passen, übereinstimmen). Hier wird das von
Ihnen eingegebene eigene Profil automatisch mit eingehenden Stellenangeboten
verglichen. Bewerber, auf die das Stellenprofil passt, werden dann per E-Mail be-
nachrichtigt. Dies ist bequem und spart erheblichen Suchaufwand. Anhand der
eingegebenen Profile können auch Arbeitgeber nach geeigneten Bewerber/innen
suchen. Da nicht jedes Stellenangebot in einer bzw. in jeder Stellenbörse abgelegt
ist, empfiehlt es sich auch weiterhin, Anzeigen in Printmedien und die Websites
bedeutsamer Anstellungsträger auszuwerten.

Allgemeine Stellenportale

Wer eine Stelle im Erziehungs- und Sozialsektor sucht, sollte sich nicht nur auf
den Pfad branchenspezifischer Stellennachweise begeben (siehe unten), sondern
auch in den allgemeinen Jobbörsen fahnden. Trotz mancher Überschneidungen
steigt die Zahl der Treffer, wenn die Suche mehrgleisig erfolgt. Auch Hochschulen bieten zunehmend eigene Jobportale zur Stellensuche und zur Hinterlegung
eines Stellengesuchs an.

Allgemeine Stellenbörsen (Auswahl)

- http://jobboerse.arbeitsagentur.de
- www.jobpilot.de
- www.jobs.de
- www.jobscout24.de
- www.monster.de
- www.stellenblatt.de
- www.stellenmarkt.de
- www.stellen-online.de
- www.stepstone.de
- www.worldwidejobs.de

Die größte der Internet-Jobbörsen stellt die Bundesagentur für Arbeit unter www.
arbeitsagentur.de bereit. In das Arbeitsmarktportal können sowohl Stellenangebote (Arbeitsstellen, Ausbildungsplätze, freie Mitarbeit, Existenzgründungen,
Praktika und Jobs) als auch Stellengesuche eingestellt werden. Durch Kombina-
tion einer Vielzahl von Auswahlkriterien ist eine sehr gezielte Stellensuche möglich, die in diesem Umfang von keiner anderen Internet-Stellenbörse angeboten
wird. Außerdem können Stellenangebote nach dem Vorkommen spezifischer Begriffe durchsucht werden (z.B. „systemisch", „Therapie"). Darüber hinaus bietet
das Portal der Arbeitsagentur eine Fülle von Informationsangeboten für Arbeits-
suchende. Dazu gehören z.B. Hinweise zu Bewerbungsstrategien (z.B. „Direkt-
vermarktung", „Informelle Suche"). Außerdem gelangt man über ein spezielles

„Arbeitsmarktportal" (→ „Informationen für Arbeitnehmer", „Arbeitssuche")
zu einem umfangreichen Angebot an Stellensuchmaschinen und Stellenbörsen
im Internet.

Stellenbörsen für Erziehungs- und Sozialberufe

Allgemeine Jobbörsen tun sich mit der Erfassung von Stellen für Berufe des Er-
ziehungs- und Sozialsektors häufig schwer. Umso wichtiger sind deshalb spezialisierte Online-Börsen. Allerdings sollten Sie auch diese in ihrer jeweiligen
Leistungsfähigkeit nicht überschätzen. Manche enthalten nur sehr wenige Angebote. Eine Bündelung der Online-Aktivitäten wäre dringend anzuraten. Zum
Teil können auch Stellengesuche eingegeben werden. Hinweise auf Stellenbörsen
für Erziehungs- und Sozialberufe erhält man, wenn man die Begriffe „Stellenbörse" und – zum Beispiel – „Sozialarbeit" in eine Suchmaschine eingibt (z. B. in
Google). Nachstehend finden Sie eine Auswahl derzeit verfügbarer Spezialbör-
sen.

Spezielle Jobbörsen für Erziehungs- und Sozialberufe	
www.ahjob.de	Fach- und Führungskräfte Altenhilfe
www.anthrojob.de	Pädagogische Berufsgruppen mit anthroposophischer Ausrichtung
www.backinjob.de	Soziale Arbeit, Pflege
www.bildungsserver.de	Jobbörse für Pädagogik und Erziehungswissenschaften
www.bkc-service.de	Stellen in Kirche und Caritas
www.carelounge.de/sozialberufe	Pflege, Soziales, Altenhilfe
www.caritas-soziale-berufe.de	Fachkräfte Sozialwesen, Pflegeberufe, medizinische Hilfs- berufe
www.dgvt.de	Stellenangebote und -gesuche für Psychotherapeut/innen
www.diakonie.de (mit zahlreichen Links zu weiteren diakonischen Stellenbörsen)	Soziale Arbeit, Erziehung, Pflege in diakonischen Einrich- tungen
www.diakonie-stellenangebote.de	Soziale Arbeit, Erziehung, Pflege in diakonischen Einrich- tungen
www.dkm.de	Stellenmarkt für Kirche und Caritas
www.drk.de	alle Berufsfelder Sozialwesen, Pflege/Gesundheit, Ange- bote und Gesuche, auch ehrenamtlich; trägergebunden
www.dvsg.org	Sozialarbeiter im Gesundheitswesen
www.ekvw.de	Fachkräfte Sozialwesen und Pflege in NRW
www.erlebnispädagogik.de	Fachkräfte für erlebnispädagogische Projekte
www.erzieherin-online.de	Erzieher/innen
www.hogrefe.de	Stellenangebote für Psycholog/innen

Spezielle Jobbörsen für Erziehungs- und Sozialberufe	
www.internationaler-bund.de	alle Berufsfelder Sozialwesen, Angebote und Gesuche; trägergebunden
www.jobsozial.de	Fach- und Führungskräfte im Sozial- und Gesundheitswesen
www.job-sozial.de	Fach- und Führungskräfte im Sozial- und Gesundheitswesen
www.jugendhilfeportal.de	Fachkräfte der Kinder- und Jugendhilfe
www.kathweb.de	Fachkräfte Soziale Arbeit und medizinische Berufe in katholischen Einrichtungen
www.montessori-deutschland.de	Lehrer/innen und andere Pädagog/innen
www.nonprofit.de	Stellenangebote sowie Praktikumsstellen im Nonprofit-Bereich, vorwiegend aus den Bereichen Jugendarbeit, Sozialarbeit, Pädagogik und Pflege
www.psychologie.at	Stellenangebote und -gesuche aus dem psychologischen Bereich in Österreich
www.socialnet.de	Fach- und Führungskräfte Soziale Arbeit, Sozialmanagement, Sozialwissenschaft
www.sozialarbeit.de	überwiegend Stellengesuche aus allen Feldern der Sozialen Arbeit; Stellenanzeigen aus dem europäischen Ausland
www.sozialeberufe.de	Soziale Arbeit, Pflege, medizinisch-therapeutische Berufe
www.sozialextra.de	Fachkräfte Sozialwesen
www.sozialmarketing.de	Sozialmanager/innen
www.sozialwesen.de	Fachkräfte Soziale Arbeit
www.soziologie.de	Sozialwissenschaftler
www.sprachheilpaedagogik.de	Sprachheilpädagog/innen
www.stellenmarkt-sozial.de	Fachkräfte aus dem gesamten Bereich des Sozialwesens

Angehörigen von Erziehungs- und Sozialberufen, die sich in einer bestimmten Stadt und ihrer Umgebung bewerben möchten, sei vor allem das Portal

www.meinestadt.de

empfohlen. Die Datenbank stellt unter „Anzeigenmarkt" die den örtlichen Arbeitsagenturen gemeldeten offenen Stellen zur Verfügung. Außerdem lassen sich wie in den meisten anderen Börsen eigene Stellengesuche in die Datenbank einstellen. Das Gesamtangebot an freien Stellen ist nach größeren Berufsfeldern gegliedert (z.B. Gesundheit, Soziales, Sport), von denen man bequem in tiefere Untergliederungen gelangt (z.B. Sozialwesen → Altenpflege, Erzieher, Behindertenpädagoge, Sozialarbeiter etc.). Die Daten sind übersichtlich, ansprechend und ähnlich einer Printstellenanzeige aufbereitet. Im Bedarfsfall kann vor einer Bewerbung ein direkter Kontakt zur örtlichen Arbeitsagentur hergestellt werden. Das Portal lässt sich aber ebenso für eine bundesweite Stellensuche nutzen. Die Daten können hierbei z. B. alphabetisch nach Einsatzorten geordnet werden. Ein Job-Agent informiert den Stellensucher, sobald eine zu ihm passende Stelle eingegangen ist.

Metasuchmaschinen

Ein flankierendes Hilfsmittel bei der Jobsuche im Internet sind Suchmaschinen. Anders als die einzelnen Job-Datenbanken liefern Stellen-Suchmaschinen keine selbst erfassten Job-Angebote und Stellengesuche. Sie nutzen vielmehr im Netz bereits vorhandene Informationen aus Jobbörsen, von den Homepages der Unternehmen und von privaten Personalagenturen. Das spart Zeit bei der Stellensuche; offen ist z. T. aber, welche Quellen die Suchmaschinen anzapfen und welche nicht. Die bekanntesten Stellen-Suchmaschinen sind

www.academics.de
www.jobrobot.de
www.jobworld.de
www.cesar.de

Der „Zeit-Jobturbo" der Wochenzeitung „Die Zeit" (www.academics.de) durchsucht über 20 Stellenbörsen und Zeitungen.

Die Ergiebigkeit der Suchmaschinen ist für Erziehungs- und Sozialberufe jedoch zum Teil bescheiden. Einen Ersatz für die Suche etwa in www.meinestadt.de und in den Spezial-Job-Börsen stellen die Suchmaschinen mit Sicherheit nicht dar.

Homepages großer Arbeitgeber

Ähnlich wie große Firmen veröffentlichen auch Träger der Sozialen Arbeit (Verbände der Freien Wohlfahrtspflege, Kommunen, größere Sozialeinrichtungen) zunehmend freie Stellen auf ihren Homepages (z. B. Caritasverband, Diakonisches Werk; auch auf den örtlichen bzw. regionalen Gliederungsebenen). Während E-Jobangebote bei einigen der Träger erst im Aufbau sind, haben andere bereits Suchmaschinen installiert, mit denen die jeweiligen Stellenangebote regional, berufsspezifisch oder nach Einrichtungstyp durchforstet werden können. In einigen Fällen kann die Bewerbung sogar online abgegeben werden. Bei großen Trägern, wie z. B. dem Diakonischen Werk, ist auch die Aufgabe eines Stellengesuchs möglich. Noch selten besteht die Möglichkeit, sich als Abonnent/in von Stellenangeboten registrieren zu lassen.

Eigene Stellengesuche

Tages- und Wochenzeitungen bieten ebenso wie Internetportale die Möglichkeit, eigene Stellengesuche aufzugeben (z. B. http://www.meinestadt.de/deutschland/stellengesuche). Stellengesuche in Printmedien sind freilich teuer. Wer davon Gebrauch machen will, sollte aber nicht auf den Gedanken verfallen, sich aus finanziellen Erwägungen auf eine Minimalanzeige herunterzurechnen („Sozialarbeiter sucht Stelle. Chiffre …"). Schließlich soll das Gesuch Aufmerksamkeit wecken. Als arbeitslose/r Bewerber/in sollten Sie prüfen, ob die Arbeitsagentur ggf. die Kosten für Ihre Anzeige übernimmt.

Achten Sie darauf, in einem kurzen aussagekräftigen Text ohne Bittstellcharakter für sich zu werben. Um keine Hürden für eine Kontaktaufnahme aufzubauen, sollten Sie statt einer Chiffre-Nummer eine private Telefonnummer angeben (Festnetz, Handy, nicht die Rufnummer Ihres derzeitigen Arbeitgebers!). Ihren Namen und Ihre Adresse sollten Sie nicht veröffentlichen; auch Ihr derzeitiger Arbeitgeber könnte das Stellengesuch entdecken. Bei Einschaltung eines Anrufbeantworters kann Ihnen kein Anruf entgehen.

Formulierungsbeispiele für ein Stellengesuch (mit und ohne Berufserfahrung)

Erfahrene Diplom-Sozialpädagogin
38 J., 10-jährige Berufserfahrung, davon 3 Jahre als Leiterin einer Suchtberatungsstelle, Weiterbildung in systemischer Familientherapie, belastbar, innovationsfreudig, gute Kenntnisse in Qualitätsmanagement und Administration, sucht nach Wohnortwechsel ab 1.1.2008 neue Vollzeit-Herausforderung im Raum Stuttgart. Tel. 07 11-1 23 45 67

Kulturpädagogin BA, voll kreativer Energien
24 J., mit vielfältigen Praxiserfahrungen im Studium, offen für den Einsatz in Theater, Museum oder Kulturmanagement, begeisterungsfähig, nicht ortsgebunden, sucht nach gutem Studienabschluss die Herausforderung für ihren Berufseinstieg. Tel. 0 21 61-1 23 45 67

Bedenken Sie, welches Medium bei dem gewünschten Beruf am ehesten die Aufmerksamkeit eines interessierten Arbeitgebers finden wird (lokale Tageszeitung, überregionale Tageszeitung, Wochenzeitung wie z. B. „Die Zeit", Fachzeitschriften). Wichtig ist außerdem der Zeitpunkt der Veröffentlichung (nicht vor Ferien oder langen Wochenenden oder vor Weihnachten). Fraglich ist allerdings, ob Arbeitgeber, die eine qualifizierte Stelle langfristig besetzen wollen, überhaupt auf Stellengesuche in Printmedien zurückgreifen, von zufälligen Entdeckungen bei der Lektüre der Wochenendausgabe vielleicht abgesehen. Eigene Nachfragen bei öffentlichen und großen freigemeinnützigen Trägern geben zu der Empfehlung Anlass, mit Stellengesuchen in Printmedien zurückhaltend umzugehen.

Anders könnte es bei kleinen Arbeitgebern aussehen (z. B. Elterninitiativen, Pfarrgemeinden, kleine lokale Träger), die für ihre Einrichtung z. B. eine Erzieherin suchen. Kleinere Arbeitgeber scheuen häufig die Kosten teurer Inserate bzw. schrecken vor zeitaufwändiger Bewerberauslese und den Kosten für die Rücksendung von Bewerbungsunterlagen zurück. Das könnte Ihre Chance sein. Führt das Stellengesuch zu einer Kontaktaufnahme, so ergeben sich deutlich bessere Erfolgschancen für Sie. Denn die Zahl der Mitbewerber ist bei diesem Vorgehen des Arbeitgebers erheblich kleiner.

Bessere Chancen für erfolgreiche Stellengesuche könnte die Nutzung von Internet-Börsen bieten, wo die Suche nach Bewerbern für Personalverantwortliche zumindest weniger zeitintensiv ist. Für den Bewerber lassen sich online deutlich mehr Informationen bereitstellen. Während das Print-Stellengesuch nur ein einziges Mal erscheint, steht das Online-Gesuch meist über mehrere Wochen zur Verfügung. Außerdem ist die Internet-Variante für den Bewerber im Regelfall kostenfrei. Allerdings wird auch hier die Resonanz auf Stellengesuche zum Teil als bescheiden eingeschätzt.

Auch in der Netz-Variante ist es notwendig, auf begrenztem Raum möglichst aussagekräftige Informationen über die eigenen beruflichen Kenntnisse, Erfahrungen und das angestrebte Ziel zu geben. Nennen Sie möglichst Fakten („Fortbildung in ...“). Die Möglichkeiten der freien Selbstdarstellung sind in manchen Stellenbörsen jedoch eingeschränkt (z. B. fehlende Freitext-Felder).

Empfehlungen:

Sagen Sie klar und deutlich, was Sie sind, was Sie anzubieten haben und was Sie suchen. Ein Stellengesuch muss trotz der wenigen Worte aussagekräftig sein und gespannt darauf machen, Sie kennen zu lernen. Wählen Sie deshalb – wie in unseren obigen Beispielen – eine frische und aktive Sprache. Verzichten Sie auf Worte wie „suche dringend“ oder „zurzeit arbeitslos“. Vermeiden Sie Floskeln wie „vielseitig interessiert“, „überall einsetzbar“. Denken Sie von Ihrem Ziel her: Sie wollen den Fisch an die Angel bekommen.

Persönliche Kontakte („Networking“)

Eine wichtige Strategie für die erfolgreiche Arbeitsplatzsuche liegt in dem Ausschöpfen von Kontakten und Beziehungen aus dem beruflichen und dem persönlichen Umfeld. Studien zeigen, dass mehr als die Hälfte der Hochschulabsolventen ihre Arbeitsstelle über persönliche Kontakte findet. Im Erziehungs- und Sozialsektor schaffen vor allem ehrenamtliche Tätigkeiten während des Studiums, studienbegleitende Praktika, aber auch die in Zusammenarbeit mit Anstellungsträgern erstellten Examensarbeiten Beziehungen, auf die man bei passender Gelegenheit „zurückkommen“ kann.

Der große Vorteil bei der Nutzung persönlicher Beziehungen: Der, den man selbst kennt, kennt seinerseits mehrere andere, die womöglich Informationen haben, wo ein Arbeitsplatz akut oder in Zukunft vakant ist, wer der richtige Ansprechpartner ist und wo ggf. Möglichkeiten des allmählichen Einstiegs (z. B. über eine Honorartätigkeit) bestehen können. Auch auf der „Beziehungsschiene“ empfiehlt sich ein systematisches Vorgehen.

Wen kennen Sie

- aus Ihrer Schulzeit?
- aus Ihrer Berufsausbildung bzw. aus dem Studium?
- aus Ihrer derzeitigen Berufstätigkeit?
- aus früherer Berufstätigkeit?
- aus Fort- und Weiterbildung?
- aus Organisationen und Vereinigungen, denen Sie oder Ihr Lebenspartner angehören?
- aus geschäftlichen Beziehungen?

„Networking" funktioniert im kurzfristigen Bedarfsfall allerdings nur dann gut, wenn tragfähige Kontakte, die „angezapft" werden können, bereits vorhanden sind. Nur dann wird der Angesprochene die Fühler in sein eigenes Netz ausstrecken und Sie „im Falle des Falles" sogar persönlich empfehlen. Weniger ergiebig sind lose und sporadische Kontakte. Vielleicht springt aber auch hier wenigstens ein Tipp heraus, wie Sie Ihre weitere Suche nach einem Arbeitsplatz ausrichten können. Oft bieten auch Fachvorträge, Fachtagungen oder Messen die Gelegenheit, Kontakte zu knüpfen und Informationen über berufliche Einstiegsmöglichkeiten einzuholen. Auf solche Gespräche kann man auch nach längerer Zeit noch zurückgreifen.

Bewerben auf Verdacht

Bewerben können Sie sich auch, wenn kein konkretes Stellenangebot vorliegt, auf das Sie unmittelbar zugreifen können. Ihrer Bewerbung auf Verdacht, auch Initiativ- oder Blindbewerbung genannt, kann z. B. die Vorstellung zugrunde liegen, noch in ein laufendes Auswahlverfahren zu gelangen, bei dem Sie die Stellenausschreibung verpasst haben. Vielleicht haben Sie Ihre aktive Suche erst nach der Ausschreibung begonnen oder keine Kenntnis von der offenen Stelle erhalten. Vielleicht war die zur Besetzung anstehende Stelle auch niemals ausgeschrieben. Wie dem auch sei. Noch überzeugender als auf einen solchen Zufallstreffer zu setzen, ist die Überlegung, sich per Initiativbewerbung für eine zukünftige Stellenbesetzung zu empfehlen. Steht die Neubesetzung einer Stelle an, kann der interessierte Arbeitgeber auf Ihre bereits vorliegende Bewerbung zurückgreifen. Das lässt die eigenen Erfolgschancen steigen. Zwar wird die Ergebnisträchtigkeit von Initiativbewerbungen unterschiedlich beurteilt, unsere eigenen Umfragen sprechen aber dafür, auch im Erziehungs-, Sozial- und Gesundheitssektor von der Möglichkeit Gebrauch zu machen, sich „auf Vorrat" zu bewerben. Deshalb können Sie in Kapitel 7 mehr zum Thema Initiativbewerbung lesen.

Dienstleistungen der Arbeitsagenturen

Zu den klassischen Wegen der Jobsuche gehört auch die Kontaktaufnahme zur örtlichen Arbeitsagentur. Arbeitsvermittlung ist eine gesetzliche Aufgabe der Arbeitsagenturen. Die weitaus meisten Arbeitsverträge werden allerdings ohne Hilfestellung der Arbeitsagenturen geschlossen. Im Online-Zeitalter hat die *persönliche* Stellenvermittlung durch Agenturmitarbeiter an Bedeutung verloren, wenn man weitergehende Dienstleistungen für spezifische Zielgruppen, wie z.B. schwerbehinderte Menschen, außer Betracht lässt. Über das Internet stehen Arbeitssuchenden heute nahezu dieselben Informationen über freie Stellen zur Verfügung, wie den Mitarbeiter/innen der Arbeitsagenturen. Zusätzliche Stellennachweise können Arbeitsvermittler geben, wenn Arbeitgeber ein Stellenangebot nicht online veröffentlichen wollen. Da die elektronischen Systeme inzwischen von fast allen Menschen genutzt werden können, ggf. in den Räumen der Arbeitsagenturen, verwundert es nicht, wenn in Bewerbungsratgebern die Arbeitsagentur nur als Trägerin eines virtuellen Stellenmarktes überhaupt Erwähnung findet. Wer jedoch arbeitslos ist, steht ohnehin im Kontakt zur Arbeitsagentur und sollte die Möglichkeit, über den Arbeitsberater wieder in Lohn und Brot zu kommen, nicht auslassen. Zwar können Arbeitsberater keine Stellen herbeizaubern, sie können aber die Beschäftigungsaufnahme flankieren (z.B. durch Übernahme von Bewerbungskosten, Kosten für ein Bewerbungstraining, Einarbeitungszuschüsse und dergl.).

Vorteile bieten sich auch für Hochschulabsolventen. An großen Hochschulstandorten haben die Arbeitsagenturen sog. „Teams Akademische Berufe" bzw. Hochschulteams eingerichtet. Hochschulteams geben Informationen rund um Studium, Beruf und Arbeitsmarkt; sie bieten Orientierung, Beratung und auch Stellenvermittlung. Zu den Leistungen gehören individuelle Beratung über eine arbeitsmarktnahe Studiengestaltung, über berufliche Einstiegsmöglichkeiten, Bewerbungsstrategien und die eigene Karriereplanung. Auch Bewerbungs- und Assessment-Center-Trainings gehören dazu. Hinzu kommen Podiumsdiskussionen, Seminare und Vorträge. Ähnliche Dienste werden an den Hochschulen, oft Hand in Hand mit den Hochschulteams, immer öfter auch von sog. „Career-Centern" angeboten.

Empfehlung:

Gehen Sie den Einstieg in Ihr Arbeitsleben nicht erst dann an, wenn Ihr Bedarf bereits akut ist. Nutzen Sie die Angebote von Hochschulteams und Hochschul-Career-Centern im Vorfeld Ihres Berufseinstiegs, z.B. Rhetoriktrainings, Präsentationstechniken, Wissensmanagement, Bewerbungsberatung/-training, Training von „Soft Skills", Coachings etc.

Über ihre hochschulbezogenen Dienstleistungen hinaus bietet die Bundesagentur für Arbeit regelmäßig Veranstaltungen an, die gezielt auf den beruflichen (Wieder-)Einstieg ausgerichtet sind (z.B. Einstieg in bestimmte Berufsfelder, Einstieg bestimmter Zielgruppen wie etwa Berufsrückkehrerinnen, Tätigkeit im Ausland). Hierbei geht es nicht um Stellennachweise, sondern darum, Wege in das

Beschäftigungssystem aufzuzeigen. Über die Angebote informiert eine spezielle, nach Bundesländern und Arbeitsagenturbezirken gegliederte Veranstaltungsdatenbank (www.vdb.arbeitsagentur.de).

Unabhängig von ihren örtlichen Agenturen verfügt die Bundesagentur für Arbeit über spezielle Servicestellen wie z. B. die Zentralstelle für Arbeitsvermittlung (ZAV) mit Sitz in Bonn. Sie vermittelt u. a. Führungskräfte des oberen und obersten Managements und erschließt ausländische Arbeitsmärkte für Fach- und Führungskräfte, auch aus dem Bereich der Sozialwirtschaft und des Gesundheitswesens („Managementagentur Europa"). Des Weiteren weist die ZAV Stellen für künstlerische und künstlerisch-technische Berufe nach (Bühne, Film, Fernsehen, Unterhaltung und Werbung). Darüber hinaus kann die ZAV grundsätzlich bei der Arbeitsvermittlung für behinderte Führungskräfte ab einem Grad der Behinderung (GdB) von 50 eingeschaltet werden (Schwerbehinderte). Fachhochschul- und Hochschulabsolventen mit Behinderung werden betreut, wenn ein GdB von 80 vorliegt. Die ZAV gibt den zentralen Stellenanzeiger „Markt und Chance" heraus, der bei den Agenturen kostenlos zu erhalten ist. Um die Vermittlung besonders qualifizierter Fach- und Führungskräfte kümmern sich darüber hinaus auch überregional tätige Fachvermittlungsstellen.

Private Arbeitsvermittlungen

Die private Arbeitsvermittlung ist seit 1994 erlaubt und kann ohne Genehmigung neben den Vermittlungsaktivitäten der Arbeitsagenturen betrieben werden. Fach- und Führungskräfte des Erziehungs- und Sozialsektors sind bisher aber keine relevante Zielgruppe der „Privaten" gewesen.

Wenn Sie ergebnisorientiert vorgehen wollen, können Sie private Arbeitsvermittlungen aus Ihrer Suchstrategie ausklammern.

Recruiting-Veranstaltungen/Jobmessen

Für die Suche nach Akademikerstellen in Industrie, Handel, Banken und Versicherungen werden zunehmend Recruiting-Veranstaltungen bzw. Jobmessen genutzt. An solchen „Karrieretagen" präsentieren sich Großunternehmen aller Branchen und große Wirtschaftskanzleien in oft ausgewählter Umgebung, um Kontakte zu Nachwuchstalenten zu knüpfen, die kurz vor ihrem Examen stehen oder ihren Bachelor, Master oder Doktor gerade frisch erworben haben. Für examensnahe Studierende bieten sie die Möglichkeit, auf eine direkte Fühlungnahme zu Unternehmen zu gehen, Angebote und Anforderungen kennen zu lernen und im persönlichen Gespräch mit den Firmenvertretern das Feld für nachfolgende Bewerbungsaktivitäten zu bestellen. Teilnehmen kann meist nur der, der die Hürden der Vorauswahl genommen und eine persönliche Einladung zu der Jobmesse erhalten hat. Im „War for Talents" geht es schließlich um „High-Potentials", die Besten eines Jahrgangs. In speziellen Karriere-Workshops arbeiten sie an „Fallstudien" (praktischen Fragestellungen), wo sie ihr Können unter Beweis stellen sollen.

In den erziehungs- und sozialwissenschaftlichen Berufsfeldern haben sich solche Anbahnungs- und Rekrutierungsveranstaltungen für Top-Absolvent/innen bisher (noch) nicht etablieren können. Zwar könnten auch Städte, Landkreise und freie Wohlfahrtsträger auf regionale Jobmessen zur Gewinnung qualifizierten Personals setzen. Es müsste aber geklärt werden, ob der Rekrutierungsweg Jobmesse, Absolventenkongress etc. im Verhältnis zu konventionellen Anwerbestrategien tatsächlich einen Zusatznutzen verspricht und die hohen Kosten für den Arbeitgeber rechtfertigt. Außerdem ist bei öffentlichen Arbeitgebern das akademische Personal vielfach ein Eigengewächs, dessen Auswahl nicht am Ende der Hochschulphase, sondern an deren Anfang erfolgt. Wer das Auswahlverfahren erfolgreich übersteht, erhält einen bezahlten Ausbildungsplatz an einer staatseigenen Hochschule (z. B. Fachhochschule für öffentliche Verwaltung). Bei den freien Wohlfahrtsträgern dürften „Recruitings" nur für größere Arbeitgeber in einer Region in Betracht kommen. Edle Meetings auf gediegenen Schlössern und in teuren Messearealen werden dabei wohl ausscheiden.

Postgraduale Praktika

Wer sein Examen frisch erworben hat, trotz intensiver Suche aber keine „erste Chance" bekommt, sollte sich mit der Zwischenschaltung eines „postgradualen Praktikums" befassen. Bei aller berechtigten Kritik an der Ausbeutung von Praktikant/innen durch Arbeitgeber: Ohne ein gewisses Maß an Praxiserfahrungen ist der Berufseinstieg ungleich schwerer. Für beide Seiten lohnenswert ist ein Praktikum aber nur dann, wenn es mehrere Monate dauert. Schließlich braucht es seine Zeit, bis Sie Ihre Fähigkeiten unter Beweis stellen können.

Ein Problem ist die Finanzierung des Lebensunterhalts. Oft erhält man nur eine magere Praktikantenvergütung, ein Taschengeld oder gar den berüchtigten „Gotteslohn" für seinen engagierten Einsatz. Dies ist bei einem abgeschlossenen Studium nicht akzeptabel, u. U. aber nicht zu umgehen. Lösen lässt sich dieses Problem nur individuell, z. B. indem Sie ein Teilzeitpraktikum mit einem Aushilfsjob kombinieren.

Für die Suche nach einem Praktikumsplatz stehen Ihnen die bereits geschilderten Wege offen (vor allem telefonische und schriftliche Initiativbewerbungen, Ausschöpfen persönlicher Kontakte, Praktikumsbörsen). Zu diversen Praktikumsbörsen gelangen Sie, wenn Sie den Begriff „Praktikumsbörse" in eine Suchmaschine eingeben. Auch die Jobportale von Hochschulen weisen Praktikumsplätze nach. Informationen rund um das Praktikum liefert der Deutsche Gewerkschaftsbund auf seiner Website www.students-at-work.de.

Selbstschaffung eines Arbeitsplatzes

Die vorgenannten Wege der Stellenbeschaffung gehen von der Vorstellung aus, dass man nach einem Arbeitsplatz sucht, den ein Dritter bereitstellt. Neben diesem klassischen Weg kommt auch die Möglichkeit in Betracht, einen bis dato nicht vorhandenen Arbeitsplatz selbst zu schaffen. Dafür bietet sich auch der Erziehungs-, Gesundheits-, Sozial- und Kultursektor an. So haben immer mehr soziale Fachkräfte die Möglichkeit einer selbstständigen Existenz bereits für sich erschlossen, zum Beispiel der freiberuflich tätige Berufsbetreuer.

Berufsbetreuer

Ein Berufsbetreuer kümmert sich um Erwachsene, die wegen einer psychischen Krankheit oder einer körperlichen, geistigen oder seelischen Behinderung ihre rechtlichen Angelegenheiten ganz oder teilweise nicht selbst besorgen können. Für seine Tätigkeit erhält der Betreuer ein individuell gestaffeltes Pauschalhonorar aus Eigenmitteln des Betreuten oder ersatzweise aus der Staatskasse. Oft bilden mehrere Berufsbetreuer eine Praxisgemeinschaft.

Weitere Beispiele für das „Arbeiten auf eigene Rechnung" sind:

- der Erziehungshelfer, der als Freiberufler in einer Familie gegen Stundenhonorar „flexible Erziehungshilfen" leistet;
- die Sozialpädagogin, die eine privatgewerbliche GmbH gründet, um pädagogische Dienstleistungen im Auftrag der Jugendämter zu erbringen (z.B. erlebnispädagogische Projekte, stationäre Wohnprojekte, Gewaltpräventionsprojekte an Schulen);
- das akademisch ausgebildete Sozialpädagogen-Ehepaar, das gegen Entgelt in den eigenen vier Wänden ein „Kleinstheim" für Kinder betreibt, die in ihrer Familie nicht mehr gut aufgehoben waren;
- der Sozialwirt, der privatgewerblich Reisen für behinderte Menschen veranstaltet;
- die freiberuflich tätige Psychologin, die sich als psychologische Psychotherapeutin niederlässt;
- der Diplom-Pädagoge, der für Unternehmen verhaltensorientierte Trainings, Supervision und Coachings durchführt;
- die Sozialwissenschaftlerin, die für private Unternehmen und öffentliche Arbeitgeber Datenerhebungen und Planungsprojekte abwickelt.

Sich selbstständig zu machen ist spannend, erfordert aber auch hohen Einsatz und Belastbarkeit, wenn die Absicht besteht, von den erzielten Einnahmen auf Dauer und ohne Selbstausbeutung zu leben. Je nach „Geschäftsidee" sind die typischen Anforderungen, Schwierigkeiten und Risiken einer wirtschaftlich selbstständigen Tätigkeit zu bewältigen (Konzepterstellung, Startkapital-Beschaffung, Auftragsakquise/Marketing, Gewinnkalkulation, soziale Sicherung, Betriebsorganisation etc.).

Dem Berufsverband DBSH zufolge gelingt es in der Sozialen Arbeit nur Wenigen, durch Selbstständigkeit zu einer ausreichend qualifizierten und entsprechend bezahlten Tätigkeit mit der meist gewünschten Autonomie zu gelangen. Für den weitaus größten Teil ist Selbstständigkeit nur ein Übergang, um einen festen Arbeitsplatz zu erhalten, oder der Versuch, neben der Familienphase im Kontakt mit der Sozialarbeit zu bleiben.

Eine Alternative zur selbstständigen Existenz ist die Gründung eines (gemein-nützigen) Vereins, bei dem man anschließend als Mitarbeiterin angestellt wird. Es liegt auf der Hand, dass auch dieser Weg der Selbstbeschaffung eines Arbeits-platzes alles Andere als *die* kurzfristige Lösung für eine akute Arbeitsplatzlücke darstellt. In jedem Falle sind hohe Vorleistungen erforderlich (Mitstreiter finden, fachliche Konzepte entwickeln, Vereinsgründung und -verwaltung, Marktanaly-se, Akquise). Ob diese Aktivitäten am Ende einen Arbeitsplatz abwerfen, ist aber höchst ungewiss.

3 Eigene Stärken und Nicht-Stärken erkennen

Eine der wichtigsten Anforderungen für ein erfolgreiches Bewerbungsverfahren besteht darin, das eigene „Kapital" zu orten. Nehmen Sie sich die erforderliche Zeit dafür. Der Fehler vieler Mitbewerber/innen liegt darin, sich diesen Arbeitsaufwand erspart zu haben. Ihre Chance liegt darin, es besser zu wissen.

Sich erfolgreich zu bewerben bedeutet, aktiv für sich zu werben. Das ist mehr als auf die Anforderungen zu reagieren, die in einer Stellenanzeige genannt werden. Aktives Selbstmarketing setzt voraus, seine Fähigkeiten, Fertigkeiten, Kenntnisse und Erfahrungen umfassend zu sichten, um mit diesen Pfunden überzeugend „wuchern" zu können. Ihre Selbstinventur liefert das Kapital, auf das Sie im gesamten Verlauf des Bewerbungsverfahrens zugreifen können

- bei der Auswahl eines geeigneten Stellenangebotes
- im Anschreiben zu Ihrer schriftlichen Bewerbung
- bei einer telefonischen Bewerbung oder einer telefonischen Voranfrage
- im Vorstellungsgespräch.

Stärken haben Sie nicht nur als Berufserfahrene, sondern auch als Newcomerin nach Abschluss Ihrer Ausbildung. Eine der häufigsten Beobachtungen in meinen Bewerbungstrainings mit Studierenden ist, wie schwer es den Teilnehmer/innen mitunter fällt, diese verborgenen Schätze zu heben.

Stärken und Nicht-Stärken

Vorrangig geht es bei der Herausarbeitung Ihres Kompetenzprofils natürlich um Ihre Stärken. In einem Bewerbungsverfahren schonungslos eigene Defizite offenzulegen, würde jedes Selbstmarketing ad absurdum führen. Dennoch macht es im Vorfeld einer Bewerbung Sinn, auch das, was Sie (noch) nicht so gut können, in Ihre Selbstanalyse einzubeziehen. Für diese augenblicklichen oder dauerhaften Grenzen Ihrer beruflichen und persönlichen Handlungskompetenzen wird häufig das Wort „Schwächen" verwendet.

Diesen Begriff streichen Sie am besten aus Ihrem Vokabular. Er suggeriert, es gäbe etwas in Ihnen, was Sie als Persönlichkeit immer und überall kennzeichnet. Das mag zwar hier und da der Fall sein, dennoch sollte Ihr Selbstbild keine eindeutigen Negativvokabeln beinhalten. Arbeiten Sie mit der Selbstinstruktion, dass auch bei bescheidenem Ausgangsstand jederzeit Entwicklung möglich ist, auch im fortgeschrittenen Alter. Verhalten und Fähigkeiten von Menschen werden stark von den sozialen Situationen geprägt, in denen sie sich bewegen. Auch der langjährige Einzelkämpfer kann in passender Umgebung plötzlich an sich entdecken, dass er gerne und zufrieden stellend mit anderen Menschen zusammenarbeiten kann. Deshalb ist es klüger, im inneren Dialog mit sich selbst von „Noch-Nicht-Stärken" zu sprechen anstatt von Schwächen. Wer etwas zu verkaufen hat, sollte ggf. zugestehen, dass das Produkt noch nicht alle erwünschten Eigenschaften erfüllen kann. In seinen Gedanken sollte der Verkäufer das Produkt aber nicht als mangelhaft bezeichnen. Von diesem Grundsatz der Verkaufspsychologie sollten Sie Gebrauch machen.

Aus drei Gründen sollte Sie Ihre Noch-Nicht-Stärken bei Ihrer Selbstanalyse berücksichtigen:

- damit Sie sich nicht auf eine Stelle bewerben, für die Sie zurzeit definitiv nicht geeignet sind. Sie würden dort kaum glücklich werden und vielleicht sogar über kurz oder lang scheitern;
- damit Sie möglichst unbefangen und selbstbewusst mit Ihren Grenzen umgehen können („dazu stehen", d. h. eigene Grenzen bewusst akzeptieren);
- damit Sie in Bewerbungsgesprächen nicht kalt erwischt werden, wenn man Sie scheinbar verstohlen nach Dingen fragt, „die Ihnen nicht so gut liegen". Auf solche Fragen benötigen Sie eine passende Antwort. Während unbedachte Offenherzigkeit und betonte Selbstkritik von großem Nachteil sein können, macht unbedenkliches Abstreiten („Da gibt es nichts. Was soll das sein?") unglaubwürdig. Wer in einem psychosozialen Beruf jedwedes „Unvermögen" leugnet, gibt zu erkennen, dass die in diesen Berufen unabdingbare Selbstreflexion für ihn ein Fremdwort ist. Der undifferenzierte Umgang mit der eigenen Persönlichkeit erzeugt Verdacht, und wenn es der Verdacht ist, einen Menschen mit mangelnder Offenheit oder schlecht integriertem Selbstbewusstsein vor sich zu haben. So wird das Leugnen jedweder „Noch-Nicht-Stärke" zur Ur-Schwäche. Es gilt also eine angemessene Balance zu finden zwischen unüberlegter Plauderei und glaubwürdiger Selbstpräsentation.

Harte und weiche Kompetenzen

Im Arbeitsleben geht es zunächst um Ihre fachlichen Kompetenzen, d. h. die fachspezifischen Fähigkeiten, Kenntnisse und Fertigkeiten, die Sie zur Bewältigung Ihrer beruflichen Aufgaben benötigen („Hard Skills"). Die fachlichen Anforderungen unterscheiden sich nicht nur von Berufsgruppe zu Berufsgruppe, sondern auch innerhalb derselben Statusgruppe (z. B. von Sozialarbeiterin zu Sozialarbeiterin).

Fachkompetenz, bedeutet z. B.

- Probleme aus dem Blickwinkel verschiedener fachwissenschaftlicher Bezugsdisziplinen betrachten können;
- professionelle Verfahren und Vorgehensweisen kennen und situationsgerecht einsetzen können (z. B. Beteiligung von Kindern und Jugendlichen an den sie betreffenden Entscheidungen; Verfahren der Qualitätsentwicklung/des Qualitätsmanagements; Durchführung eines Hilfeplanverfahrens; Beratungsmethoden; Konfliktschlichtungsverfahren; Kreativworkshops planen und durchführen; Testverfahren und Diagnostik);

- Situationen nach rechtlichen Kriterien beurteilen und handhaben können (z. B. nach sozialrechtlichen Anspruchsgrundlagen/-voraussetzungen; Grundsatz der Verhältnismäßigkeit bei Eingriffen in die Rechte einer Person);
- Methoden der Gesprächsführung und Kommunikation beherrschen;
- finanzielle und personelle Mittel zielgerecht, sparsam und kontrolliert einsetzen können (z. B. in leitenden Stellungen, im Sozialmanagement);
- Konzeptionen und Programme entwickeln können.

Neben den fachlichen Kompetenzen geht es auch um vielfältige soziale, personale und (nicht fachspezifische) methodische Kompetenzen, die man im Laufe seiner persönlichen und beruflichen Biografie erwirbt, fortlaufend anwendet und lernend erweitert. Häufig spricht man von Schlüsselqualifikationen, neudeutsch auch „Soft Skills" genannt. Wenngleich ihr Stellenwert von Arbeitsplatz zu Arbeitsplatz verschieden sein kann, so kommt vielen „Soft Skills" doch weithin eine berufsfeldübergreifende Bedeutung zu. Viele Arbeitsverhältnisse scheitern nicht an fehlenden fachlichen Kenntnissen, sondern an den nicht ausreichenden fachübergreifenden Qualifikationen von Mitarbeiter/innen und Führungskräften.

Schlüsselqualifikationen

Unter Schlüsselqualifikationen versteht man berufsfeldübergreifend bedeutsame Basisqualifikationen. Gemeint sind erwerbbare allgemeine Fähigkeiten, Einstellungen und Strategien, die bei der Bewältigung von Anforderungen des Arbeitslebens und beim Erwerb neuer Kompetenzen in unterschiedlichen Arbeitsfeldern bedeutsam und nützlich sind. Auf welche Schlüsselqualifikationen es ankommt, welches Gewicht sie in welchem Beruf haben und wie sie im Einzelnen auszubuchstabieren und gegeneinander abzugrenzen sind, lässt sich kaum allgemeingültig beantworten.

Die einzelnen Schlüsselqualifikationen werden im Allgemeinen unter den Oberbegriffen Methodenkompetenz, Sozialkompetenz und Selbstkompetenz (auch: personale Kompetenz) zusammengefasst. Eine verbindliche „Operationalisierung" dieser Kategorien gibt es allerdings nicht. Auch die Abgrenzung zwischen den Kompetenzbereichen bereitet Schwierigkeiten. Das gilt im Bereich der psychosozialen Berufe auch für die Unterscheidung zwischen fachlichen Kompetenzen und den nichtfachlichen, allgemeinen beruflichen Qualifikationen. Was in anderen Berufsfeldern als Schlüsselqualifikation *neben* der fachlichen Kompetenz beschrieben wird (z. B. „Kommunikationsfähigkeit"), stellt in sozialpädagogisch-psychologischen Berufen sehr oft die zentrale *fachliche* Qualifikation dar. Sie muss hier weit mehr ausgeprägt sein als z. B. die Fähigkeit des Technikers, sich gegenüber Kunden halbwegs verständlich auszudrücken. Für unsere Zwecke reicht ein pragmatischer Umgang mit Schlüsselqualifikationen aus. Wir nutzen die Unterscheidung lediglich als Hilfsmittel, um in einer Selbstanalyse eigene Stärken und (Noch)-Nicht-Stärken klar(er) zu erkennen.

Methodenkompetenz, bedeutet z. B.

- überlegt/geplant auf definierte Ziele und gewünschte Wirkungen ausgerichtet handeln können (Ziel-/Ergebnisorientierung)
- Vorgehensweisen und ihre Ergebnisse überprüfen können (Evaluationskompetenz)
- eine organisatorisch geordnete und zweckmäßige und rationale Aufgabenerfüllung gewährleisten können (administrative Kompetenz/Organisationskompetenz)
- Wichtiges von Unwichtigem unterscheiden können
- situationsgerechte Lösungen entwickeln können
- Innovationsfähigkeit/Kreativität
- Fähigkeit zu moderieren, zu präsentieren
- mündliche und schriftliche Ausdrucksfähigkeit/Rhetorik
- Lernfähigkeit
- Zeitmanagement
- Zügigkeit der Aufgabenerledigung
- Sorgfältigkeit
- systematisches Vorgehen
- EDV-Wissen nutzen können.

Sozialkompetenz, bedeutet z. B.

- Kooperationsfähigkeit
- verlässliche zwischenmenschliche Kontakte aufbauen können
- Konflikte angemessen handhaben können
- Einfühlungsvermögen/die Perspektive meines Gegenübers einnehmen können
- Zuhören können
- Geduld
- Toleranz
- Teamfähigkeit
- Kritik konstruktiv üben können
- Kritik annehmen können
- unvoreingenommen auf andere Menschen zugehen können
- Kompromisse eingehen können
- andere Menschen motivieren können
- Verhandlungsgeschick
- interkulturelle Kommunikationskompetenz
- Kundenorientierung
- Delegationsbereitschaft
- Hilfsbereitschaft
- Führungsfähigkeit.

Selbstkompetenz, bedeutet z. B.

- die Fähigkeit, Verantwortung zu übernehmen
- die Fähigkeit, sich in seiner Wirkung auf andere zu reflektieren

- Leistungsbereitschaft
- Motivation
- Engagement, Eigeninitiative, Ehrgeiz
- Flexibilität
- Ausdauer
- Zuverlässigkeit
- Selbstständigkeit
- Belastbarkeit
- Durchsetzungsfähigkeit
- Durchhaltevermögen
- Selbstdisziplin
- Lernbereitschaft.

Gemeinsam mit der Fachkompetenz begründen die Schlüsselqualifikationen die berufliche Handlungskompetenz eines arbeitenden Menschen.

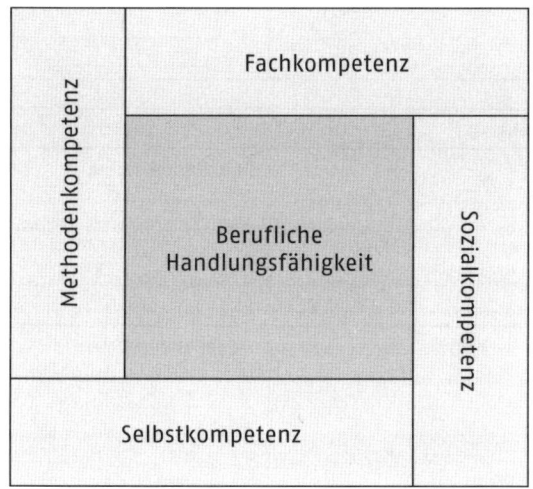

So erarbeiten Sie Ihr persönliches Profil

Um Ihre Stärken und Nicht-Stärken auf den vier Ebenen beruflicher Handlungskompetenz besser zu erkennen, gehen Sie folgendermaßen vor:

Schritt 1:

Gehen Sie die Stationen Ihres Berufslebens noch einmal durch, und zwar biografisch rückwärts, beginnend bei Ihrem derzeitigen Arbeitsverhältnis. Stehen Sie noch am Anfang Ihrer beruflichen Karriere, ersetzen Sie das Arbeitsverhältnis durch Ihr Ausbildungsverhältnis. Klären Sie mithilfe des nachstehenden Auswertungsbogens „Arbeitsverhältnisse/Ausbildung" (S. 36/37):

Selbsteinschätzung von Kompetenzen: Arbeitsverhältnisse/Ausbildung

(Verwenden Sie für jedes betrachtete Arbeits-/Ausbildungsverhältnis ein gesondertes Blatt)

Tätigkeit/Ausbildung:	Arbeitgeber/Ausbildungsstelle:

Fachkompetenz (fachliche Anforderungen, die Sie bewältigen mussten; bei Ausbildung: fachliche Ausbildungsinhalte)

Meine Stärken	Belege/Indikatoren
1.	1. ....
2.	2. ....
3.	3. ....
4.	4. ....
5.	5. ....
Meine Noch-Nicht-Stärken	Belege/Indikatoren
1.	1. ....
2.	2. ....
3.	3. ....
4.	4. ....
5.	5. ....

Methodenkompetenz

Meine Stärken	Belege/Indikatoren
1.	1. ....
2.	2. ....
3.	3. ....
4.	4. ....
5.	5. ....
Meine Noch-Nicht-Stärken	Belege/Indikatoren
1.	1. ....
2.	2. ....
3.	3. ....
4.	4. ....
5.	5. ....

Sozialkompetenz

Meine Stärken	Belege/Indikatoren
1.	1. ....
2.	2. ....
3.	3. ....
4.	4. ....
5.	5. ....
Meine Noch-Nicht-Stärken	Belege/Indikatoren
1.	1. ....
2.	2. ....
3.	3. ....
4.	4. ....
5.	5. ....

Tätigkeit/Ausbildung:	Arbeitgeber/Ausbildungsstelle:

Selbstkompetenz	
Meine Stärken 1. .... 2. .... 3. .... 4. .... 5.	Belege/Indikatoren 1. .... 2. .... 3. .... 4. .... 5. ....
Meine Noch-Nicht-Stärken 1. .... 2. .... 3. .... 4. .... 5.	Belege/Indikatoren 1. .... 2. .... 3. .... 4. .... 5. ....

Auswertungsbogen „Arbeitsverhältnisse/Ausbildung"

- Welche fachlichen Kompetenzen waren an dem jeweiligen Arbeitsplatz erforderlich bzw. welche fachlichen Kompetenzen wurden Ihnen in der Ausbildung vermittelt? Wie gut sind Sie mit diesen Anforderungen (bzw. den Ausbildungsinhalten) zurechtgekommen? Auf welche Kenntnisse, Fertigkeiten und Erfahrungen können Sie verweisen (beachten Sie auch durchgeführte Praktika!)? Wo gibt es noch Lernbedarf?
- Welche methodischen, sozialen und personalen Kompetenzen wurden von Ihnen an dem jeweiligen Arbeitsplatz (oder in der Ausbildung) erwartet? Welche dieser Anforderungen lagen Ihnen, mit welchen sind Sie weniger gut zurechtgekommen? Greifen Sie hierzu auf die Beispiele zurück, die wir im vorstehenden Abschnitt genannt haben. Die Beispiele beruhen auf der Auswertung einschlägiger Stellenanzeigen aus dem Erziehungs- und Sozialsektor. Suchen Sie jeweils nach Belegen und Beispielen, die Ihre Selbstwahrnehmung stützen. Um einen Arbeitgeber von Ihren tatsächlichen oder vermeintlichen Stärken zu überzeugen, reicht der bloße Verweis auf Ihre hervorragenden „Soft Skills" nicht aus. Liefern Sie dem Arbeitgeber glaubwürdige Belege für Ihre „Belastbarkeit", Ihr „Organisationsgeschick" und „wirtschaftliches Denken". Mit Belegen sind keine Beweise gemeint. Ihre Belege sind

  - Beobachtungen, die Sie an sich selbst gemacht haben (z.B. wie Sie mit Klienten umgehen, die „nicht wollen"; wie Sie mit einem Kostenträger reden, der einen bestimmten Leistungsaufwand nicht akzeptieren will);
  - Rückmeldungen von Klienten/Kunden/Patienten, Kooperationspartnern, Vorgesetzten, Kolleg/innen etc.;
  - Erfolge, die Sie erzielt haben oder zu denen Sie erheblich beigetragen haben, auch wenn die Erfolge nur klein sind.

Beispiel:

Es ist Ihnen gelungen, die Stelle einer Mitarbeiterin zu retten, weil Sie überzeugend darlegen konnten, dass deren interkulturelles Stadtteilprojekt von wichtigen Kooperationspartnern nachdrücklich unterstützt wird.

Gehen Sie in Ihrer beruflichen Biografie nur soweit zurück, wie es einen Ertrag in Form von zusätzlichen Erkenntnissen über Ihre tatsächlichen Kompetenzen verspricht.

Schritt 2:

Für das Arbeitsleben wichtige Qualifikationen zeigen sich nicht nur dort, sondern auch in außerberuflichen Aktivitäten (z. B. Teamgeist im Mannschaftssport; Ausdauer bei Einzelsportarten; Organisationsgeschick bei der Vereinstätigkeit, Verbindlichkeit und Führungsfähigkeit bei der Leitung einer örtlichen Selbsthilfeorganisation, Empathie bei der ehrenamtlichen Telefonseelsorge etc.). Deshalb wäre es völlig falsch, außerberufliche Aktivitäten in einer Stärken-/Noch-Nicht-Stärken-Analyse zu ignorieren. Ziehen Sie Ihre außerberuflichen Aktivitäten bei der Vervollständigung Ihres persönlichen Kompetenzprofils unbedingt mit heran.

Selbsteinschätzung von Kompetenzen: Außerberufliche Aktivitäten

Tätigkeitsfeld: Ehrenamtliches Engagement, Selbsthilfeaktivitäten, Sport, Vereinstätigkeit, Familien-/Elternzeit
Inhalt der Aktivitäten 1. .... 2. .... 3. .... 4. .... 5. .... 6. .... 7. .... 8. ....

Methodenkompetenz	
Meine Stärken 1. .... 2. .... 3. .... 4. .... 5.	Belege/Indikatoren 1. .... 2. .... 3. .... 4. .... 5. ....
Meine Noch-Nicht-Stärken 1. .... 2. .... 3. .... 4. .... 5.	Belege/Indikatoren 1. .... 2. .... 3. .... 4. .... 5. ....

Sozialkompetenz	
Meine Stärken	**Belege/Indikatoren**
1.	1. ....
2.	2. ....
3.	3. ....
4.	4. ....
5.	5. ....
Meine Noch-Nicht-Stärken	**Belege/Indikatoren**
1.	1. ....
2.	2. ....
3.	3. ....
4.	4. ....
5.	5. ....

Selbstkompetenz	
Meine Stärken	**Belege/Indikatoren**
1.	1. ....
2.	2. ....
3.	3. ....
4.	4. ....
5.	5. ....
Meine Noch-Nicht-Stärken	**Belege/Indikatoren**
1.	1. ....
2.	2. ....
3.	3. ....
4.	4. ....
5.	5. ....

Empfehlung: Beziehen Sie auch persönliche Rückmeldungen durch Ihre Adressaten, Vereinskollegen, Kooperationspartner etc. in Ihre Auswertung mit ein.

Auswertungsbogen „Außerberufliche Aktivitäten"

Schritt 3:

Fassen Sie die vor Ihnen liegenden Auswertungsbögen abschließend zusammen.

Was sind Eigenschaften, die Sie als Bewerberin besonders kennzeichnen und die Sie durch plausible Anhaltspunkte und Belege gut untermauern können? Wo sind Grenzen und wo ist Entwicklungsbedarf sichtbar geworden?

	Stärken	Noch-Nicht-Stärken
Fachliche Fähigkeiten	1.	1.
	2.	2.
	3.	3.
	4.	4.
	5.	5.

	Stärken	Noch-Nicht-Stärken
Methodenkompetenz	1.	1.
	2.	2.
	3.	3.
	4.	4.
	5.	5.
Sozialkompetenz	1.	1.
	2.	2.
	3.	3.
	4.	4.
	5.	5.
Selbstkompetenz	1.	1.
	2.	2.
	3.	3.
	4.	4.
	5.	5.

Mein persönliches Profil

Schritt 4:

Der vierte Schritt Ihres Vorgehens steht nur an, wenn Sie akut dabei sind, sich auf eine Stelle zu bewerben. Bewerten Sie Ihr Ergebnis vor dem Hintergrund der tatsächlichen und mutmaßlichen Erwartungen des Arbeitgebers an seine zukünftige Mitarbeiterin.

- Welche Ihrer positiven Eigenschaften passen am besten zu der Stelle, auf die Sie sich bewerben wollen? Stellen Sie diese Eigenschaften in Ihrem Bewerbungsschreiben besonders heraus. Machen Sie dabei von den Belegen Gebrauch, die Sie weiter oben gesammelt haben. Verzichten Sie auf billige Floskeln („Teamfähigkeit ist meine Stärke.")
- Welche Ihrer Noch-Nicht-Stärken sind an dem neuen Arbeitsplatz hinderlich? Ist das „Nicht-Vorhandene" so gravierend, dass Sie eine Bewerbung derzeit besser zurückstellen sollten, um sich vor Misserfolg zu schützen? Wenn nicht: Wie können Sie mit fehlenden Qualifikationen und Kompetenzen im Bewerbungsverfahren umgehen, wenn Sie Ihr Fähigkeitsprofil im Anschreiben darstellen wollen oder zu einem Vorstellungsgespräch eingeladen werden? Hinweise und Beispiele hierzu erhalten Sie in Kapitel 6 („Lücken im Qualifikationsprofil") und in Kapitel 10 („Fragentraining").

Empfehlungen:

- Wenn Sie ein Mensch sind, der zu Selbstzweifeln neigt, sind Sie bei Ihrer Selbstinventur womöglich zu streng mit sich umgegangen. Bitten Sie in diesem Fall Ihren Lebenspartner oder einen guten Freund, Sie mithilfe unserer Beispiele für Selbst-, Sozial- und Methodenkompetenz parallel zu beurteilen. Ergänzen Sie Ihre Selbsteinschätzung um eine Fremdeinschätzung.
- Übersehen Sie nicht: Sie haben in diesem Kapitel eine erfahrungsbezogene Selbsteinschätzung vorgenommen. Es bleibt allerdings zu klären, inwieweit Ihre Noch-Nicht-Stärken an dem zukünftigen Arbeitsplatz tatsächlich von Bedeutung sind. Sind sie dies nicht, werden Sie im Bewerbungsgespräch kaum durch entsprechende Nachfragen behelligt werden. In diesem Fall können Sie die tatsächlichen oder vermeintlichen „Minuspunkte" ad acta legen. Andernfalls wäre zu fragen, ob die erkannten Grenzen Anlass geben, auf eine Bewerbung zu verzichten.
- Heben Sie sämtliche Auswertungsbögen auf. Sie bilden den Fundus an Informationen über Ihre Stärken (und Noch-Nicht-Stärken). Mit jedem neuen Arbeitsverhältnis können Sie diesen Fundus auf den neuesten Stand bringen. Bei jedem neuen Bewerbungsverfahren können Sie auf diesen Fundus wieder zurückgreifen. Das ist schließlich Zweck der Übung.

4 Stellenangebote auswerten

In diesem Kapitel erfahren Sie, wie Sie ein Stellenangebot systematisch auswerten können, um anschließend die Frage zu klären, ob sich eine Bewerbung für Sie lohnt.

Im eigenen Berufsfeld überhaupt eine Stelle zu finden, ist oft weniger das Problem als die „richtige" Stelle zu finden. Eine Stelle passt umso besser zu Ihnen,

- je mehr diese nach ihrem Aufgabeninhalt auf Ihre persönlichen Ziele, Interessen und Wünsche zugeschnitten ist (Kapitel 1),
- je mehr diese Ihren vorhandenen Qualifikationen, Erfahrungen und Entwicklungsmöglichkeiten entspricht (Kapitel 3),
- je besser die Rahmenbedingungen und die Konditionen des Arbeitsverhältnisses mit Ihren persönlichen Erwartungen und Ansprüchen übereinstimmen (Kapitel 1).

Bevor Sie den nicht geringen Zeit- und Kostenaufwand einer Bewerbung leisten, sollten Sie ein Stellenangebot genau prüfen. Der Text einer Offerte beantwortet Ihnen allerdings nicht alle Fragen zu dem neuen Arbeitsplatz; rechnen Sie speziell damit, dass eine Stellenanzeige nicht sämtliche Erwartungen zum Ausdruck bringt, die ein Arbeitgeber an seine zukünftige Mitarbeiterin stellt. Dennoch liefert Ihnen der Anzeigentext wichtige Informationen für die Entscheidung, ob Sie sich bewerben sollen. Offene Fragen können und sollten Sie im weiteren Verlauf des Bewerbungsverfahrens klären.

Elemente einer Stellenanzeige

Typischerweise setzt sich eine Print- oder Online-Stellenanzeige aus spezifischen Textelementen zusammen, die wir Ihnen jetzt nacheinander vorstellen. Manche Arbeitgeber statten die einzelnen Elemente mit mehr Informationen aus, andere geben sich eher wortkarg. Mit Ausnahme der Elemente 5 und 6 haben wir jedem der Bausteine typische Fragen zugeordnet. Wir haben die Fragen fortlaufend nummeriert, damit Sie Ihre Antworten auf einem Blatt Papier bequem zuordnen können. Die Fragen sollen Ihnen bei der Klärung helfen, ob die ausgeschriebene Stelle Ihren Vorstellungen entspricht bzw. ob Ihre Fähigkeiten und Qualifikationen zu der betreffenden Stelle passen.

Element 1

Wir sind ...	Angaben zum Anbieter der Stelle, insbesondere
	• Name des Arbeitgebers • Dienstleistungsangebote • Bedeutung • Größe/Mitarbeiterzahl • Standort

Auswertungsfragen

- *Frage 1:* Wofür „steht" der Anbieter der Stelle: Ist er konfessionell oder weltanschaulich gebunden?
- *Frage 2:* Welchen Ruf genießt der Anbieter (in Fachkreisen, bei Nutzern/Klienten, Mitarbeitern)?
- *Frage 3:* Sind die angebotenen Dienstleistungen eher traditioneller Art oder zeigen sie, dass der Arbeitgeber auch neue Entwicklungen aufgreift?
- *Frage 4:* Lässt die Größe des Anbieters berufliche Aufstiegs-/Weiterentwicklungsmöglichkeiten erwarten?
- *Frage 5:* Handelt es sich um einen Träger, der nach seiner Tradition oder Marktposition eher durch informelle oder formelle Arbeitsbeziehungen geprägt sein wird?
- *Frage 6:* Ist ein Umzug erforderlich? Was bedeutet ein Ortswechsel für mich und meine Familie? Ist der neue Standort attraktiv (Schulen, soziale Infrastruktur, Verkehrsanbindung, Freizeitqualität ...)?

Beschaffen Sie sich bei Bedarf weitere Informationen, z. B. über das Internet. Fordern Sie per E-Mail z. B. den letzten Jahresbericht, eine Information über das Leistungsangebot des Trägers und sonstige Publikationen an. Stellen Sie ausdrücklich dar, dass Ihre Anfrage im Zusammenhang mit der Stellenbesetzung erfolgt. Dies weist Sie als reife Bewerberin aus, die ernsthaftes Interesse zeigt und dabei wohlüberlegt vorgeht. Außerdem gelangen Sie an Informationen, die Sie gezielt für Ihr Bewerbungsschreiben und das Vorstellungsgespräch nutzen können (z. B. über das Leitbild und das Selbstverständnis des Arbeitgebers).

Element 2

Wir suchen ...	Angaben zu der Position, die besetzt werden soll:
	• Bezeichnung • Art, Inhalt und Ziele der Tätigkeit • Ausschreibungsgrund • Besetzungszeitpunkt und -dauer • Beschäftigungsumfang • Einordnung in die Organisationsstruktur • Arbeitsformen wie z. B. Teamarbeit etc.

Auswertungsfragen

- *Frage 7:* Reizt mich die Aufgabe tatsächlich?
- *Frage 8:* Gibt es bereits (erste) Bezüge zu dieser Aufgabe?
- *Frage 9:* Trägt die Aufgabe zu meiner fachlichen und persönlichen Weiterentwicklung bei?
- *Frage 10:* Passt die Arbeitszeit zu meinen Bedürfnissen (Vollzeit-/Teilzeit)?
- *Frage 11:* Ist die Stelle befristet/unbefristet?
- *Frage 12:* Wird bei einer Vertretungsstelle die Weiterbeschäftigung in Aussicht gestellt?
- *Frage 13:* Handelt es sich um eine Einzelkämpfer-Stelle oder arbeitet man in einer Gruppe?
- *Frage 14:* Wie sicher ist der Arbeitsplatz: Handelt es sich um eine Pflichtaufgabe, die der Träger ausführen muss, oder kann er sein Angebot bei Haushaltsengpässen jederzeit verringern?
- *Frage 15:* Könnte ich mein derzeitiges Arbeitsverhältnis rechtzeitig auflösen?

Element 3

Wir erwarten ...	Angaben zum Anforderungsprofil, z. B.
	• Schul- und Studienabschlüsse • Zusatzausbildungen/-qualifikationen • Fachkenntnisse • Berufserfahrung • Leitungserfahrung • Persönlichkeitsmerkmale • soziale Fähigkeiten

Für Ihre Bewerbungsentscheidung ist es wichtig zu erkennen, welchen Verbindlichkeitsgrad die Anforderungen des Arbeitgebers für diesen haben. Nicht alle Anforderungen, die an die zukünftige Stelleninhaberin gestellt werden, sind gleichrangig. Zu unterscheiden ist zwischen Muss- und Soll-Anforderungen.

Beispielhafte Formulierungen für Muss-Anforderungen:

„Voraussetzung dafür sind sehr gute Kenntnisse in ..."; „Sie haben ein Studium der ... abgeschlossen"; „... ist zwingend erforderlich"; „Sie verfügen bereits über umfassende Erfahrung in ..."; „Mehrjährige Berufserfahrung ist unabdingbar."

Beispielhafte Formulierungen für Soll-Anforderungen:

„Wünschenswert wäre ..."; „... sollte möglichst ..."; „Idealerweise haben Sie ..."; „Erfahrungen in ... sind erwünscht."; „Ausbaufähige Kenntnisse in ..."; „Erwünscht aber nicht Voraussetzung sind Kenntnisse in ..."

Die Unterscheidung zwischen „Muss-Anforderungen" und „Soll-Anforderungen" fällt nicht immer leicht. Zum Teil sucht man vergebens nach eindeutigen Vokabeln. Das kann seinen Grund darin haben,

- dass der Arbeitgeber sich ganz bewusst nicht weitergehend festlegen wollte, um die Zahl der Interessenten nicht zu stark einzuschränken („Schauen wir erst mal, wer sich bewirbt"),
- dass es keine präziseren Vorstellungen gibt, oder
- dass man sich intern womöglich nicht auf ein klar umrissenes Profil einigen konnte (der Vorsitzende des Vereins wollte es lieber so, der Geschäftsführer lieber anders formulieren).

Auswertungsfragen

- *Frage 16:* Welche Ausbildungsvoraussetzungen, Fachkenntnisse und Erfahrungen werden erwartet (Nutzen Sie zur Auswertung die Tabelle auf S. 46)?
- *Frage 17:* Welche Ausbildungsvoraussetzungen, Fachkenntnisse und Erfahrungen sind zwingend, welche verhandelbar?
- *Frage 18:* Welche Erwartungen bzgl. Ausbildungsvoraussetzungen, Fachkenntnisse und Erfahrungen erfülle ich, welche teilweise und welche gar nicht?
- *Frage 19:* Welche Fähigkeiten, Kenntnisse und Erfahrungen kann ich im Sinne eines „aktiven Selbstmarketings" zusätzlich in die Stelle einbringen, auch wenn sie in der Anzeige nicht ausdrücklich angesprochen werden?
- *Frage 20:* Kann ich den Erwartungen an Persönlichkeit und sozialen Kompetenzen entsprechen?

Bei den Persönlichkeitsmerkmalen und sozialen Kompetenzen tritt zwangsläufig das Problem der Uneindeutigkeit auf. Was erwartet der Arbeitgeber konkret, wenn er „Teamfähigkeit" und „Flexibilität" eines Bewerbers fordert? Derartige Begriffe lassen sich höchst unterschiedlich ausbuchstabieren. Als Bewerberin können Sie sich diese Diffusität zunutze machen. Legen Sie die Begriffe großzügig aus. Unterstellen Sie im Zweifelsfall, über die verlangten Eigenschaften zu verfügen. Ob man tatsächlich mehr „Teamfähigkeit" von Ihnen erwartet, als Sie geben können und möchten, können Sie nur im weiteren Gang des Bewerbungsverfahrens herausfinden.

Element 4

Wir bieten ...	Angaben zu
	• Gehalt • zusätzlichen Sozialleistungen • Arbeitszeiten • Aufstiegsmöglichkeiten • Einarbeitung • Supervision/Fortbildung • Unterstützung bei Ortswechsel etc.

Stellenanforderungen	Verbindlichkeit der Anforderungen			... erfülle ich voll, teilweise, gar nicht			Beleg(e) für Anforderungen, die ich zumindest teilweise erfüllen kann*
Fachkompetenz (Ausbildung, Kenntnisse, berufliche Erfahrungen)							
1.	☐ Muss	☐ Soll	☐ Unklar	☐ voll	☐ teilw.	☐ gar nicht	
2.	☐ Muss	☐ Soll	☐ Unklar	☐ voll	☐ teilw.	☐ gar nicht	
3.	☐ Muss	☐ Soll	☐ Unklar	☐ voll	☐ teilw.	☐ gar nicht	
4.	☐ Muss	☐ Soll	☐ Unklar	☐ voll	☐ teilw.	☐ gar nicht	
5.	☐ Muss	☐ Soll	☐ Unklar	☐ voll	☐ teilw.	☐ gar nicht	
6.	☐ Muss	☐ Soll	☐ Unklar	☐ voll	☐ teilw.	☐ gar nicht	
Methodenkompetenz*							
1.	☐ Muss	☐ Soll	☐ Unklar	☐ voll	☐ teilw.	☐ gar nicht	
2.	☐ Muss	☐ Soll	☐ Unklar	☐ voll	☐ teilw.	☐ gar nicht	
3.	☐ Muss	☐ Soll	☐ Unklar	☐ voll	☐ teilw.	☐ gar nicht	
4.	☐ Muss	☐ Soll	☐ Unklar	☐ voll	☐ teilw.	☐ gar nicht	
Sozialkompetenz*							
1.	☐ Muss	☐ Soll	☐ Unklar	☐ voll	☐ teilw.	☐ gar nicht	
2.	☐ Muss	☐ Soll	☐ Unklar	☐ voll	☐ teilw.	☐ gar nicht	
3.	☐ Muss	☐ Soll	☐ Unklar	☐ voll	☐ teilw.	☐ gar nicht	
4.	☐ Muss	☐ Soll	☐ Unklar	☐ voll	☐ teilw.	☐ gar nicht	
Selbstkompetenz*							
1.	☐ Muss	☐ Soll	☐ Unklar	☐ voll	☐ teilw.	☐ gar nicht	
2.	☐ Muss	☐ Soll	☐ Unklar	☐ voll	☐ teilw.	☐ gar nicht	
3.	☐ Muss	☐ Soll	☐ Unklar	☐ voll	☐ teilw.	☐ gar nicht	
4.	☐ Muss	☐ Soll	☐ Unklar	☐ voll	☐ teilw.	☐ gar nicht	

Zusätzliche Fähigkeiten, Kenntnisse und Erfahrungen:

* siehe Kapitel 3

Auswertung Stellenanforderungen

Auswertungsfragen (zu Element 4)

- *Frage 21:* „Stimmen" die genannten Konditionen?

Konditionen, die in der Stellenanzeige genannt werden:	Einverstanden
1.	☐ Ja ☐ nur bedingt ☐ Nein
2.	☐ Ja ☐ nur bedingt ☐ Nein
3.	☐ Ja ☐ nur bedingt ☐ Nein
4.	☐ Ja ☐ nur bedingt ☐ Nein
5.	☐ Ja ☐ nur bedingt ☐ Nein
6.	☐ Ja ☐ nur bedingt ☐ Nein
7.	☐ Ja ☐ nur bedingt ☐ Nein
8.	☐ Ja ☐ nur bedingt ☐ Nein
9.	☐ Ja ☐ nur bedingt ☐ Nein
10.	☐ Ja ☐ nur bedingt ☐ Nein

- *Frage 22:* Welche Angaben zu Element 4 fehlen in der Annonce und sollten später von mir noch eingeholt werden? (Nutzen Sie hierzu Ihre Ergebnisse aus Kapitel 1).
- *Frage 23:* Ist mit hoher Flexibilität der Arbeitszeit, mit häufigen Wochenendeinsätzen oder mit ständigen Dienstreisen zu rechnen?
- *Frage 24:* Gibt es Hinweise darauf, dass der Anbieter nicht nur Erwartungen an seine Mitarbeiter/innen stellt, sondern in seine Mitarbeiter/innen auch investiert (z. B. Supervision)?

Element 5

Wir bitten ...	Angaben zu den erbetenen Bewerbungsunterlagen und ihrer Übersendung

Element 6

Ergänzende Hinweise	Angaben zu • Ansprechpartnern • Bewerbung von schwerbehinderten Menschen • Förderung von Frauen

Zu den Elementen 5 und 6 gibt es keine spezifischen Auswertungsfragen. Die Informationen aus den beiden Modulen sind dennoch bedeutsam, wenn Sie zum Beispiel im Vorfeld einer schriftlichen Bewerbung Kontakt zu dem Arbeitgeber aufnehmen wollen (Kapitel 5) oder um zu erkennen, welche Erwartungen der Arbeitgeber an den Umfang und die Übermittlung der Bewerbungsunterlagen stellt (Kapitel 6 „Um welche Unterlagen geht es").

Gesichtspunkte für Ihre Bewerbungsentscheidung

Gehen Sie am Schluss noch einmal alle Punkte durch und fassen Sie das Ergebnis Ihrer Stellenauswertung zusammen.

- Entspricht die Stelle Ihren persönlichen Vorstellungen von dem, was Sie suchen, oder müssten Sie einen „faulen Kompromiss" eingehen, wenn Sie dem Angebot näher treten?
- Wie gut stimmt das Anforderungsprofil der Stelle mit Ihrem Fähigkeitsprofil überein?

Wenn Sie zentralen Anforderungen („Muss-Anforderungen") nicht entsprechen können, sollten Sie sich den hohen Zeit- und Kostenaufwand einer Bewerbung sparen. So lautet zumindest der Grundsatz.

> *Beispiel:*
>
> Sie stoßen auf ein Stellenangebot, bei dem „Durchsetzungsfähigkeit gegenüber anderen städtischen Dienststellen" ausdrücklich vorausgesetzt wird (Zitat aus der Stellenanzeige eines kommunalen Arbeitgebers). Ihre Selbstanalyse zeigt aber, dass Ihre Werte bei den Variablen „Durchsetzungsfähigkeit", „Belastbarkeit" und „mit Konflikten umgehen können" eher auf einen zart besaiteten Menschen schließen lassen. Sie wären töricht, sich auf einen solchen Arbeitsplatz zu bewerben und sich und andere über das Fehlende hinwegzureden, auch wenn alles andere „stimmt".

Es kommt freilich darauf an, wieweit Sie vom Kern des jeweiligen Anforderungsprofils entfernt sind. Wenn Sie nach dem Inhalt der Tätigkeit annehmen können, dass Sie als Diplom-Pädagogin mit einer geeigneten Zusatzausbildung die ausgeschriebene Aufgabe genauso qualifiziert bewältigen können wie die verlangte Diplom-Psychologin, wäre es ganz sicher falsch, die Bewerbung zurückzuhalten. Wenn Sie sich dagegen ohne jede Führungserfahrung auf die Stelle einer Geschäftsführerin bei einem großstädtischen Wohlfahrtsverband mit mehr als 1.000 Mitarbeiter/innen bewerben, können Sie nur scheitern, auch wenn Sie bei anderen Kernanforderungen durchaus mithalten können. Selbst wenn es Ihnen gelänge, eine Stelle zu ergattern, die deutlich über Ihren Fähigkeiten und Entwicklungspotenzialen liegt: Wollen Sie sich derart überfordern? Sind Sie ggf. bereit, den Preis dafür zu zahlen (z. B. ständiges Angespanntsein, nicht mehr abschalten können, gesundheitliche Probleme)? Von wenigen Ausnahmen abgesehen, werden Sie auch bei einem katholischen oder evangelischen Träger keine Einstiegschance bekommen, wenn Sie überhaupt keiner christlichen Kirche angehören. Eine Bewerbung macht auch in diesem Falle keinen Sinn. Im Zweifelsfall empfiehlt sich jedoch eine telefonische Anfrage (Kapitel 5).

Mehr Spielmöglichkeiten bieten Ihnen die Soll-Anforderungen. Hier wird man Ihnen durchaus entgegenkommen. Da Arbeitgeber dazu neigen, ein Idealbild zu entwerfen, ist ohnehin davon auszugehen, dass auch Ihre Mitbewerber/innen dem Soll-Bild nur mehr oder weniger nahe kommen. Dem Arbeitgeber ist außerdem bewusst, dass ein überzogenes Anforderungsprofil die unangenehme Folge haben kann, dass die Stelle vakant bleibt. Dies liegt nicht in seinem Interesse. Mit Elastizität ist also zu rechnen.

Dem Fall der zu geringen Übereinstimmung zwischen dem Anforderungsprofil und Ihren Fähigkeiten, Kenntnissen und Erfahrungen (Unterqualifikation) steht der Fall Ihrer Überqualifikation gegenüber. Auch hier sollten Sie Ihre Chancen lieber woanders suchen und nutzen. Jeder Arbeitgeber wird sich fragen, warum Sie in Ihren beruflichen Zielsetzungen zurückstecken wollen. Akzeptieren Sie die Stelle womöglich nur aus einer Verlegenheit heraus (Sie konnten gerade nichts Besseres finden), um dann über kurz oder lang den Sprung in eine adäquate Position zu schaffen? Welcher Arbeitgeber stellt sich schon gerne als Sprungbrett zur Verfügung! Sie könnten auch auf die Idee kommen, eine bessere tarifliche Dotierung einzufordern, wenn Sie erst einmal fest im Sattel sitzen. Gibt der Arbeitgeber dem nach, zahlt er drauf, gibt er Ihnen nicht nach, demotiviert er Sie. Beides wird er kaum wollen.

Lassen Sie sich aber bei der Prüfung, ob Sie die gewünschten Anforderungen erfüllen können, nicht blenden. Da es im Interesse von Arbeitgebern liegt, möglichst „gute Leute" für sich zu gewinnen, sind „hohe Töne" in Stellenanzeigen beliebt. Ob es den Traumkandidaten überhaupt gibt, darf man häufig mit gutem Recht bezweifeln. Stellenanzeigen sind außerdem öffentliche Selbstdarstellungen eines Arbeitgebers; sie werden nicht nur von potenziellen Interessent/innen gelesen, sondern auch von der „Konkurrenz". Kleinere „symbolische Inszenierungen" sind deshalb in Annoncen nie auszuschließen. Die „geballte Ladung" von Anforderungen, gerade im Bereich personaler und sozialer Schlüsselqualifikationen (Kapitel 3), wird insbesondere Neueinsteiger schnell irritieren. Vor unberechtigter Selbsteinschüchterung schützt Sie nur eine einzige Erkenntnis: Dass überall mit Wasser gekocht wird.

5 Telefonische Kontaktaufnahme

Telefonische Aktivitäten können ein wichtiges Element Ihrer Bewerbungsstrategie sein. Wann und wie Sie das Telefon im Vorfeld einer schriftlichen Bewerbung oder einer Initiativbewerbung nutzen können, schildern wir Ihnen in diesem Kapitel.

Bevor Sie eine schriftliche Bewerbung losschicken, kann es vorteilhaft sein, telefonischen Kontakt mit dem betreffenden Arbeitgeber aufzunehmen. Das gilt genauso bei einer schriftlichen Initiativbewerbung. Des Öfteren benennen Arbeitgeber in Stellenanzeigen sogar ausdrücklich einen Ansprechpartner mit Telefonnummer, der für ein Vorabgespräch zur Verfügung steht. Erfahrungsgemäß nutzen aber nur wenige Bewerber/innen die Chance, ihre schriftliche Bewerbung telefonisch zu flankieren. Diese Zurückhaltung ist verständlich, denn Bewerbungsaktivitäten per Telefon erfordern Mut. Womöglich steht man ‚Mir nichts – Dir nichts‘ mitten in einem Bewerbungsgespräch, das man eigentlich zu späterem Zeitpunkt führen wollte.

Anders als ein unverhoffter persönlicher Besuch („Ich war gerade in der Nähe, da hab' ich gedacht, ich schau mal rein") wird ein Anruf arbeitgeberseitig nicht als distanzlos oder gar als Überfall wahrgenommen. Dennoch ist die Telefonstrategie im „Massengeschäft" für den Arbeitgeber nur dann akzeptabel, wenn sie auf eine Minderheit von Bewerbern beschränkt bleibt. Bei kleiner Interessentenzahl und besonders herausgehobenen Stellen wird es der Arbeitgeber sogar schätzen, sich am Telefon ein erstes Bild von einer Bewerberin machen zu können. Als Bewerberin müssen Sie sich den Kopf des Arbeitgebers letztlich aber nicht zerbrechen: Wer öffentlich Stellen ausschreibt, sollte sich über regen Zuspruch nicht beschweren. Wenn Ihr Anruf tatsächlich nicht gelegen kommt, wird man Sie ohnehin abwimmeln. Dies wird Ihnen zwar nicht gefallen, muss Ihre weiteren Aktivitäten aber überhaupt nicht beeinträchtigen.

Vorteile der telefonischen Kontaktaufnahme

Das Telefonat im Vorfeld einer Bewerbung kann sich aus mehreren Gründen für Sie empfehlen:

• Sie können zusätzliche Informationen über die ausgeschriebene Stelle einholen, die in der Stellenanzeige nicht enthalten sind oder nur diffus benannt sind (z. B. nach speziellen fachlichen Anforderungen, nach der Breite des Aufgabenbereichs, nach der Zahl der unterstellten Mitarbeiter/innen etc.). Sie können dadurch besser erkennen, ob die Stelle für Sie tatsächlich geeignet ist. Nach welchen Informationen Sie Ausschau halten können, lesen Sie in Kapitel 1. Mit den zusätzlichen Informationen verschaffen Sie sich einen Vorsprung gegenüber Ihren Mitbewerber/innen, die auf eine solche Vorrecherche – zu Ihrem Vorteil – verzichtet haben.

- Bei einer Initiativbewerbung ersparen Sie sich aussichtslose Aktivitäten, wenn Sie in dem Telefonat erfahren, dass in absehbarer Zeit nicht mit freien Stellen zu rechnen ist. Dasselbe gilt, wenn Ihr Gesprächspartner erklärt, dass er eine etwaige „Bewerbung auf Verdacht" grundsätzlich nicht „auf Vorrat" nimmt, um bei passender Gelegenheit darauf zurückkommen zu können.
- Je nach Verlauf des Gesprächs können Sie genauer abschätzen, welches Bild Ihr Gesprächspartner von der zukünftigen Mitarbeiterin hat (Arbeitgeber: „Der klassische Bürokrat wird sich bei uns vermutlich nicht sehr wohl fühlen." „Wir sind immer innovationsfreudig gewesen, und wollen das auch in Zukunft sein."). Ebenso erfahren Sie womöglich mehr über das Selbstverständnis der Einrichtung („Wir sprechen in unserem Hause nicht mehr von Klienten oder Hilfeempfängern, sondern ganz bewusst von Kunden.").
- Sie bekommen mithilfe des Telefons „ein Bein in die Tür", um sich mit Ihren Fähigkeiten und beruflichen Erfahrungen frühzeitig zu präsentieren. Sie können Punkte sammeln, die Ihnen im weiteren Gang des Verfahrens zugute kommen. Sie zeigen Interesse und Initiative. Man erinnert sich an Sie, wenn Ihre schriftlichen Unterlagen eingehen, vor allem dann, wenn Sie in Ihrem Anschreiben gleich zu Beginn auf das „angenehme/informative/freundliche Telefonat" vom ... (Datum)" Bezug nehmen.

Das Vorab-Telefonat hat seine Potenziale vor allem in der Informationsbeschaffung und in der Gelegenheit, die es für eine gezielte Selbstpräsentation bietet. In der Realität liegt beides dicht beisammen: Jedes Fragenstellen ist auch eine Selbstpräsentation, die von dem Angesprochenen zumindest intuitiv bewertet wird: Was will die Anruferin wissen? Was ist ihr wichtig und was weniger wichtig? Wie kommuniziert sie? Welche Signale sendet sie auf der Beziehungsebene? Wirkt sie sympathisch, „echt", glaubwürdig, distanziert?

Vorbereitung auf das Gespräch

Gesprächspartner ermitteln

Wenn die Stellenanzeige hierzu keine Angaben macht, gilt es zunächst herauszufinden, wer als Ansprechpartner überhaupt in Betracht kommt. Kann Ihnen die Telefonzentrale keine Hinweise auf die zuständige Person geben, sollten Sie sich mit dem meist gut informierten Vorzimmer der Personalleitung/Amtsleitung/Geschäftsführung verbinden lassen. Fragen Sie nach dem Ansprechpartner, der verantwortlich mit der Stellenbesetzung befasst ist. Dies wird oft nicht die oberste Leitungsperson sein, sondern die Abteilungsleitung, die von guter Personalauswahl am meisten profitiert bzw. den Ärger eines Fehlgriffs am ehesten ausbaden muss.

Überlegen Sie schon im Vorfeld, wie Sie reagieren können, wenn das Kontaktgespräch nicht sofort zustande kommt. Folgendes können Sie tun:

- Durchwahlnummer erbitten,
- nach günstigen Anrufzeiten fragen,
- Wunsch äußern, eine Telefonnotiz hinterlassen zu können mit der Nachricht, dass Sie an der Stelle interessiert sind und sich wieder melden werden.

Verfehlt ist es, um Rückruf zu bitten. Bietet man Ihnen dagegen den Rückruf an, will man Sie möglicherweise abwimmeln. Bleiben Sie deshalb aktiv („Ich war in den letzten Tagen schlecht zu erreichen, deswegen melde ich mich noch einmal.").

Fragen klären

Ein Telefonat wird nur dann ein positives Ergebnis für Sie haben, wenn Sie es gut vorbereiten. Wer seine Fragen erst in der Gesprächssituation generiert, darf sich nicht wundern, wenn am Ende Wichtiges weiterhin ungeklärt ist. Ein weiteres Mal anzurufen („Mir ist da noch eingefallen …") sollten Sie möglichst nicht in Erwägung ziehen. Man könnte Rückschlüsse darauf ziehen, wie überlegt Sie in sonstigen beruflichen Situationen handeln.

Notieren Sie auf einem Blatt, welche Fragen Sie vor der Entscheidung über eine schriftliche Bewerbung oder Initiativbewerbung stellen möchten. Setzen Sie besonders wichtige Fragen an den Anfang. Um nicht schon bei Ihrem Erstkontakt aus dem Rennen geworfen zu werden, sollten Sie mit Fragen nach einer „geregelten Arbeitszeit" und dem „genauen Gehalt" äußerst vorsichtig umgehen. Es handelt sich um ein Erstgespräch, das keinen negativen Eindruck hinterlassen sollte. Es gilt der viel zitierte Grundsatz „Für den ersten Eindruck gibt es keine zweite Chance."

Lassen Sie zwischen Ihren Fragen genügend Platz für Notizen. Durch seine freien Antwortfelder zeigt Ihnen der Fragenkatalog während des Gesprächs an, wo Ihnen noch Informationen fehlen. Bedenken Sie, dass Ihr Gegenüber gerade mitten in der Arbeit steckte, als Ihr Anruf einging. Er wird bei aller Höflichkeit und dem eigenen Interesse, von Bewerbern frühzeitig einen persönlichen Eindruck zu gewinnen, nicht endlos Zeit für Sie haben.

Klammern Sie unbedingt Fragen aus, deren Antwort Sie sich auf andere Weise beschaffen können (z. B. über die Homepage des Anstellungsträgers, über schriftliches Material, das Sie anfordern können). Gerade Berufseinsteigern fehlt oft noch das Gespür dafür, was „geht" und was eine Zumutung für den Anderen darstellt. Es gelingt ihnen nur unvollkommen, sich in die Situation des Anderen zu versetzen, weil man diese Situation zu wenig kennt. Die Devise „Fragen kostet ja nichts" ist jedenfalls völlig fehl am Platze, die Beschäftigung eines Personalverantwortlichen mit unnötigen Fragen ist sogar ein klarer Schuss nach hinten. Zeigen Sie an, dass Sie sich bereits im Vorfeld des Gesprächs bestmöglich informiert haben und es jetzt nur noch um offene Punkte geht.

Sich auf Fragen des Gesprächspartners einstellen

Überlegen Sie im Vorfeld immer auch, welche Fragen Ihr Gesprächspartner von sich aus an Sie stellen könnte. Gehen Sie dabei von folgenden Fragen aus, auch wenn Ihnen diese nicht wortwörtlich gestellt werden:

• Was können Sie uns als Sozialpädagogin/Psychologin/Heilpädagogin etc. bieten?
• Wo sehen Sie den Schwerpunkt Ihrer Fähigkeiten und Erfahrungen?
• Warum bewerben Sie sich speziell bei uns?

Auf solche Fragen sollten Sie gefasst sein. Es sind Fragen, die in jedem Bewerbungsgespräch offen oder unterschwellig mitlaufen. Unser Fragentraining in Kapitel 10 kann Ihnen helfen, unpassende Stegreif-Antworten zu vermeiden. Auch bei solch veranlasster Selbstpräsentation müssen Sie Ihre stellengerechte Selbstanalyse zur Hand haben (Kapitel 3).

Selbstpräsentation vorbereiten

Einer der wichtigsten Punkte einer guten Gesprächsvorbereitung ist es zu überlegen, wie Sie sich gegenüber Ihrem Gesprächspartner präsentieren wollen. Schließlich sollen Ihre wohlüberlegten Fragen Ihnen nicht nur weitere und tiefere Informationen über den in Betracht gezogenen Arbeitsplatz liefern, sondern auch das Interesse des Arbeitgebers an Ihrer Person bzw. Ihrer Bewerbung wecken. Ziel Ihrer Selbstpräsentation muss es sein, Ihrem Gesprächspartner zu signalisieren, dass Ihre Bewerbung eine besondere Beachtung verdient. Hier zahlt sich Ihre Selbstanalyse, die wir in Kapitel 3 vorgestellt haben, aus. Greifen Sie aus dem Pool Ihrer ermittelten Fähigkeiten und Erfahrungen gezielt diejenigen heraus, die zu der umworbenen Stelle am treffendsten passen. Notieren Sie die wichtigsten Komponenten Ihres Profils auf einem Blatt. Halten Sie dieses bei Ihrem Telefonat sicherheitshalber bereit (ohne abzulesen). Wie Ihre Selbstpräsentation aussehen kann, lesen Sie im nächsten Abschnitt.

Die Gesprächsführung

Einstieg in das Gespräch

Insbesondere jüngeren Bewerber/innen sei ans Herz gelegt, zu Gesprächsbeginn ihren vollständigen Namen zu nennen und sich nicht auf ein knappes „Hallo" zu beschränken. Sprechen Sie Ihr Gegenüber möglichst mit seinem Namen an (aber bitte nicht in jedem Satz erneut). Benennen Sie anschließend klar den Grund Ihres Anrufes. Erwähnen Sie bei einer Initiativbewerbung ggf., dass Ihnen jemand die Kontaktaufnahme besonders empfohlen hat. Dies wird Ihr Gesprächspartner im Allgemeinen gerne hören. Vielleicht sind Sie durch eine Fachzeitschrift, bei Internetrecherchen oder durch die aktuelle Presseberichterstattung auf den Anstellungsträger besonders aufmerksam geworden.

Fragen Sie Ihren Gesprächspartner zunächst, ob er im Augenblick Zeit für Sie hat. Ist dies nicht der Fall, fragen Sie nach, wann Sie sich kurzfristig wie-

der melden können. Am besten ist es, von sich aus einen konkreten Terminvor-
schlag zu machen („Hätten Sie evtl. morgen früh ein paar Minuten Zeit, so gegen
acht Uhr?"). Wenn Ihr Gesprächspartner keine Zeit für Sie hat, Sie aber auch
nicht „abhängen" will („Ich habe jetzt um 10 eine Besprechung. Worum geht
es denn?"), sollten Sie Ihren Gesprächswunsch lieber zu vertagen versuchen, als
unter Zeitdruck eine hastige Eilvorstellung zu geben.

Beispiel:

Bewerberin: Ich will Sie ungern stören. Kann ich Sie morgen noch einmal anru-
fen? Wann würde es Ihnen passen? So gegen neun?

Überlegen Sie, wie Sie auf einen genervten Gesprächspartner reagieren können:
Was könnten Sie ihm antworten, wenn er Ihnen mitteilt „Sie sind schon der
fünfte, der mich heute anruft!". Sagen Sie bitte nicht „Tut mir leid, dass ich Sie
belästigt habe. Auf Wiederhören." Doch wie könnte das Gespräch weitergehen?
Vielleicht so:

Beispiel:

Bewerberin: Diesen Andrang kann ich gut verstehen. Sie wollen schließlich eine
attraktive Stelle vergeben. Haben Sie trotzdem für den fünften – und hoffentlich
letzten Anrufer – noch ein offenes Ohr?

Personalverantwortliche: Bleibt mir im Augenblick etwas Anderes übrig?

Bewerberin: Ich verspreche Ihnen, mich kurz zu fassen. (Kurze Pause). Sie schreiben in Ihrer Anzeige ...

Ein gewisses Durchhaltevermögen wird Ihr Gegenüber durchaus zu schätzen
wissen („Sie lässt sich nicht sofort von ihrem Vorhaben abbringen."). Überzie-
hen Sie aber nicht, fragen Sie stattdessen lieber nach, wann Sie sich noch einmal
melden können.

Ein Problem bereitet auch, wenn Sie gleich nach Nennung Ihres Anliegens die
Antwort bekommen, dass es derzeit keinen Personalbedarf gibt. Dieser Sachver-
halt ist – von Zufällen abgesehen – bei einer Initiativbewerbung zu erwarten.
Das muss nicht heißen, dass Sie sich sofort aus dem Gespräch verabschieden.
Folgendermaßen können Sie reagieren:

Beispiele:

Bewerberin: Das ist schade. Bedeutet das, dass es auch auf absehbare Zeit keinen
weiteren Personalbedarf geben wird?

Bewerberin: Ich verstehe, das wäre auch ein schöner Zufall gewesen. Mir kommt
es aber auf eine längerfristige Mitarbeit an. Ich stelle mir vor, dass mein berufliches Profil gut zu Ihrem Aufgabenfeld passt. Sind Sie einverstanden, wenn ich
Ihnen mein Profil kurz vorstelle?

Bewerberin: Das ist sehr schade. Macht es Sinn, wenn ich mich in einem Viertel-
jahr noch einmal mit Ihnen in Verbindung setze?

Denkbar ist auch, dass man Sie um Verständnis dafür bittet, dass telefonische Vorgespräche „leider nicht möglich" sind. Auch hier sollten Sie nicht gleich den Kopf einziehen, sondern versuchen am Ball zu bleiben.

Beispiel:

Bewerberin: Das ist schade. Wären Sie denn einverstanden, wenn ich meine Fragen per E-Mail stelle? Wie lautet die E-Mail-Adresse?

Sich präsentieren, Fragen stellen, Fragen beantworten

Wenn das Gespräch nicht schon endet, bevor es richtig begonnen hat, bietet das Telefonat die Gelegenheit, Ihre vorbereiteten Fragen zu klären und – en passant – sich als „interessante Bewerberin" zu empfehlen. Versuchen Sie dabei kurz und knapp, aber punktgenau zu verdeutlichen, wodurch sich Ihr berufliches und persönliches Profil – ausgehend von Ihrer Selbstbewertung (Kapitel 3) – auszeichnet. Dass man in wenigen Sätzen nicht „alles" sagen kann, versteht sich von selbst. Entscheidend ist, soviel an Gesprächsmaterial „auf den Tisch zu legen", dass Ihr Gesprächspartner dieses bei Bedarf aufgreifen kann. Das in schneller Rede „Zutexten" oder längere Monologe stressen Ihr Gegenüber. Das gleiche gilt für Langatmigkeit sowie lange, komplizierte und gestelzte Sätze. Hier ist weniger mehr.

Für Ihre Selbstpräsentation bieten sich zwei Möglichkeiten an:

Möglichkeit 1:

Sie sagen zu Beginn des Gesprächs, dass Sie sich kurz vorstellen möchten, um danach einige Fragen zur Bewerbung anzusprechen. Sie starten mit einem kleinen, max. einminütigen Werbeblock in eigener Sache.

Beispiel:

Bewerberin: Ich würde Ihnen gerne etwas zu meinem beruflichen Hintergrund sagen, um dann mit Ihnen über einzelne Fragen zu sprechen. Sind Sie damit einverstanden?

Handelt es sich um eine Initiativbewerbung, wo Fragen zu einer konkreten Stelle naturgemäß entfallen, könnte Ihre Selbstpräsentation womöglich so aussehen:

Beispiel:

Bewerberin: Guten Tag, Frau Lechner, mein Name ist Julia Suchert. Ich bin Kulturpädagogin. Mein Wunsch ist, als Mitarbeiter/in bei Ihnen einzusteigen. Hätten Sie einen Augenblick Zeit, um mit mir darüber zu sprechen?

Personalverantwortliche: Ja, das geht. Um was geht es Ihnen speziell?

Bewerberin: Meine Neigungen liegen speziell in der museumspädagogischen Arbeit. In diesem Arbeitsfeld habe ich bereits im Studium einige Erfahrungen

gewinnen können. Ich habe dazu nicht nur eine umfangreiche Projektlehrveran-
staltung besucht, sondern auch meine Praxisphase gezielt in der Museumsarbeit
platziert. Da mir die Arbeit mit Kindern und Jugendlichen sehr gut liegt, möchte
ich meine Fähigkeiten genau an dieser Stelle einbringen. Könnte Sie das interessieren?

Personalverantwortliche: Durchaus. Allerdings gibt es im Augenblick keine freie
Stelle, über die wir konkret sprechen könnten.

Bewerberin: Käme denn evtl. eine projektbezogene Mitarbeit auf Honorarbasis
in Betracht?

Personalverantwortliche: Das müsste ich im Hause klären, ausschließen würde
ich es nicht. Vielleicht schicken Sie uns schon einmal eine schriftliche Kurzbewerbung, selbst wenn es derzeit keine Einsatzmöglichkeiten gibt. Man kann nie
wissen.

Möglichkeit 2:

Sie integrieren Fragen und Selbstpräsentation, sodass es keinen vorgeschalteten
„Werbeblock" gibt.

Beispiel:

Bewerberin: Guten Tag, Frau Lechner, mein Name ist Julia Suchert. Ich interessiere
mich für die ausgeschriebene Stelle als Diplom-Sozialarbeiterin im Allgemeinen
Sozialen Dienst des Jugendamtes. Hätten Sie Zeit, mir die eine oder andere Frage
zu beantworten?

Personalverantwortliche: Ja, wenn es nicht zu lange dauert. Welche Fragen haben Sie?

Bewerberin: Ich arbeite seit einem Jahr in der Betreuung Erwachsener nach dem
Betreuungsgesetz. Nach meinem Eindruck gibt es hier sehr viele Parallelen zur
ASD-Arbeit. Teilen Sie diese Einschätzung?

Personalverantwortliche: Das ist sicher richtig, die Zielgruppen sind allerdings
nicht identisch.

Bewerberin: Da haben Sie Recht. Ich könnte sicher aber meine methodischen
Kenntnisse gut verwerten. Ich habe mich bereits im Studium sehr für das Thema
Gesprächsführung interessiert, insbesondere auch mit unfreiwilligen Klienten.
Derzeit bin ich dabei, eine Ausbildung in systemischer Beratung abzuschließen.
Ich stelle mir vor, diese Zusatzqualifikation gerade in der Familienhilfe gut ein-
setzen zu können.

Personalverantwortliche: In der Tat würde das gut passen. Auch andere Mitar-
beiter/innen habe eine solche Fortbildung gemacht. Das erleichtert die Arbeit im
Team ganz sicher.

Bewerberin: Ihre Mitarbeiter/innen arbeiten in Teams?

Personalverantwortliche: Ja. Da müssen Sie sich evtl. umstellen.

Bewerberin: Ganz und gar nicht. Als Betreuerin habe ich zwar ein hohes Maß an Eigenverantwortung, aber die kontinuierliche Rückkoppelung mit den Teamkollegen ist für alle verbindlich. Das ist mir als Mittel der Qualitätssicherung auch selbst sehr wichtig. (Kurze Pause). Mir war bei der Vorbereitung auf unser Gespräch noch eine andere Frage gekommen: Eine ASD-Kollegin aus einem niedersächsischen Kreis berichtete mir, dass man dort neben der fachlichen auch die wirtschaftliche Verantwortung für seine Entscheidungen i.S. einer Budgetverantwortung trägt? Ist das bei Ihnen auch so?

Personalverantwortliche: Nein, noch nicht. Sie müssen aber über kurz oder lang damit rechnen. Pädagogik hat schließlich auch eine Kostenseite.

Bewerberin: Gut, darauf muss man sich sicher erst einmal einstellen. Ich habe vor meinem Studium eine Ausbildung als Bürokauffrau abgeschlossen. Das wirtschaftliche Denken ist mir deshalb nicht fremd, auch wenn das Fachliche Priorität haben sollte.

Personalverantwortliche: Wie kommt es, dass Sie sich für die Stelle speziell interessieren?

Bewerberin: Mich reizt die Vielseitigkeit der Aufgaben. Ich schätze ein ganzheitlich ausgerichtetes Aufgabenfeld mehr als eine sehr spezialisierte Tätigkeit. Das fordert auch dazu heraus, immer wieder neu dazuzulernen. Ich erstarre nicht gerne in Routine.

Personalverantwortliche: Als Generalistin sind Sie doch auch jetzt schon tätig. Warum wollen Sie wechseln?

Bewerberin: Ich habe derzeit eine Mutterschaftsvertretung, die in Kürze endet. Ich suche eine Stelle, wo ich meine Fähigkeiten und Erfahrungen optimal verwerten und weiter ausbauen kann. Ihr Angebot passt sehr gut zu diesen Zielen. – Darf ich Ihnen meine Bewerbungsunterlagen in den nächsten Tagen zuschicken?

Personalverantwortliche: Gerne. Wie war noch mal Ihr Name?

Bewerberin: Julia Suchert. Herzlichen Dank für das Gespräch, Frau Lechner.

Personalverantwortliche: Gern geschehen. Auf Wiederhören Frau Suchert.

Kommunizieren Sie möglichst aus der ‚Perspektive Ihres Gesprächspartners‘. Versetzen Sie sich so gut es geht an seine Stelle: Was ist für ihn wichtig? Wie muss Ihre „Message" lauten, damit er Ihnen seine Aufmerksamkeit schenkt? Im vorstehenden Beispiel lauten die Messages, aus der Perspektive des Arbeitgebers formuliert:

• Sie arbeitet bereits in einem durchaus vergleichbaren Aufgabenfeld.
• Sie weiß um die Probleme mit unfreiwilligen Klienten.
• Sie ist methodisch besonders ausgewiesen.
• Sie ist lernbereit.
• Sie ist Eigenverantwortung ebenso wie Teamarbeit gewöhnt.
• Sie ist zu wirtschaftlicher Mitverantwortung bereit (auch wenn sie klare Prioritäten bei der fachlichen Richtigkeit von Entscheidungen setzt).
• Sie schätzt eine Tätigkeit als Generalistin.

- Wenn sich dieser erste Eindruck im weiteren Verlauf des Bewerbungsverfahrens erhärten lässt, kommt Frau Suchert für die Stelle sicher in Betracht.

Das Gespräch abschließen

Beenden Sie das Gespräch ohne Unterwürfigkeit (falsch: „Vielen Dank, dass Sie Ihre wertvolle Zeit für mich geopfert haben.") und ohne Übertreibungen (falsch: „Vielen vielen Dank für Ihre überaus informativen Auskünfte."), sondern mit einem verbindlichen Dank („Herzlichen Dank, dass Sie sich Zeit für meine Fragen genommen haben."). Bringen Sie zum Ausdruck, dass Ihnen das Gespräch hilfreich war, um die Entscheidung für eine Bewerbung begründet treffen zu können. Kündigen Sie ggf. an, dass Sie Ihre Bewerbungsunterlagen kurzfristig übersenden werden.

Nachbereitung des Gesprächs

Ziehen Sie nach jedem telefonischen Vorabkontakt eine kurze Bilanz:

- Was hat das Gespräch in der Sache ergeben, positiv wie negativ?
- Was ist Ihnen gut, was weniger gut gelungen?
- Worauf sollten Sie beim nächsten Mal besonders achten?

Halten Sie diese Erkenntnisse in einer kurzen Notiz fest, damit Sie sie zukünftig verwerten können. Notieren Sie insbesondere auch den Namen Ihres Gesprächspartners sowie das Datum des Gesprächs, damit Sie sich bei Ihrer schriftlichen Bewerbung darauf beziehen können. Wenn Sie die Stelle tatsächlich übernehmen möchten, sollten Sie nun rasch reagieren und Ihre Bewerbungsunterlagen übersenden. Nutzen Sie dabei die Informationen, die Sie durch das Gespräch zusätzlich erhalten haben, um sich so genau wie möglich auf das Anforderungsprofil des Arbeitgebers auszurichten. Am Anfang Ihres Anschreibens erinnern Sie noch einmal an das „angenehme Gespräch", das sie in der Absicht bestärkt hat, die ausgeschriebene Position zu übernehmen.

Empfehlungen:

- Für Ihren Gesprächspartner ist es wichtig, einen sachlichen Grund für Ihren Anruf erkennen zu können. Falls es Ihnen primär um Selbstpräsentation geht, tun Sie gut daran, diese in Fragen einzukleiden, die dem Gespräch einen erkennbaren Sachgrund geben.
- Ihre Selbstpräsentation sollte sich stets auf Ihre Kenntnisse, Fähigkeiten und Erfahrungen beziehen. „Sprüche" verhelfen im Allgemeinen nicht zu einer Stelle. Führen Sie dementsprechend zunächst eine Selbstanalyse durch (Kapitel 3).
- Die Erfahrung lehrt, dass ein ruhiges, freundliches, respektvolles (nicht unterwürfiges!) und ungekünsteltes Auftreten alle Chancen hat, gut „anzukommen". Wenn Sie versuchen, ein anderer zu sein als Sie sind, machen Sie sich unnötigen Stress.

- Hemmungen sind auch bei einem telefonischen Bewerbungsgespräch etwas ganz Normales. Sie überwinden diese am besten durch eine gute Vorbereitung.
- Üben Sie zuhause vor dem Spiegel, eine kurze Darstellung Ihrer Kenntnisse, Fähigkeiten und Erfahrungen zu geben. Sicherheit gibt Ihnen auch, wenn Sie Ihren Lebenslauf neben dem Telefon liegen haben.
- Telefonieren Sie im Stehen. Das macht Sie souveräner. Psychologen empfehlen überdies beim Telefonat zu lächeln, weil Sie sich dabei entspannen. Probieren Sie es einmal aus.
- Lassen Sie Ihren Gesprächspartner ausreden. Zwingen Sie ihn nicht, minutenlangen Monologen zuzuhören.
- Sehen Sie sich nicht als Bittsteller, der froh sein kann, wenn er vorgelassen wird. Sehen Sie sich als jemand, der – auch als Berufseinsteiger! – etwas anzubieten hat. Niemand ist gezwungen, Ihr Angebot anzunehmen.
- Sorgen Sie dafür, dass nichts und niemand Sie beim Telefonat stört.
- Benutzen Sie wegen der Übertragungsqualität und unerwarteter Batterieerschöpfung kein Handy, sondern ein Festnetztelefon.
- Rufen Sie möglichst nicht kurz vor einer vollen Stunde am Vormittag an, wo Ihr Gesprächspartner des Öfteren im Aufbruch zu einem Besprechungstermin ist. Nutzen Sie auch die Tagesrandzeiten (vor acht Uhr und nach 17.00 Uhr).
- Möglicherweise müssen Sie mehrfach mit der Sekretärin telefonieren, bevor Sie Ihren Gesprächspartner erreichen. Achten Sie auf dieselbe Höflichkeit und Freundlichkeit, die Sie auch Ihrer „Zielperson" angedeihen lassen („Guten Tag, Frau Meier, wir haben gestern schon einmal miteinander gesprochen. Habe ich heute Glück und kann mit Frau Lechner sprechen?").

6 Die schriftliche Bewerbung

Für das „Wie" einer überzeugenden schriftlichen Bewerbung haben sich Regeln und Standards herausgebildet. Diese betreffen nicht nur den Inhalt von Anschreiben und Lebenslauf, sondern auch die formale Qualität der Unterlagen in ihrer Gesamtheit. Lesen Sie in diesem Kapitel, wie Sie Ihre schriftliche Bewerbung optimal an diesen Regeln und Standards ausrichten können.

Bewerbungsunterlagen

Um welche Unterlagen es geht

Bei einer schriftlichen Bewerbung erwartet der Arbeitgeber, dass Sie ihm *vollständige und aussagekräftige Unterlagen* zur Verfügung stellen. Anhand Ihrer Schriftstücke und Dokumente muss er sich ein erstes Bild von Ihren Kenntnissen, Fähigkeiten und beruflichen Erfahrungen machen können. Erst dann entscheidet sich, ob aus dem ersten Bild ein erster Schritt folgt: die Einladung zu einem Vorstellungsgespräch. Das Gebot der Vollständigkeit sollten Sie unbedingt beachten. Bei der oft großen Zahl an Mitbewerber/innen wird der Arbeitgeber sich nur im Ausnahmefall die Mühe machen, Unterlagen bei Ihnen nachzufordern.

Vollständig ist Ihre Bewerbungsmappe, wenn Sie folgende Unterlagen enthält:

- das Anschreiben
- den Lebenslauf mit Lichtbild
- Arbeitszeugnisse aus sämtlichen Arbeitsverhältnissen (das aktuellste zuerst)
- Ausbildungszeugnisse (Ausbildung; Studium)
- das letzte allgemeinbildende Schulzeugnis
- Nachweise über Fort- und Weiterbildung (entsprechend der Auswahl im Lebenslauf)
- Praktikumsnachweise (bei Berufsanfänger/innen).

Selbstverständlich steht es Ihnen frei, Ihre Bewerbungsmappe um *weitere Dokumente* anzureichern, wenn Sie sich davon eine bessere ‚Performance' versprechen. Erschlagen Sie den Arbeitgeber aber nicht mit Material („Mehr" bedeutet nicht automatisch „besser"!).

In Betracht kommen z. B.

- ein Deckblatt
- eine persönliche Zusatzseite (z. B. ein Qualifikationsprofil)
- persönliche Referenzen
- ein Verzeichnis der beigefügten Anlagen (im Anschluss an den Lebenslauf bei umfangreicheren Anlagen).

Eine Ausnahme vom Vollständigkeitsgebot besteht per definitionem bei einer *Kurzbewerbung* (bzw. Initiativbewerbung). Hier reicht ein Anschreiben mit Lebenslauf aus. Ggf. können Sie Ihrem Lebenslauf noch eine persönliche Zusatzseite beifügen (siehe unten).

Einen guten Eindruck macht es, wenn Sie Ihren Unterlagen ein *Deckblatt* vorheften. Dieses Blatt können Sie individuell gestalten. Häufig werden auf dem Deckblatt bereits die persönlichen Kontaktdaten der Bewerberin vermerkt. Empfehlenswert ist, dem Deckblatt auch Ihr Lichtbild anzuvertrauen. Dies wirkt nicht nur ansprechend und einladend, sondern gibt Ihnen im Lebenslauf mehr Platz für Ihre Selbstdarstellung. Auf einer Titelseite kann das Lichtbild ohne Weiteres größer als die üblichen 6 x 4 cm sein. Vermerken Sie auch die Bezeichnung der angestrebten Stelle sowie den Namen des Arbeitgebers, für den die Unterlagen bestimmt sind. Diese Angaben unterstreichen, dass Sie die Bewerbungsunterlagen individuell angefertigt haben. Darauf sollte es Ihnen unbedingt ankommen. Das Deckblatt folgt in Ihrer Bewerbungsmappe auf das Anschreiben und bildet das optische Entrée zu Ihren weiteren Unterlagen. Wie es aussehen könnte, zeigen wir Ihnen auf den Seiten 62–64.

Sortieren Sie Ihre Unterlagen zum Schluss in der *Reihenfolge* unserer obigen Auflistung in die Bewerbungsmappe ein. Das Anschreiben liegt dabei lose oben auf; es wird also nicht eingeheftet.

Formale Anforderungen an die Unterlagen

Bewerbungsunterlagen werden nicht nur unter inhaltlichen, sondern auch unter formalen Gesichtspunkten bewertet. Nicht nur jede einzelne Unterlage sollte keinen Anlass zu Beanstandungen geben, auch der Gesamteindruck der Bewerbungsmappe sollte stimmen. Wenn Sie die nachfolgenden Grundregeln beachten, sind Sie in jedem Fall auf der „sicheren Seite":

• Legen Sie Anschreiben und Lebenslauf immer im Original vor. Bei Zeugnissen und Bescheinigungen werden dagegen grundsätzlich keine Originale erwartet; auch eine Beglaubigung ist nicht erforderlich (es sei denn, diese wäre ausdrücklich verlangt).
• Achten Sie auf die Qualität der Kopien. Abgegriffene und verknickte Kopien aus vorangegangenen Bewerbungen sollten Sie nicht wiederverwenden.
• Verwenden Sie durchgängig dieselbe Schriftart und -größe. Wählen Sie die Schriftgröße 11 oder 12 pt. Eine Serifenschrift lässt sich besonders leicht lesen. Als Serifen (auch Füßchen oder Schraffe) bezeichnet man die (mehr oder weniger) feinen Linien, die einen Buchstabenstrich am Ende, quer zu seiner Grundrichtung, abschließen. Serifenschriften sind zum z. B. die Times Roman, die Book Antiqua und die Century.
• Benutzen Sie weißes unliniertes DIN-A4-Papier (80 Gramm), kein Papier mit aufgedruckten Motiven oder dgl. Farbiges Papier wird ungerne gesehen, weil es sich schlecht kopieren lässt. Verwenden Sie durchgängig dieselbe Papiersorte.

KATJA HOFFMEISTER

HERMSDORFER STR. 119 ■ 06484 QUEDLINBURG
TEL. 0 39 46/1 23 45 67 KATJA.HOFFMEISTER@YAHOO.DE

Foto

**Bewerbung
als
Kulturpädagogin (BA)
bei dem
Kulturamt der Stadt Magdeburg**

Musterdeckblatt 1

Bewerbung

**als
Diplom-Psychologin
bei der
Gesellschaft für Soziale Dienste gGmbH**

Foto

Julia Suchert
Bredenbrauck 18 ■ 45259 Essen
Tel. 02 01/1 23 45 67
Julia.Suchert@netmail.de

Musterdeckblatt 2

BEWERBUNGSUNTERLAGEN

Diplom-Sozialwirt
bei der
Stiftung Altersgerechtes Wohnen
Köln

Henning Stoppenbach
Graf-Stauffenberg-Str. 2a
41065 Mönchengladbach
Tel. 0 21 61/1 23 45 67
Henning.Stoppenbach@netmail.de

Musterdeckblatt 3

- Stecken Sie Ihre Dokumente keinesfalls in Prospekthüllen. Prospekthüllen verleihen Ihrer Bewerbungsmappe zwar zusätzlichen Glanz, eingepackte Unterlagen lassen sich aber nur zeitaufwändig kopieren und sind entsprechend unbeliebt.
- Achten Sie auf orthografische Fehlerlosigkeit. Lesen Sie alle Unterlagen nach ihrem Ausdruck noch einmal Korrektur. Erfahrungsgemäß nimmt das Auge am Bildschirm viele Fehler nicht wahr. Lassen Sie außerdem eine orthografiesichere Person einen kritischen Blick auf Ihre Erzeugnisse werfen. Als unverzeihlich gilt, wenn Sie den Namen des Empfängers falsch schreiben.
- Der Versand per Einschreiben ist nicht erforderlich und wird oft als Zeichen für überzogenes Sicherheitsdenken gesehen.
- Fügen Sie keinen frankierten Rückumschlag bei. Dies erzeugt den Eindruck, dass Sie die Erfolglosigkeit Ihrer Bewerbung erwarten oder annehmen, dem Empfänger mangele es am Rückporto.
- Ihre Bewerbungsmappe sollte in einwandfreiem Zustand beim Empfänger ankommen. Für den Versand empfehlen sich kartonverstärkte Versandtaschen der Größe C4, bei etwas dickeren Unterlagen der Größe B4. Die Versandkosten sind für beide Größen gleich hoch. Bei einer Kurzbewerbung (siehe Kapitel Initiativbewerbung) können Sie auf die Verwendung einer Bewerbungsmappe verzichten. In diesem Fall reicht für den Versand das C4-Format aus.

Anforderungen an die Bewerbungsmappe

Sehen Sie die Beschaffenheit Ihrer Bewerbungsmappe als Teil Ihrer Selbstpräsentation. Bekanntlich kommt es nirgends nur auf den Inhalt, sondern immer auch auf die Verpackung an. Der Handel bietet Ihnen eine Vielfalt von Bewerbungsmappen mit unterschiedlicher Ausstattung an. Bei der Auswahl der passenden Mappe können Ihnen die folgenden Kriterien dienlich sein:

- Die Materialqualität der Mappe sollte zur angestrebten Position passen. Es wäre überzogen, sich auf eine Erzieherstelle mit einer exklusiven Mappe zu bewerben. Andererseits scheiden billige Plastikhefter, mit denen Sie in Ausbildung und Studium ihre Referate eingereicht haben, aus. Als Geschäftsführerin einer Trägergesellschaft von Alten- und Pflegeheimen sollte man dagegen nicht signalisieren, dass man so wenig wie möglich investieren wollte. Aber auch hier sind Übertreibungen unangebracht. Ein übertriebenes Outfit erzeugt u. U. den Verdacht, dass fehlende Qualifikation durch edle Optik kaschiert werden soll.
- Für den Empfänger spielt das einfache Handling die entscheidende Rolle. Mappen mit ganzseitiger Klemmschiene sind in der Handhabung äußerst unkomfortabel, weil die Unterlagen für Kopierzwecke oder die Einzelbetrachtung nicht schnell herausgenommen und wiedereingelegt werden können. Von mehrteiligen Mappen, die z. T. mehrere solcher großen Klemmschienen enthalten, ist daher abzuraten. Bewährt haben sich feste Kunststoffmappen mit einem nach außen schwenkbaren Klemmbügel. Diese Mappen sind sehr praktisch, haben ein modernes, z. T. schickes Design, sind erschwinglich und

können aufgrund ihrer Formstabilität ohne Weiteres wiederverwendet werden. Denn im Regelfall erhalten Sie die Bewerbungsunterlagen zurück, wenn Ihre Bewerbung nicht zum Zuge kommt. Nur das Anschreiben verbleibt beim Empfänger.

• Welche Farben Personalverantwortliche bevorzugen, ob z. B. auch Ihre Lieblingsfarbe Pink dazugehört, ist eine Frage der Spekulation. Farbtests sollten Sie aber bei anderer Gelegenheit durchführen. Mit einer weißen, einer dezenten dunklen Farbe oder mit einer transparenten Mappe werden Sie aber kaum anecken. Transparente Mappen haben den Vorteil, dass man beim Durchsehen eines Stapels den Absender sofort erkennen kann. Eine transparente Vorderseite ist deshalb besonders zu empfehlen.

Das Anschreiben

Das Anschreiben ist Ihre „Visitenkarte", auch wenn nicht alle Arbeitgeber beim Studium Ihrer Bewerbungsunterlagen mit der Lektüre Ihres Anschreibens beginnen. Um Ihnen die Tür zu einem Vorstellungsgespräch zu öffnen, muss das Anschreiben Aufmerksamkeit und Neugier erzeugen. Diesen Zweck erfüllt es nur dann, wenn es inhaltlich und formal entsprechend gestaltet ist. Was ein gutes Anschreiben ist, hängt nicht nur davon ab, was der Empfänger selbst für gut und je nach Stelle für erwartbar hält, sondern auch davon, was Ihre Mitbewerber/innen an Qualität abliefern. Deshalb sollten Sie bei Ihrem Anschreiben keine Mühen scheuen. Ein gutes Anschreiben kann Sie je nach angestrebter Position mehrere Stunden Arbeitszeit kosten.

Der Arbeitgeber interessiert sich nicht nur für den unmittelbaren Inhalt Ihres Anschreibens. Er versucht sich gleichzeitig ein Bild von Ihrer Persönlichkeit zu machen, z. B. über

• Ihr Anspruchsniveau,
• Ihre Bereitschaft, in berufliche Aufgaben und Ziele zu investieren,
• die Sorgfalt Ihrer Arbeitsweise,
• Ihre Fähigkeit, schriftlich zu kommunizieren.

Ob die Schlussfolgerungen, die der Arbeitgeber am Ende zieht, richtig oder falsch sind, kann dahinstehen: Er zieht sie. Umso erstaunlicher ist es, wie leicht es viele Bewerber/innen Arbeitgebern machen, ihre Bewerbungsunterlagen wegen inhaltlicher und formaler Unzulänglichkeiten in die zweite Reihe zu schieben, ggf. sogar auszusortieren.

Marketing in eigener Sache

In Ihrem Anschreiben geht es um „Marketing in eigener Sache". Sie müssen den Arbeitgeber davon überzeugen, dass seine Anforderungen und Ihre Kenntnisse, Fähigkeiten und Erfahrungen gut zueinander passen. Dafür haben Sie kaum mehr als eine DIN-A4-Seite Platz. Nach aufmerksamer Lektüre Ihrer ‚self-promotion' muss es dem Arbeitgeber als Fehler erscheinen, Ihre Bewerbung auszumustern. Versuchen Sie daher nicht, Ihren Aufwand so gering wie möglich zu halten. Empfehlen Sie dem Arbeitgeber auch nie, er möge alles Wissenswerte bitte den beigefügten Unterlagen entnehmen. Selbst wenn dies anhand vorliegender Zeugnisdokumente, Bescheinigungen und Referenzen objektiv möglich wäre: Schneller kann Ihre Bewerbung kaum abgelehnt werden.

Niemand wird Ihnen verübeln, dass Sie Ihre Fähigkeiten und Erfahrungen höher einschätzen, als ein erlesenes Gremium wahrheitsverliebter Wissenschaftler dies tun würde. Schon die mutmaßlich großzügigen Selbstbewertungen mancher Mitbewerber zwingen Sie dazu, von allzu selbstkritischer Kleinlichkeit Abstand zu nehmen. Ihr Selbstmarketing sollte also nicht darauf hinauslaufen, sich auf ein Mindestmaß belastbarer Beweise herunterzureden. Klappern gehört schließlich zum Handwerk. Dennoch sollte das „Produkt", das Sie anbieten, in etwa halten können, was es verspricht. Seifenblasen zerplatzen über kurz oder lang. Es wäre töricht, mit einem Feuerwerk an hohler Rhetorik eine Stelle ergattern zu wollen, die Sie mangels Eignung am Ende gar nicht ausfüllen können. Ein erfahrener Arbeitgeber wird auf „heiße Marketing-Luft" nicht hereinfallen; und wenn, dann nur fürs Erste. Jenseits schön gesetzter Worte wird er nach Tatsachen und Indizien Ausschau halten, die Ihre Selbst-Bewerbung begründen oder zumindest plausibel erscheinen lassen. Er wird die von Ihnen vorgelegten Dokumente (z. B. Ihre Arbeitszeugnisse) mit Ihren Selbst-Darstellungen abgleichen. Ein allzu großzügiger Umgang mit der Wahrheit gerät spätestens dann in eine erbärmliche Schieflage. Behalten Sie also Bodenkontakt.

Das beste Selbst-Marketing besteht darin, dem Arbeitgeber die Belege, nach denen er sucht, schon im Anschreiben in die Hand zu geben. Das Material hierfür steht Ihnen bereits zur Verfügung: In Form Ihrer Selbstanalyse, in der Sie Ihre berufliche Handlungskompetenz systematisch bestimmt haben (Kapitel 3). Im akuten Bewerbungsfall kommt es darauf an, aus Ihrem Inventurergebnis diejenigen Fähigkeiten und Erfahrungen herauszufiltern, die zu den Anforderungen der begehrten Stelle am besten passen. Stellen Sie umgekehrt Qualifikationen zurück, die für den neuen Arbeitsplatz bedeutungslos sind. So wie jedes andere Marketing, muss sich auch Ihr persönliches Marketing im Anschreiben an den Bedürfnissen des Kunden ausrichten, der Ihre Leistung einkaufen soll!

Was für den Arbeitgeber zählt, sind Fakten, keine Floskeln. Je besser Sie Ihre Fähigkeiten und Erfahrungen belegen können, umso weniger benötigen Sie den Ersatzwirkstoff „Selbstlob". Selbstlob ist ebenso unangebracht wie es Selbstzweifel sind („Ich will gerne versuchen, mich in diese Aufgabe einzuarbeiten."). Wer wird schon ein Produkt kaufen, von dem der Lieferant selbst nicht überzeugt ist?

Abgrenzung zum Lebenslauf

Ein häufiger Fehler ist die inhaltliche Doppelung von Anschreiben und Lebenslauf. Im Anschreiben geht es nicht darum, Ihren beruflichen Werdegang in eine Kurzform zu gießen, sondern die Kenntnisse, Fähigkeiten und Erfahrungen herauszuarbeiten, die Sie für die ausgeschriebene Position geeignet machen. Im Anschreiben nehmen Sie zwar Bezug auf die einzelnen Stationen Ihrer (schulischen und) beruflichen Karriere; aber Sie benutzen diese nur als Ankerpunkte für die Präsentation Ihres Qualifikationsprofils. Das Aufzeigen Ihres Werdegangs ist Gegenstand des Lebenslaufs. Im Anschreiben soll der Arbeitgeber sehen können, auf welche Kenntnisse, Erfahrungen und Befähigungen er aus Ihrer Sicht bauen kann. Dabei geht es auch um Fähigkeiten, die nicht zum inneren Kern Ihrer Berufsqualifikation gehören, aber für die umworbene Stelle von großer Bedeutung sein können (wie z. B. Kenntnisse der türkischen Sprache in der Sozialen Arbeit).

Aufbau und Inhalt des Anschreibens

Ein Bewerbungsschreiben lässt sich ähnlich wie jedes andere Schreiben im Geschäftsverkehr in typische Elemente zerlegen. Um zu erkennen, worauf Sie bei Formulierung Ihres Anschreibens besonders achten sollten, schauen wir uns die einzelnen Elemente jetzt nacheinander an. Die exakte Platzierung der Elemente auf dem Briefbogen zeigen wir Ihnen im Abschnitt „Formale Gestaltung".

Element 1: Absender

Der Briefkopf sollte neben Ihrem Namen und Ihrer Anschrift auch Ihre Telefon-/Fax-Nummer sowie Ihre E-Mail-Adresse ausweisen. Ungeeignet sind Mail-Adressen, in denen Kose- oder Spitznamen vorkommen, wie sie von jungen Studierenden gerne verwendet werden (teufelchen@web.de; i-gogirl@yahoo.com). Die Mail-Adresse sollte immer Ihren vollständigen Namen beinhalten (z. B. Julia.Suchert@freenet.de). Verzichten Sie unbedingt auf die Nutzung Ihrer derzeitigen Arbeitgeber-E-Mail-Adresse. Es könnte der Verdacht entstehen, dass Sie sich während Ihrer Arbeitszeit mit privaten Angelegenheiten befassen.

Element 2: Anschrift des Empfängers

Übernehmen Sie die Anschrift des Empfängers so, wie sie sich aus der Stellenanzeige ergibt, und zwar ohne jeden Fehler. Ist in der Anzeige eine Person als Ansprechpartner erwähnt, führen Sie diese mit auf. Der Zusatz z. Hd. (zu Händen) ist nicht mehr üblich. Beginnen Sie das Anschriftenfeld nicht mit „An den ...". Zwischen Straße und Ort steht seit 2005 keine Leerzeile mehr.

Element 3: Datum Ihres Anschreibens

Bei der Erstellung Ihres Anschreibens werden Sie oft auf ein bereits existierendes Anschreiben zurückgreifen, das Ihnen als Formvorlage dienen soll. Achten Sie u. a. darauf, das Datum zu aktualisieren.

Element 4: Betreffzeile

In der Betreffzeile nennen Sie in möglichst kurzer Form Ihr Anliegen. Fügen Sie den Fundort der Stellenanzeige in Klammern hinzu, falls es sich nicht um eine Initiativbewerbung handelt. Das Wort „Betreff" lässt man heute ebenso weg wie „Bezug".

Beispiele:

Bewerbung als Diplom-Soziologin („DIE ZEIT" vom 10. 01. 2008)

Bewerbung als Erzieherin (www.meinestadt.de)

Element 5: Anrede

Enthält die Stellenanzeige eine Person als Empfängerin Ihres Schreibens, so richten Sie das Schreiben an diese („Sehr geehrte Frau Werner"), ansonsten verwenden Sie die Anrede „Sehr geehrte Damen und Herren".

Beachten Sie akademische Titel, auch wenn Sie der Meinung sind, alle Menschen seien gleich. Die Anredezeile endet mit einem Komma, nach dem Sie klein weiterschreiben.

Element 6: Einleitung des Anschreibens

Viele Bewerber/innen beginnen Ihr Schreiben mit einem kurzen, formal gehaltenen Einstiegssatz. Die meist gewählten Standardformulierungen verfehlen jedoch Ihr Ziel, für den Schreiber zu werben, eher ist das Gegenteil der Fall.

Standardsätze, die Sie vermeiden sollten

- „Bezugnehmend auf Ihr Stellenangebot vom 5.1.2008 in der Rheinischen Post (Ausgabe 4, Seite 28) bewerbe ich mich hiermit auf die Stelle einer Heilerziehungspflegerin in Ihrem Hause" (sehr bürokratisch, Wiederholung der Betreffzeile).
- „Hiermit bewerbe ich mich auf die o.g. Stelle" (ideenlos, langweilig, wird bereits durch die Betreffzeile zum Ausdruck gebracht).
- „Ihr o.g. Stellenangebot habe ich mit großem Interesse zur Kenntnis genommen" (bürokratisch, langweilig, etwas Erfreuliches nimmt man nicht „zur Kenntnis").
- „Sie suchen eine sozialpädagogische Fachkraft für das betreute Wohnen Drogenabhängiger. Ihre Mitarbeiterin soll über Leitungserfahrung, Einsatzbereitschaft, Flexibilität verfügen ..." (Platzverschwendung; der Personalverantwortliche kennt seinen Anzeigentext schließlich; die Suggestion, man verfüge über genau diese Eigenschaften überzeugt nicht).

Wenn Sie auf einen formalen Einleitungssatz nicht gänzlich verzichten möchten, sollten Sie auf eine möglichst ansprechende individuelle Formulierung achten. Vor allem in akademischen Berufspositionen kann man erwarten, dass Sie genug Sprachtrainingszeit hatten, um genialere Sprachkonstruktionen zustande zu bringen als „Hiermit bewerbe ich mich ...". Nehmen Sie das Beispiel einer Sozialarbeiterin, die es nach erfolgreichem Master-Examen in die Forschung zieht.

Beispiele:

Bewerbung als Wissenschaftliche Mitarbeiterin im Forschungsprojekt „Ge-schlechterbeziehungen im interkulturellen Vergleich" (Kölner Stadt-Anzeiger vom 12. 1. 2008)

„Sehr geehrte Frau Prof. Dr. Laschet,

Ihr Forschungsprojekt ‚Geschlechterbeziehungen im interkulturellen Vergleich' greift ein spannendes Thema auf, bei dem ich meine wissenschaftliche Neugier sehr gerne einbringen würde.

oder:

Ihr Stellenangebot reizt mich als frischgebackene Sozialwissenschaftlerin und als Frau gleichermaßen. An dem Projekt mitzuarbeiten, kann ich mir sehr gut vor-stellen.

oder:

Sie bieten eine reizvolle Stelle an, deren Anforderungen hervorragend zu meinen beruflichen Kenntnissen und Erfahrungen passen.

oder:

Ihr Stellenangebot hat mich spontan sehr angesprochen. Ich werte dies als gutes Zeichen und als direkte Aufforderung mich zu bewerben."

Sie sehen, es gibt durchaus Alternativen zu dem Satz: „Hiermit bewerbe ich mich auf die ausgeschriebene Stelle."

Eine andere Möglichkeit, das Anschreiben zu beginnen, besteht darin, das Motiv für Ihre Bewerbung anzusprechen. Jeden Arbeitgeber interessiert, warum Sie sich bei ihm bewerben. Achten Sie aber unbedingt darauf, Ihren jetzigen Ar-beitsplatz bzw. Arbeitgeber nicht in ein schlechtes Licht zu rücken. Begründen Sie Ihren Wechsel vielmehr mit den positiven Möglichkeiten, die Ihnen die neue Stelle bietet.

Beispiele:

Bewerbung als Erzieherin (Leipziger Volkszeitung vom 5. 1. 2008)

„Sehr geehrte Frau Lechner,

in einer Elterninitiative sehe ich gute Möglichkeiten der engen Zusammenarbeit zwischen Erzieherinnen und Eltern. Deshalb hat mich Ihr Stellenangebot ganz besonders angesprochen."

„Sehr geehrte Frau Wagenbach,

ich habe mich in Montessori-Pädagogik weitergebildet. Jetzt möchte ich meine Kenntnisse gerne praktisch umsetzen. Ihre Stelle bietet hierzu eine ausgezeich-nete Gelegenheit."

„Sehr geehrte Frau Hermanns,

aus Familiengründen habe ich eine längere Pause gemacht. Angereichert mit neuen pädagogischen Erfahrungen möchte ich nun in meinem Beruf als Erzieherin wieder zurückkehren."

„Sehr geehrte Frau Klein-Thiele,

vor zwei Monaten bin nach Leipzig gezogen. Nachdem nun alles unter Dach und Fach ist, möchte ich meinen Beruf als Erzieherin gerne wieder aufnehmen."

Manche Bewerber/innen beginnen ihr Anschreiben mit einer wertschätzenden Äußerung. Auf diese Weise möchten sie eine positive Beziehung zu dem Empfänger des Schreibens herstellen. Aber Vorsicht! Die Grenze zu unglaubwürdiger Schmeichelei und Schleimerei ist schnell überschritten. Zum Mittel der Ehrerbietung sollten Sie nur dann greifen, wenn Ihre Aussage allgemeine Anerkennung findet. Anbiederung kommt nicht gut an.

Beispiel:

„Sehr geehrte Frau Dittgen,

als Diplom-Psychologin mit langjähriger Berufspraxis weiß ich, dass Ihre Erziehungsberatungsstelle in Fachkreisen ein hohes Ansehen genießt. Neben der Aufgabe, die Sie zu vergeben haben, motiviert mich auch dieser gute Ruf zu meiner heutigen Bewerbung."

Kein Risiko gehen Sie ein, wenn Sie zu Beginn Ihres Anschreibens ein kurzes Schlaglicht auf den „Stand" werfen, aus dem heraus Sie sich auf die ausgeschriebene Stelle bewerben.

Beispiele:

„Nach 12-jähriger Tätigkeit als Diplom-Pädagogin, die letzten vier Jahre in leitender Stellung, verfüge ich über ein breites Spektrum an Praxiserfahrungen und Gestaltungskompetenzen, die hervorragend zum Profil Ihrer Stelle passen."

„Ich bin 28 Jahre alt und arbeite seit fast neun Jahren in meinem Beruf als Erzieherin. In dieser Zeit habe ich mich intensiv ...".

„Nach mehrjähriger Tätigkeit als Erzieherin habe ich mich erfolgreich durch ein Studium der Sozialen Arbeit weiterqualifiziert. Zwar habe ich speziell als Sozialarbeiterin noch keine umfassende Berufserfahrung sammeln können, durch meine lange Berufstätigkeit kann ich aber auf gefestigte pädagogische Handlungskompetenzen zurückgreifen."

„Zur Kulturpädagogik bin ich erst nach einer handwerklichen Ausbildung gekommen. Dies kommt mir als Berufseinsteigerin nun sehr zu gute."

Die wenigsten Probleme mit einem gelungenen Einstieg in das Anschreiben haben Sie dann, wenn Sie vor Ihrer schriftlichen Bewerbung bereits telefonischen

Kontakt zu dem Arbeitgeber(-vertreter) hatten. Knüpfen Sie in Ihrem Schreiben einfach an das Vorgespräch an.

Beispiele:

„Sehr geehrte Frau Dr. Schreiber,

unser Gespräch am 9. 1. 2008 hat meinen Entschluss bekräftigt, mich auf die ausgeschriebene Stelle zu bewerben. Anbei meine Bewerbungsunterlagen."

oder:

„Wie ich Ihnen in unserem Telefongespräch am vergangenen Freitag schon berichtete, habe ich umfassende Erfahrungen in der psychosozialen Beratung mit ... etc."

oder:

„Herzlichen Dank noch einmal für das informative Gespräch in der letzten Woche. Wie angekündigt überreiche ich Ihnen heute meine Bewerbungsunterlagen."

Element 7: Fähigkeiten, Kenntnisse und Erfahrungen

Hier nun begründen Sie vor dem Hintergrund der Stellenanforderungen, aber auch darüber hinausgehend, was Sie für die Stelle geeignet macht. Erwähnen Sie auch passende Zusatzausbildungen. Sind die Anforderungen in der Offerte nur spärlich beschrieben, sollten Sie sich zunächst Klarheit darüber verschaffen, was der Arbeitgeber von Ihnen typischerweise erwarten wird. Dazu kann die Heranziehung ähnlicher Stellenausschreibungen hilfreich sein. Was die sog. „Soft Skills" angeht, kann Ihnen unsere Liste in Kapitel 3 hilfreich sein (S. 34–35).

Man erwartet von Ihnen eine punktgenaue Darstellung, keine Auflistung von Sprechblasen, die Sie in komplizierten Schachtel-Bandwurm-Sätzen zu einem unauflösbaren Wortbrei zusammenmengen. In psychosozialen Berufen ist die schlüssige Beschreibung von Kompetenzen schwerer als in Wirtschaftsberufen. Betriebswirte machen ihr berufliches Können gerne an Umsatzsteigerungen oder Kostensenkungen fest, die Sie angeblich oder tatsächlich erzielt haben. So einfache Erfolgsparameter gibt es im Erziehungs- und Sozialsektor nicht.

Sie erleichtern sich Ihr Selbst-Profiling im Anschreiben, wenn Sie auf das Auswertungsinstrument zurückgreifen, das wir Ihnen in Kapitel 4 vorgestellt haben (S. 46). Mit dem Auswertungsbogen erfassen Sie alle in der Stellenanzeige genannten Anforderungen. Gleichzeitig listen Sie auf, was Sie gemessen an diesen Anforderungen anzubieten haben. Bleiben Sie aber dabei nicht stehen. Betreiben Sie ein aktives Selbstmarketing, indem Sie passende Fähigkeiten, Kenntnisse und Erfahrungen ins Spiel bringen, die Sie zusätzlich in die neue Stelle einbringen können.

Dass Sie nicht jeder Anforderung gerecht werden können, ist kein Beinbruch, sondern eher die Regel. Wenn Sie sich beruflich weiterentwickeln wollen, brauchen Sie sogar Differenz als Herausforderung. Gegenüber dem Arbeitgeber müssen in diesem Falle allerdings glaubhaft machen, dass die Differenz zwischen Soll und Ist kein ernsthaftes Problem darstellt. Das Risiko, den falschen Mitarbeiter einzukaufen, will der Arbeitgeber schließlich nicht tragen. Es stellt sich also die

Frage, wie Sie im Bewerbungsschreiben mit Lücken umgehen, die sich zwischen dem Anforderungsprofil und Ihrem Fähigkeitsprofil auftun. Dieser Frage wollen wir jetzt in einem kleinen Exkurs nachgehen.

Exkurs: Wie Sie mit Lücken im Qualifikationsprofil umgehen können

Niemand kann von Ihnen erwarten, dass Sie den Arbeitgeber von sich aus auf Lücken in Ihrem Qualifikationsprofil ausdrücklich hinweisen. Grundsätzlich ist es Sache des Arbeitgebers herauszufinden, ob die Schnittmenge zwischen seinen Erwartungen und Ihren Fähigkeiten, Kenntnissen und Erfahrungen ausreicht oder nicht. Deshalb kann sich Ihre Strategie grundsätzlich darauf beschränken, Ihr persönliches IST zu präsentieren und das SOLL nicht weiter zu erwähnen.

Vermutlich bemerkt es der Arbeitgeber aber, wenn in Ihrem Fähigkeitsprofil etwas für ihn womöglich Entscheidendes fehlt. Wenn Sie hierauf nicht von sich aus eingehen, kann es passieren, dass Ihre Bewerbung wegen mangelnder Eignung aussortiert wird. Diesem Risiko sollten Sie begegnen, indem Sie mit Ihrer Qualifikationslücke proaktiv umgehen. Manche Lücke lässt sich durch überzeugende Argumentation durchaus schließen, zumindest aber verkleinern. Was können Sie tun?

Prüfen Sie, welche Ihrer vorhandenen Fähigkeiten und Eigenschaften sich auf die gestellten Anforderungen beziehen lassen, sodass Sie den Erwartungen des Stellenanbieters möglichst nahe kommen.

Beispiel:

Der Arbeitgeber hält es für erforderlich, dass Sie als neue Jugendreferentin „Erfahrungen in der Fortbildung" mitbringen. Tatsächlich haben Sie aber noch nie eine Fortbildungsveranstaltung selbstständig durchgeführt. Aber: Sie haben sich selbst immer wieder fortgebildet und auf diese Weise manches Beispiel für gelungene und weniger gelungene Bildungsveranstaltungen „am eigenen Leibe" kennen gelernt. Und: Sie haben aus der Jugendarbeit reichhaltige Erfahrungen in der Arbeit mit Gruppen. Es hat Ihnen bisher auch nichts ausgemacht, vor anderen Menschen zu sprechen. Warum sollten Sie diese Kompetenzen und Erfahrungen ignorieren, anstatt sie in die Waagschale zu werfen?

Weisen Sie also selbstbewusst auf Qualifikationen und Erfahrungen hin, die eine Nähe zu den gestellten Anforderungen haben. Bleiben Sie dabei aber im Positiven, schreiben Sie nicht: „Leider habe ich noch keine Fortbildungsmaßnahmen durchgeführt, dafür habe ich aber Erfahrungen in ... gewonnen." Mit solchen selbstkritischen Überlegungen schaden Sie sich! Entscheidend ist, dass der Arbeitgeber zu dem Schluss kommt: Der Bewerber hat zwar noch keine Erfahrungen als Fortbildungsdozent, er verfügt aber über wertvolle Kompetenzen, die das Vertrauen rechtfertigen, der Aufgabe eines Dozenten gewachsen zu sein.

Wenn es Ihnen schwer fällt, nachvollziehbare Bezüge zwischen einer Anforderung und Ihren Kenntnissen und Erfahrungen herzustellen, können Sie hilfsweise darauf verweisen, dass Sie sich bisher mit neuen Anforderungen stets gut zurecht gefunden haben.

Beispiel:

„Ich habe mich schon bisher gerne konzeptionell und organisatorisch betätigt. Deshalb bin ich überzeugt davon, dass ich mich auch in die Vorbereitung von erlebnispädagogischen Projekten schnell hineinfinden werde."

Last but not least könnten Sie Ihre Bereitschaft, sich entsprechend fortzubilden, unterstreichen.

Beispiel:

„Selbstverständlich bin ich bereit, meine Fähigkeiten auf diesem Gebiet durch Fortbildung zu erweitern."

Die Beispiele sollen zeigen: Es gibt durchaus Möglichkeiten, kommunikative Brücken zu bauen, wenn Anforderungs- und Fähigkeitsprofil Differenzen aufweisen. Das geht allerdings nur, solange Ihre rhetorischen Konstruktionen nicht an den Haaren herbeigezogen wirken. Sind die Unterschiede zu groß, bleibt Ihnen nur eines: wegen mangelnder Aussichten auf die Bewerbung zu verzichten.

Beispiele für Ihr Selbstmarketing im Bewerbungsschreiben

Nach diesem kurzen Exkurs nun zwei Beispiele, wie Sie Ihre Fähigkeiten und Erfahrungen im Anschreiben überzeugend präsentieren können. Beide Bewerber zeigen viel Geschick, Interesse an ihrer Bewerbung zu wecken. Weitere Beispiele zeigen wir Ihnen weiter unten im Abschnitt „Qualifiziert bewerben – Praxisbeispiele"!

In dem ersten Fall wurden in der Stellenausschreibung so gut wie keine Anforderungen genannt.

Beispiel 1:

Bewerbung einer Berufsanfängerin auf die Stelle „Sozialpädagogin in der Offenen Jugendarbeit"

„Während meines Studiums habe ich als Honorarkraft in der Kinder- und Jugendarbeit des Trägers X. umfangreiche Praxiserfahrungen sammeln können. Zu meinen Aufgaben gehörte die nachmittägliche Hausaufgabenbetreuung, die Mitwirkung bei der Erstellung der Freizeitangebote sowie die gruppenpädagogische Förderung von Kindern mit auffälligem Sozialverhalten. Ich konnte Ideen sammeln, wie man Angebote trotz sehr knapper Mittel plant und umsetzt. Auch zu den sog. „schwierigen Kindern" habe ich eine gute Beziehung aufbauen können.

Mein Praxissemester habe ich später in einer Einrichtung zur Berufsvorbereitung von Jugendlichen ohne Hauptschulabschluss geleistet. Bei den Teilnehmern handelte es sich überwiegend um türkische männliche Jugendliche. Eine meiner wichtigsten Aufgaben war, diese Jugendlichen zu ermutigen, sich trotz der schulischen Misserfolge den Anstrengungen einer beruflichen Bildungsmaßnahme zu stellen. Die Rückmeldung meiner Anleiterin zeigte mir, dass ich dieses Ziel erfolgreich umsetzen konnte. In diesem Zusammenhang habe ich gelernt, Elterngespräche zu führen, mit den Jugendlichen Drogen- und strafrechtliche Probleme zu bearbeiten sowie freizeitpädagogische Aktivitäten zu organisieren. Obwohl mir die Arbeit mit diesen Jugendlichen und der Zugang zu ihrer Mentalität zunächst fremd war, habe ich die Fähigkeit an mir beobachten können, mich schnell auf das Ungewohnte einstellen zu können. Ich konnte feststellen, dass ich sowohl alleine als auch im Team arbeitsfähig bin. Ich möchte diese Erfahrungsbasis in meiner nun beginnenden Tätigkeit als ausgebildete Sozialpädagogin nutzen und weiter ausbauen."

Im zweiten Beispiel geht es um die Stelle eines Jugendamtsleiters. Der kommunale Anstellungsträger wünscht sich laut Stellenausschreibung eine Persönlichkeit, die folgende Muss-Anforderungen erfüllen soll:

- „Mehrjährige Praxiserfahrungen in der Kinder- und Jugendhilfe",
- „Kenntnisse in modernem Verwaltungsmanagement",
- „Fähigkeit zur Führung eines Amtes mit 66 Mitarbeiter/innen",
- „Kooperations- und Durchsetzungsfähigkeit",
- „Fähigkeit zur kontinuierlichen Weiterentwicklung der Jugendhilfe",
- „Bereitschaft zur Zusammenarbeit mit Rat, Jugendhilfeausschuss und freien Trägern".

Beispiel 2:

Bewerbung auf die Stelle „Leiter/in des Jugendamtes"

„In meiner siebenjährigen Tätigkeit als Bezirkssozialarbeiterin bei der Stadt Düsseldorf hatte ich in der Hauptsache mit Eltern und Kindern in belasteten Lebensverhältnissen zu tun. Meine Fähigkeit, Menschen auch unter ungünstigen Umständen zu aktivem Handeln zu motivieren, habe ich hier lernen und ausbauen können. Trotz mitunter geringer Kooperationsbereitschaft gelang es mir, eine Arbeitsbasis auch mit schwierigen Eltern aufzubauen. Im Ergebnis war dies nicht nur für die Beteiligten vorteilhaft, sondern hat manch kostenträchtigen Eingriff in das Elternrecht entbehrlich gemacht.

Durch Fortbildung in Moderation, Mitarbeiterführung und Netzwerkarbeit habe mich berufsbegleitend für Leitungsaufgaben in sozialen Diensten weiterqualifiziert. Die Chance, meine Befähigung als Vorgesetzte zu erproben, erhielt ich im Jugendamt der Stadt X. Dort zeichne ich seit vier Jahren als Abteilungsleiterin für den Arbeitsbereich „Jugendarbeit/Jugendschutz, Jugendgerichtshilfe und Familienbildung" verantwortlich.

Die Stadt X. hat sich schon früh mit der Einführung „Neuer Steuerung" befasst. Dies berührt unmittelbar meine derzeitige Tätigkeit, aus der ich Kenntnisse und Erfahrungen vorweisen kann in der Vorbereitung und Evaluation von Zielkontrakten mit der Fachbereichsleitung, in der Revision der abteilungsinternen Abläufe sowie in der Planung und Verwaltung des Abteilungsbudgets. Die Mitarbeiterinnen in meiner Abteilung sind motiviert, das Klima ist ausgesprochen kooperativ. Anfängliche Widerstände gegen betriebswirtschaftliche Steuerungsinstrumente konnte ich am runden Tisch weitgehend ausräumen. Meine Beschlussvorlagen für den Rat der Stadt wurden von Fachbereichs- und Dezernatsleitung in der Regel ohne wesentliche Änderung übernommen. Von meinen Mitarbeiter/innen und mir initiierte und erfolgreich durchgeführte Modellprojekte haben nicht nur Nachahmer gefunden, sondern auch zu einer erfreulich engen Zusammenarbeit mit anderen Jugendämtern der Region geführt.

Meine profunden Erfahrungen in der praktischen Kinder- und Jugendhilfe, in modernem Verwaltungsmanagement sowie in Kooperation und Vernetzung geben mir ein festes Fundament, von dem aus ich nun die Leitung eines Jugendamtes anstrebe."

Was zeigen die beiden Beispiele?

- Die Bewerberinnen erzählen nicht ihren Lebenslauf nach, sondern sie benennen im notwendigen Umfang die Kontexte, in denen sie ihre Fähigkeiten und Erfahrungen erworben haben.
- Die Bewerberinnen beschreiben nicht vorrangig die Aufgaben, die sie wahrgenommen haben, sondern die Kenntnisse, Fähigkeiten und Erfahrungen, die in diesen Kontexten entstanden ist. Sie stellen also die Ergebnisse dar, das Kapital, das sich in der Auseinandersetzung mit den Anforderungen der Arbeitsaufgaben gebildet hat. Sie beantworten damit die alles entscheidende Frage des Arbeitgebers: Was kann die Person, die sich hier bewirbt? Entsprechen ihre Fähigkeiten den Anforderungen der Stelle?
- Während sich Bewerberin 1 nicht unmittelbar auf einen Stellenprofil beziehen kann, arbeitet Bewerberin 2 sich konsequent an den Anforderungen der Ausschreibung ab, ohne jedes Abhaken. Sie greift Schlüsselvokabeln der Anzeige auf; wo sie darauf explizit verzichtet, lässt sie den Leser den Bezug zu der geforderten Qualifikation selbst herstellen („Modellprojekte" → Fähigkeit zur kontinuierlichen Weiterentwicklung der Jugendhilfe; „Widerstände am runden Tisch ausgeräumt" → Durchsetzungsvermögen, Leitungserfahrung).

Halten wir fest: Element 7 (Fähigkeiten, Kenntnisse und Erfahrungen) ist das Kernstück Ihres Anschreibens. Hier geht es darum, für sich zu werben. Dazu müssen Sie Ihre Eignung für die ausgeschriebene Stelle darlegen. Ein Standardtextblock, der genauso gut auf jede andere Stelle passen würde, führt Sie nicht an Ihr Ziel. Ein gutes Bewerbungsschreiben ist immer ein Unikat. Wer sich mit kopierfertigen Textbausteinen empfiehlt, darf sich nicht wundern, wenn er sich auf dem Stapel der Ausgeschiedenen wiederfindet. Nehmen Sie sich daher ausreichend Zeit. Anschreiben wie die beiden vorstehenden schreibt niemand „runter". Informationen, die für die ausgeschriebene Stelle tatsächlich bedeutungslos sind, lassen Sie weg. Konzentrieren Sie sich auf die nachvollziehbare Darlegung, warum Sie gemessen an den Anforderungen „der/die Richtige" sind und was Sie ggf. darüber hinaus als qualifizierte Mitarbeiterin auszeichnet.

Element 8: Vertragliche Fragen

Hier geht es um Dinge wie den möglichen Beginn des Arbeitsverhältnisses, die Dotierung und den ggf. erforderlichen Umzug an den Arbeitsort. Werden Sie in der Anzeige aufgefordert, Ihren Gehaltswunsch zu äußern, sollten Sie hierzu am Ende Ihres Anschreibens kurz und knapp Stellung nehmen. Zu den anderen Punkten sollten Sie sich dann äußern, wenn es aus Ihrer Sicht zweckmäßig ist.

Für Ihre Gehaltsvorstellungen bieten die im öffentlichen Dienst oder die bei großen konfessionellen Trägern üblichen Dotierungen eine erste Orientierung. In Kapitel 13 können Sie ersehen, welches Gehalt Ihnen nach dem Tarifvertrag für den öffentlichen Dienst (TVöD) zustehen würde. Entscheidend für Ihr Gehalt ist nach TVöD neben der Gehaltsgruppe der Umfang Ihrer Berufserfahrung. Wenn Sie schon länger in Ihrem Job tätig sind, sollten Sie sich mit Ihrer Gehaltsvorstellung der entsprechenden Berufserfahrungsstufe („Entwicklungsstufe") zuordnen, z. B. nach drei Jahren Berufserfahrung der Entwicklungsstufe 3. Nach längerer Arbeitslosigkeit müssten Sie sich deutlich tiefer eingruppieren (Grundstufe 2).

Ein weiterer Anknüpfungspunkt für Ihre Gehaltsvorstellung kann Ihr derzeitiges Gehalt sein, das Sie vermutlich aufrechterhalten oder sogar steigern möchten. Berücksichtigen Sie dabei auch das 13. Gehalt, Urlaubsgeld und Zusatzleistungen. Da sich auch nicht tarifgebundene Anstellungsträger im Erziehungs- und Sozialsektor überwiegend aus öffentlichen Mitteln refinanzieren, dürften die Spielräume bei den Trägern im Allgemeinen aber eng sein, um Gehaltswünschen oberhalb der TVöD-Sätze bzw. der Tarifgehälter der großen Wohlfahrtsverbände zu entsprechen. Auf der anderen Seite haben aber auch die öffentlichen Anstellungsträger inzwischen die Möglichkeit, mehr Leistung auch besser zu entlohnen. Wenn Sie deshalb mehr als den Standardtarif fordern, sollte der Anstellungsträger aus Ihrem Anschreiben unbedingt ersehen können, welches Plus mit Ihrer Einstellung verbunden ist.

Eine weitere Möglichkeit, sich über Gehälter praxisnah zu orientieren, bietet die Kontaktaufnahme zu Berufskolleg/innen, Berufsverbänden und Fachorganisationen. Eventuell ist auch die Stadtverwaltung an Ihrem Heimatort bereit, Ihnen einen TVöD-Anhaltswert für Ihre Gehaltsforderung zu nennen, falls Ihnen die „Preisfindung" Schwierigkeiten bereitet. Auch Gehaltsdatenbanken im Internet (z. B. www.sueddeutsche.de/lohnspiegel) geben Orientierung. Pokern Sie zu hoch, laufen Sie Gefahr, mit Ihrer Bewerbung zu scheitern. Bei einer Ablehnung Ihrer Gehaltsforderung sollten Sie sich eine Bedenkzeit erbitten, um Ihre Entscheidung in Ruhe treffen zu können.

Formulierungsbeispiele „Vertragliche Fragen":

„Der von Ihnen genannte Eintrittstermin würde gut passen/kommt mir sehr entgegen/lässt sich mit meinen persönlichen Planungen gut verbinden."

„Da ich mich aus ungekündigter Stellung bewerbe, kann ich die Stelle voraussichtlich erst einen Monat später als von Ihnen gewünscht antreten. Die vorzeitige Auflösung meines derzeitigen Arbeitsverhältnisses ist aber sicher möglich."

„Ein Umzug nach X. kommt nach Abstimmung mit meiner Familie in Frage."

„Unter Berücksichtigung meiner umfassenden Berufserfahrung stelle ich mir ein Gehalt von etwa ... € vor."

„Meine Gehaltsvorstellung liegt bei ... € brutto im Jahr."

„Ich strebe ein Jahres-Bruttogehalt von ... € an."

„Je nach Umfang von Aufgabe und Verantwortung halte ich ein Jahresgehalt von ... bis ... € für angemessen."

Element 9: Grußformel und Unterschrift

Ihr Schreiben endet mit der Grußformel „Mit freundlichen Grüßen" (niemals mit MfG abgekürzt!), „Mit besten Grüßen" oder „Mit besten Grüßen aus Erfurt" (nicht: „Mit vorzüglicher Hochachtung" oder „Hochachtungsvoll"). Meist geht dem noch ein Standardsatz voraus.

Beispiele für einen Schlusssatz:

„Zu einem persönlichen Gespräch stehe ich gerne zur Verfügung."

„Ich würde mich sehr freuen, von Ihnen zu hören."

„Wenn ich Sie von meiner Eignung überzeugen konnte, freue ich mich sehr, von Ihnen zu hören."

„Weitere Einzelheiten möchte ich gerne in einem persönlichen Gespräch mit Ihnen erörtern. Bitte rufen Sie mich an."

„Es würde mich sehr freuen, weitere Einzelheiten mit Ihnen in einem persönlichen Gespräch erörtern zu können."

„Ich freue mich auf ein persönliches Vorstellungsgespräch."

Wenn Sie auf die konjunktivische Formulierung („würde") verzichten wollen, sollten Sie aber den Eindruck vermeiden, dass es „selbstverständlich" ist, dass Sie eingeladen werden. Die vorstehend enthaltenen Indikativbeispiele („Ich freue mich ...") können Sie jedoch unbedenklich verwenden. Nicht zu empfehlen sind aufdringliche Schlusssätze wie die folgenden:

Negativbeispiele:

„Wann kann ich mit Ihrem Anruf rechnen?"

„Wann darf ich mich vorstellen"?

Bei keck-frechen Formulierungen wie den folgenden landen Ihre Bewerbungsunterlagen mit Sicherheit im Papierkorb:

Negativbeispiele:

„Lernen Sie mich kennen, laden Sie mich ein!"

„Sie rufen an! Ich komme. Aber warten Sie nicht zu lange!"

„Wenn Sie keinen Fehler machen wollen: Laden Sie mich ein."

Hier ist jede Analogie des Selbstmarketings mit gängiger Produktwerbung über-schritten. Vermeiden Sie auch gestelzte Formulierungen wie „Ihrer geschätzten Antwort sehe ich mit großem Interesse entgegen."

Bei Bedarf können Sie noch einen Satz anbringen wie „Ich bitte um vertrau-liche Behandlung meiner Bewerbung."

Element 10: Hinweis auf Anlagen

Am Ende des Schreibens verweisen Sie durch das fettgedruckte Wort „**Anlagen**" auf die Beifügung von Anlagen, ohne diese aber einzeln aufzulisten.

Falls Sie eine Behinderung haben ...

Obwohl Menschen mit einer Behinderung am richtigen Arbeitsplatz genauso leis-tungsfähig sein können wie ihre nicht behinderten Kollegen, stellt die Behinde-rung doch ein erhebliches Einstellungshemmnis dar. Selbst wenn man unterstellt, dass sich der Erziehungs- und Sozialsektor hier offener als die gewinnorientierte Wirtschaft verhält: Mit Schwierigkeiten muss man auch hier rechnen. Wichtig ist es, sich auch als Bewerber/in klar darüber zu sein, dass die Behinderung nur *ein* Merkmal der Person darstellt. Dieses Merkmal mag Sie persönlich mehr oder weniger beeinträchtigen, es bestimmt aber nicht darüber, wer Sie sind und was Sie können. Ein krasser Fehler wäre es, diesem Merkmal mehr Aufmerksamkeit zu schenken, als ihm an dem betreffenden Arbeitsplatz tatsächlich zukommt. Im Anschreiben können Sie mit Ihrer Behinderung folgendermaßen umgehen:

Ist Ihre Behinderung an dem betreffenden Arbeitsplatz ohne jede Auswirkung auf Ihre Leistung, sollten Sie diese im Anschreiben überhaupt nicht erwähnen. Es ist Sache des Arbeitgebers, Sie im weiteren Verlauf des Verfahrens zu gesundheit-lichen Einschränkungen zu befragen, soweit dies zulässig ist (dazu Kapitel 9).

> *Beispiel:*
>
> Nach einer Krebserkrankung sind Sie amtlich als schwerbehindert anerkannt wor-den. Ihre Leistungsfähigkeit ist durch Reha-Maßnahmen voll wiederhergestellt worden. Einen Grund, diese Tatsache ungefragt zu offenbaren, gibt es nicht.

Möglicherweise wird Ihre berufliche Tätigkeit durch die Behinderung aber tan-giert. Vielleicht sind Sie für bestimmte Aufgabenerledigungen auf die Hilfe von Kollegen oder eine Arbeitsassistenz angewiesen; vielleicht sind besondere tech-nische Einrichtungen erforderlich (z.B. eine behinderungsgerechte Büroausstat-tung, ein Schreibtelefon, spezielle Sanitärräume etc.). In diesem Fall sollten Sie Ihre Behinderung im Anschreiben erwähnen, ohne sie aber in den Vordergrund zu rücken. Lange Ausführungen zu der Behinderung sollten Sie im Anschreiben grundsätzlich vermeiden. Die Befürchtung des Arbeitgebers, Ihre Beschäftigung belaste sein Budget, können Sie bei dieser Gelegenheit gleich entkräften.

Beispiele:

> „Als Rollstuhlfahrer benötige ich in gewissem Umfang technische Unterstützung, deren Finanzierung in der Regel aber keine Probleme bereitet."
>
> „Wegen meiner Sehbeeinträchtigung benutze ich einen angepassten Personalcomputer. Die Beschaffung und Finanzierung dieser Ausstattung kann aus öffentlichen Mitteln erfolgen. Darum werde ich mich gerne kümmern."

Definieren Sie sich immer als Arbeitnehmer/in, nicht als Behinderte/r. Präsentieren Sie im Anschreiben deshalb nicht Ihre Behinderung, sondern Ihre Kenntnisse, Fähigkeiten und Erfahrungen. Nähere Angaben zu den praktischen Auswirkungen Ihrer Behinderung am Arbeitsplatz können Sie ggf. auf einer persönlichen Zusatzseite machen (siehe unten Abschnitt „Persönliche Zusatzseite"). Wichtig ist es, dem Arbeitgeber die Befürchtung zu nehmen, dass Sie den Anforderungen des Arbeitsplatzes nicht gerecht werden können. Sofern Sie Ihre Behinderung im Anschreiben zur Sprache bringen, sollten Sie zu diesem Punkt von vorneherein Stellung nehmen.

Beispiele:

> „Ich gehe davon aus, dass ich Ihren Erwartungen trotz meiner Behinderung vollauf entsprechen kann."
>
> „Bei entsprechender technischer Ausstattung kann ich den Anforderungen der ausgeschriebenen Stelle sehr gut gerecht werden."

Wenn Ihnen die Behinderung womöglich Vorteile verschafft, auf die Sie verweisen können, dann sollten Sie dies tun.

Beispiel:

> „Als blinder Mensch habe ich es gelernt, gut zuzuhören. Das kommt mir in der Arbeit mit Ratsuchenden sehr zugute."

Sprachliche Gestaltung des Anschreibens

Den richtigen Stil in einem Anschreiben zu finden, ist immer wieder eine neue Herausforderung. Die Erwartungen an die Formulierungskunst des Bewerbers hängen allerdings sehr von der Position und dem Aufgabenzuschnitt der Stelle ab. Einige Grundregeln sollten Sie in jedem Falle beachten:

*   Wählen Sie einen aktiven, frischen Stil, der zeigt, dass Sie eine Person sind, die tatkräftig ist, einen interessanten Arbeitsplatz sucht und dafür etwas einsetzen will. Nutzen Sie deshalb Wörter und Formulierungen wie „neue Herausforderungen suchen", „zielorientiert", „aktiv mitgestalten", „weiter ausbauen", „Verantwortung übernehmen", „voranbringen".
*   Wählen Sie positive statt negativer Formulierungen:

Beispiel:

Schreiben Sie: „Ihre Stelle sehe ich als eine reizvolle Herausforderung für meinen beruflichen Wiedereinstieg." *Statt:* „Ich bin seit zwei Jahren arbeitslos, deshalb würde ich mich freuen, die Stelle übernehmen zu können."

* Der Empfänger von 100 und mehr Bewerbungen wird sich über ein Anschreiben freuen, dessen wesentliche Botschaften er schnell erfassen kann. Entsagen Sie folglich der im Wissenschafts-, Juristen- und Verwaltungsdeutsch verbreiteten Vorliebe für den langen und komplizierten Satzbau. Nicht gut kommen auch zu viele Substantive an. Dasselbe gilt für Passiv- statt Aktivkonstruktionen.

Beispiele:

Statt „Die von mir in Angriff genommenen Problemstellungen wurden zur Zufriedenheit der Beteiligten meistens einer Lösung zugeführt" *könnten Sie schreiben:* „Die Probleme konnten zumeist abgestellt werden; die Beteiligten waren dementsprechend zufrieden."

Statt „Neben Kursen für Erwachsene wurden von mir vor allem Kurse für Kinder und Jugendliche angeboten" *könnten Sie schreiben:* „Neben Kursen für Erwachsene habe ich vor allem Kurse für Kinder und Jugendliche angeboten."

* Vermeiden Sie möglichst Konjunktivsätze. Zeigen Sie durch Verwendung des Indikativs, dass Sie in Ihrer Aussage klar und entschieden sind.

Beispiele:

„Deshalb würde ich mich gerne bei Ihnen bewerben." *Besser:* „Deshalb bewerbe ich mich auf Ihre Stelle."

„Ich könnte mir vorstellen ..." *Besser:* „Ich kann mir vorstellen ..." oder „Ich stelle mir vor ..."

* Formulieren Sie möglichst konkret, anschaulich und präzise:

Beispiele:

„Ich habe die Konzeption für die Therapieeinrichtung erstellt." *Statt:* „Unter anderem waren mir konzeptionelle Aufgaben übertragen."

„Ich war für den Personaleinsatz und den Haushalt der Einrichtung verantwortlich." *Statt:* „Mir oblag die Verantwortung für die Ressourcen der Einrichtung."

* Unterwürfige Formulierungen wie „Deshalb erlaube ich mir, Ihnen meine Bewerbungsunterlagen vorzulegen" oder gar „... stelle ich Ihnen meine Bewerbungsunterlagen zu Ihrer gefälligen Kenntnisnahme anheim" sind heute ,out of order'.

Formale Gestaltung des Anschreibens

Ignorieren Sie keinesfalls formale Dinge. Es ist nun einmal eine Tatsache, dass „das Design das Bewusstsein (bestimmt)". Mangelnde Sorgfalt in der formalen Gestaltung hat für Arbeitgeber häufig Symbolwert: Wenn schon Ihre Bewerbung nachlässig wirkt, wie werden Sie sich erst im Alltag des Berufslebens geben? Nicht der von Ihnen akzeptierte Fehlerquotient zählt!

Zur formalen Gestaltung folgende Hinweise:

- Versuchen Sie Ihr Anschreiben möglichst auf eine Seite zu beschränken. Wenn Sie trotz punktgenauer Formulierung „mehr" zu sagen haben, darf Ihr Anschreiben auch bis zu 1,5 Seiten umfassen. Anschreiben, die länger sind, erzeugen den Verdacht, dass Sie Dinge nicht auf den Punkt bringen können. Außerdem fällt dem Leser die Orientierung in Ihrem Schreiben umso schwerer, je länger es ist. Je nach ‚Kaliber' der Stelle und Umfang Ihrer Kenntnisse und Erfahrungen, kann es Sinn machen, Anschreiben und Lebenslauf um eine persönliche Zusatzseite zu ergänzen, auf der Sie Ihr „Qualifikationsprofil" ausführlicher darlegen (siehe unten).
- Erstellen Sie das Anschreiben mithilfe Ihres PC, nicht handschriftlich.
- Wählen Sie eine ansprechende Gestaltung Ihres Briefkopfes. Auf Seite 83 stellen wir Ihnen verschiedene Varianten vor.
- Bei der Blattaufteilung kann Ihnen die DIN-Norm 5008 als Orientierungshilfe dienen. Auf S. 84 zeigen wir Ihnen, wie Sie die entsprechenden Einstellungen auf Ihrem PC kurzerhand vornehmen können. Bei geringerem Textumfang als in unserem Muster dargestellt, sollten Sie die Blattaufteilung so verändern, dass ein harmonischer Gesamteindruck erhalten bleibt.
- Gliedern Sie Ihr Anschreiben in Absätze, damit Ihre Ausführungen leichter erfasst werden können.
- Achten Sie darauf, alle übernommenen Angaben zu aktualisieren (z.B. Datum, Anschrift, Anrede), wenn Sie ein abgespeichertes Anschreiben als Formvorlage für ein neues Anschreiben nutzen.
- Wählen Sie einen Zeilenabstand zwischen 1,0 und 1,25. Zu dem Abstandsmaß 1,25 gelangen Sie bei Nutzung von Microsoft Word im Menü „Format" → Absatz, → Zeilenabstand Mehrfach, → Maß 1,25).
- In einem Anschreiben wirkt Flattersatz (die Zeilen sind unterschiedlich lang) persönlicher als Blocksatz (die Zeilen sind gleich lang).
- Verzichten Sie in Ihrem Textblock auf Fettdruck und Unterstreichungen.
- Gehen Sie behutsam mit Abkürzungen um. Schreiben Sie nicht: Ich bin Dipl.-Päd./Nach meinem FH-Studium/kath. Träger etc.

Checkliste für Ihr Anschreiben

- Haben Sie Ihre private Telefon-/Faxnummer und E-Mail-Adresse korrekt angegeben?
- Haben Sie Name und Anschrift des Arbeitgebers und seines Beauftragten vollständig und fehlerfrei übertragen?
- Ist auf Ihrem Anschreiben das aktuelle Tagesdatum vermerkt?

Karen Oberbusch   München, 08.01.2008
Hölderlinweg 17a
81373 München
Tel. 089/123456
Karen.Oberbusch@netmail.de
L   ┌ ─ ─ ─ ─ ─ ─ ─ ─ ─ ─ ┐
L   ¦ *L = Leerzeile* ¦
                                                     └ ─ ─ ─ ─ ─ ─ ─ ─ ─ ─ ┘
Caritasverband der Erzdiözese München und Freising e.V.
Personalabteilung
Hirtenstr. 2–4
80335 München

EVA-MARIA GEHRKE
BRAHMSWEG 19
78166 DONAUESCHINGEN
TEL. 0771/123456
EM.GEHRKE@NETWORK.DE

L
L
Elterninitaive Regenbogen e.V.
Malvenweg 17
78166 Donaueschingen   06.01.2008

Malte Springer   Danneckerweg 27
Diplom-Psychologe   99475 Weimar
                                                      Tel. 03643/123456
                                                      Fax: 03643/1234–57
L
L
Stadt Weimar
Personalamt
Postfach 2014
99401 Weimar   02.02.2008

Roland Heinrichs, Othestr. 118, 40223 Düsseldorf, Tel./Fax 0211/123456
roland.heinrichs@netmail.com

                                                      Pia-Marie Schwerdtner
                                                      Hauptstr. 14
                                                      04613 Prößdorf
                                                      Tel. 04348/1234
                                                      schwerdtner@web.de

Beispiele für die Gestaltung des Briefkopfes

[13 Punkt Arial fett] **Meike Gryters**

[12 Punkt Times New Roman] Wallbaumstr. 21
44267 Dortmund
Tel. 02 31/12 34 56
Meike.Gryters@netmail.de

L

Meike Gryters · Wallbaumstr. 21 · 44267 Dortmund [9 Punkt Times New Roman]

L

Stadt Castrop-Rauxel [12 Punkt Times New Roman]
Bereich Hauptverwaltung
Frau Cornelia Breithaupt
Postfach 102040
44573 Castrop-Rauxel

entspricht DIN-Norm 5008
geeignet für Umschläge mit
Sichtfenster

L
L
L

22.01.2008

Bewerbung als Jugendhilfeplanerin (Deutsche Jugend 4/2007) [12 Punkt Arial fett]
L
L
Sehr geehrte Damen und Herren,
L
Text [12 Punkt Times New Roman]
Text
Text
Text
Text
Text
Text
Text
Text
Text
Text
Text
Text
Text
Text
Text
Text
Text
Text
Text
Text
L
Mit freundlichen Grüßen
L
Meike Gryters
L
Anlagen [fett]

L = Leerzeile

Seitenränder:
oben   1,8 cm
unten   1,8 cm
links   2,4 cm
rechts 1,4 cm

Zeilenabstand:
1,0

Abstand oberer Blattrand zur Absenderangabe im Anschriftenfeld:
5,0 cm

Abstand oberer Blattrand zur 1. Zeile der Empfängeranschrift:
5,8 cm

Blattaufteilung für das Anschreiben

- Kann der Arbeitgeber der Betreffzeile entnehmen, auf welche Stelle Sie sich bewerben (Bezeichnung, Kennziffer, Fundstelle)?
- Haben Sie Gebrauch davon gemacht, den Empfänger Ihres Schreibens ggf. persönlich anzusprechen („Sehr geehrte Frau ...")?
- Haben Sie Absätze, Ränder und Schriftformate so gewählt, dass Ihr Schreiben übersichtlich ist und mühelos gelesen werden kann?
- Haben Sie ggf. auf einen ansprechenden Einstieg geachtet?
- Haben Sie darauf geachtet, Ihre Selbstbeschreibungen so weit wie möglich an Fakten und so wenig wie möglich an ankerlosen Beteuerungen festzumachen?
- Haben Sie die Ausführungen über Ihre Kenntnisse, Fähigkeiten und Erfahrungen auf die Anforderungen der Stelle bezogen?
- Haben Sie neben fachlichen auch persönliche Stärken berücksichtigt?
- Haben Sie klar und präzise formuliert?
- Stimmen Ihre Ausführungen im Anschreiben mit den Daten Ihres Lebenslaufs überein?
- Haben Sie dargelegt, warum Sie sich auf die gewünschte Position bewerben, ohne Ihren jetzigen Arbeitgeber in ein schlechtes Licht zu rücken?
- Haben Sie evtl. erbetene Angaben zu Ihrem Eintrittstermin, zu Ihrer Gehaltsvorstellung, Ihrer Umzugsbereitschaft etc. gemacht?
- Endet Ihr Schreiben mit einem geeigneten Schlusssatz?
- Haben Sie Ihr Anschreiben nach dem Ausdruck noch einmal Korrektur gelesen bzw. von einem Dritten durchsehen lassen?
- Haben Sie das Anschreiben mit Ihrer Unterschrift versehen?
- Haben Sie Ihr Anschreiben lose in die Bewerbungsmappe eingelegt?

Der Lebenslauf

Der Lebenslauf ist neben dem Anschreiben das wichtigste Element Ihrer Bewerbung. Viele Arbeitgeber lesen den Lebenslauf sogar zuerst und erst dann das Anschreiben. Der Lebenslauf zeichnet in chronologischer oder systematischer Gliederung lückenlos die Stationen Ihres (schulischen und) beruflichen Werdegangs auf. Während Sie im Anschreiben die Frage beantworten, welcher Extrakt an Fähigkeiten, Kenntnissen und Erfahrungen sich aus Ihrem Werdegang für die ausgeschriebene Stelle ergibt, stellt der Lebenslauf dar, was den Background Ihrer Selbsteinschätzung ausmacht: die Ausbildungen, die Sie durchlaufen haben, und die Arbeitsverhältnisse, in denen Sie bisher standen.

Gleichwohl ist der Lebenslauf nicht nur nüchterne Dokumentation. Sehen Sie ihn sowohl inhaltlich wie formal als Teil Ihres Selbstmarketings. Ziel Ihres Selbstmarketings ist es, die eigenen Chancen bestmöglich auszuschöpfen. Folglich kommt es auch beim Lebenslauf darauf an zu überlegen, wie er Ihre Selbstpräsentation gekonnt unterstützen kann.

Inhaltlich bedeutet das: Gewichten Sie Informationen stärker, die für die ausgeschriebene Stelle bedeutsam sind. Schenken Sie umgekehrt einzelnen Sachverhalten und Details weniger Beachtung, die für die anvisierte Stelle unbedeutend sind. So unterstützen Sie mit Ihrem Lebenslauf die Herausarbeitung eines individuellen Qualifikationsprofils, das sich an der ausgeschriebenen Stelle ausrichtet. Bleiben Sie aber im Hinblick auf Glaubwürdigkeit und Wahrhaftigkeit unbedingt auf dem Teppich. Bedenken Sie, dass die Angaben im Lebenslauf mit den beigefügten Dokumenten übereinstimmen müssen. In formaler Hinsicht können Sie vor allem durch eine gute Gliederung und Übersichtlichkeit Punkte sammeln.

Ein guter Lebenslauf

- gibt Informationen, die mit Bezug auf die angestrebte Stelle in den Grenzen von Wahrhaftigkeit und Glaubwürdigkeit gewichtet sind; insofern ist er stets eine Einzelanfertigung und keine immergleiche Kopiervorlage;
- gibt eine vollständige Übersicht über Ihre (schulische und) berufliche Biografie ohne Fehlzeiten;
- weist aus, dass Sie mit Beschäftigungslücken aktiv umgegangen sind;
- liefert konkrete, aussagekräftige Informationen (z. B. Abiturnote, berufliche Tätigkeiten/Aufgaben/Verantwortungsbereiche im Einzelnen, Inhalt der besuchten Fortbildungsmaßnahmen);
- ist trotz des Gebotes der Vollständigkeit frei von unwichtigen Informationen;
- passt zu Ihrem Anschreiben (bzw. umgekehrt);
- ist übersichtlich gegliedert;
- überschreitet in der Regel nicht die Länge von zwei Seiten;
- ist detailgenau (Name der Anstellungsträger, Name und Sitz der besuchten Hochschule, exakte Monatsangaben in der Zeitleiste, Beispiel: 09/2004–08/2007.

Elemente des Lebenslaufs

Wie das Anschreiben ist auch der Inhalt des Lebenslaufs durch typische Elemente gekennzeichnet. Die Bezeichnung dieser Elemente, ihre Anordnung, Ausdifferenzierung oder Bündelung ist Ihrer persönlichen Gestaltungshoheit überlassen. Es versteht sich von selbst, dass alle Angaben wahrheitsgemäß sein müssen. Nicht wahrheitsgemäße Angaben können den Verdacht der arglistigen Täuschung begründen und ggf. zur Aufhebung des Arbeitsverhältnisses führen (Kapitel 9).

Element 1: Angaben zu Ihrer Person

Element 1 fasst Angaben zu Ihrer Person zusammen:

- Vor- und Nachname
- Anschrift
- Geburtsdatum und -ort
- (evtl.) Religionszugehörigkeit
- Familienstand und evtl. Anzahl der Kinder
- evtl. Staatsangehörigkeit
- Telefon-/Faxnummer/E-Mail-Adresse.

Wenn Sie sich entschieden haben, Ihren Bewerbungsunterlagen ein Deckblatt vorzuheften, haben Sie Ihre Adressangaben womöglich schon darauf vermerkt. Es empfiehlt sich jedoch, diese im Kopf des Lebenslaufs noch einmal zu wiederholen. Ob Sie sich zu Eventualangaben äußern, sollten Sie im Einzelfall abwägen. Wer sich bei einem konfessionell gebundenen Träger von sozialen Diensten und Einrichtungen bewirbt, wird um eine Erklärung zu seiner Religionszugehörigkeit nicht umhinkommen. Nach § 9 Allgemeines Gleichstellungsgesetz (AGG) dürfen Religionsgemeinschaften und die ihnen zugeordneten Einrichtungen im Rahmen ihres Selbstbestimmungsrechtes die Einstellung einer Mitarbeiterin von ihrem religiösen Bekenntnis abhängig machen. Darin liegt keine Diskriminierung der Bewerberin. Gewerkschaftliches oder politisches Engagement sollten Sie nur dann erwähnen, wenn Sie sich bei einer Gewerkschaft oder Partei bewerben. Auf Kinder hinweisen zu können, kann gerade in Erziehungs- und Sozialberufen ein zusätzliches Kapital darstellen, weil Sie damit auch eigene Erziehungserfahrung belegen können. Der Befürchtung des Arbeitgebers, Sie könnten bei kleineren Kindern womöglich öfters ausfallen, können Sie durch einen Zusatz begegnen (z.B. „durch Angehörige oder Ganztagseinrichtung betreut"). Geschiedene sollten sich für die Bezeichnung „nicht verheiratet" oder „ledig" entscheiden. Für zugewanderte Menschen kann der Hinweis auf die deutsche Staatsangehörigkeit zeigen, dass sie sich bewusst für ein Leben in Deutschland entschieden haben. Dessen ungeachtet sollten Sie Ihren besonderen kulturellen Hintergrund immer als ein Plus sehen. Menschen mit Migrationshintergrund sind schließlich eine große Zielgruppe im gesamten Erziehungs-, Bildungs- und Sozialsektor. Ihre persönliche Herkunft kann daher von großem Vorteil für Sie sein.

Element 2: Foto

Anders als in anderen Ländern wird in Deutschland im Allgemeinen erwartet, dass Sie Ihrem Lebenslauf ein Lichtbild beifügen. Verlangen kann der Arbeitgeber dies nicht. Bewerbungsexperten gehen davon aus, dass sich auch erfahrene Personalentscheider in Wirtschaftsunternehmen von dem äußeren Erscheinungsbild eines Bewerbers beeinflussen lassen. Das Foto aktiviert Übertragungen („Er/sie erinnert mich an ..."). Die Wahrnehmung der betrachteten Person spiegelt deshalb eher die Erfahrungen und Vorurteile der Betrachter wider, als dass sie Auskunft über die betrachtete Person gibt. Im Extremfall zeigt das Foto nichts weiter als eine nach Outfit und Ausdruck gestylte Person in gestellter Umgebung. Deshalb könnte man auf das Foto gut verzichten. Im englischsprachigen Raum sind Bewerbungsfotos nicht nur unüblich, sondern als Selbstdarstellungsgehabe sogar verpönt. Wer in Deutschland das Lichtbild verweigert, erzeugt zurzeit noch den Verdacht, er habe etwas zu verbergen. Bloß was?

Einen Vorteil wird man dem Bewerbungsfoto allerdings konzedieren müssen: Als Personalverantwortlicher prägt man sich den Inhalt von Bewerbungsunterlagen besser ein, wenn es ein Bild zum Text gibt. Auch nach einem Vorstellungsgespräch erinnert man sich anhand des Fotos leichter daran, wer der Bewerber war und wie das Vorstellungsgespräch verlaufen ist. Überdies bekommt der Bewerber durch das Foto ein Gesicht, das die Bewerbung persönlicher erscheinen lässt. Wenn das gängige Vorurteil zuträfe, dass sich „Schönheit durchsetzt", müssten im Arbeitsleben überwiegend schöne Menschen anzutreffen sein. Dies ist trotz der von Männern beherrschten Auswahlverfahren mitnichten der Fall. Nicht Schönheit zählt, sondern die Sympathie, die Sie ausstrahlen.

Wenn Sie sich de facto gehalten sehen, Ihr Foto beizufügen (vielleicht wollen Sie dies ja auch), nutzen Sie diese Gelegenheit wiederum als Chance für sich zu werben. Geben Sie dem Betrachter das, was er sehen will: Eine sympathisch wirkende Person.

Empfehlungen:

- Als unangebracht gilt es, Aufnahmen aus dem privaten Bereich einzureichen, wie z. B. den gut aussehenden Mann vor schniekem Segelboot. Was aus Sicht des Bewerbers besonders sympathisch wirken soll, kann bei einem konservativen Betrachter Bedenken hervorrufen: Da präsentiert sich eine Person, die sich auf eine hochkarätige berufliche Position bewirbt, ausgerechnet mit ihren Freizeitvorlieben! Wie passt das zusammen? Lassen Sie deshalb Ihre Urlaubs-, Familien- oder Freizeitaufnahmen möglichst in Ihrem Album. Gewünscht ist ein seriöses Porträt-Foto, auf dem Kopf, Hals und evtl. ein Teil der Schulter bzw. der Brust zu sehen sind.
- Lassen Sie das Foto möglichst von einem professionellen Fotografen anfertigen. Dieser achtet anders als der Fotoautomat am Bahnhof darauf, dass Sie sympathisch wirken und ungünstige Effekte, wie fettige Haut, verrutschte Krawatte oder schief sitzende Brille nicht aufs Bild gelangen. Gute Fotografen geben Ihnen schon vorab Empfehlungen zu Kleidung, Frisur und Make-up. Wenn Sie es technisch hinbekommen, ein gutes Digital-Foto einigermaßen perfekt einzuscannen und auszudrucken, können Sie auch zu dieser Variante greifen. Damit sparen Sie einiges an Geld. Achten Sie aber darauf, dass Ihr Erscheinungsbild genauso professionell wirkt wie bei einem klassischen Porträtfoto. Wenn das Foto für Sie werben soll, sollten Sie auf einfache Automatenbilder jedenfalls verzichten. Für ein solches Bild interessiert sich nur Ihr Einwohnermeldeamt.
- Eine Schwarz/Weiß-Aufnahme ist ebenso möglich wie ein Colorfoto.
- Wenn Sie Ihr Foto rechts oben auf der ersten Seite Ihres Lebenslaufs platzieren, empfiehlt sich ein Format von ca. 6 x 4 cm. Heften Sie Ihren Bewerbungsunterlagen ein Deckblatt vor (siehe oben), können Sie auch ein etwas größeres Format wählen.
- Notieren Sie auf der Rückseite mit Bleistift vorsichtig Ihren Namen, falls sich das Foto löst.
- Kleben Sie das Foto ein; heften Sie es keinesfalls mit Büroklammern fest.
- Eine gepflegte Erscheinung ist unabdingbar. Wer sich mit auffälligen Nasen- oder Lippenschmuck ablichten lässt, sollte daran denken, dass Personalentscheidungen häufig von lebensälteren Mitarbeitern getroffen werden, deren Geschmack womöglich nicht dem eigenen entspricht. Überdies

ist zu bedenken, dass man als angestellter Mitarbeiter in der Regel Kunden, Klienten etc. hat, die sich an auffälligen Symbolen der Selbstdarstellung stören könnten. Es kommt darauf an, ob das persönliche Outfit in der jeweiligen Umgebung akzeptiert oder zumindest toleriert wird. Das hängt sehr davon ab, wie auffällig Ihr Schmuck ist.

- Die Kleidung sollte arbeitsplatz- bzw. branchentypisch ausgewählt werden. Das Outfit muss zur Stellung bzw. Aufgabe passen.

Element 3: Schulbildung

Wenn Sie nicht gerade eine Ausbildungsstelle suchen, sondern z. B. den Berufseinstieg nach einem Studium planen, reicht es aus, wenn Sie sich auf die Darlegung Ihres zuletzt erzielten allgemeinbildenden Schulabschlusses beschränken (also Fachhochschulreife, Abitur).

Element 4: Berufsausbildung

Hier geht es um eine Berufsausbildung in anerkannten Ausbildungsberufen bzw. um Fachschulausbildungen (z. B. zur Erzieherin). Je größer die zeitliche Nähe Ihrer Bewerbung zum Abschluss dieser Ausbildung ist, umso genauere Angaben sollten Sie dazu machen. Lesen Sie dazu die Ausführungen zu Element 5. Wenn Sie nach Ihrer Berufsausbildung noch ein Studium absolviert haben, können Sie die Elemente 3 und 4 auch zusammenfassen (Schul- und Berufsausbildung). Ebenso können Sie die Elemente 3–5 zu einem Element „Ausbildung" zusammenfassen.

Element 5: Studium

Insbesondere wenn Sie Berufseinsteiger/in sind, sollten Sie möglichst genaue Angaben zu Ihrem Studium machen, insbesondere dazu, an welcher Hochschule Sie welches Studium absolviert haben, welche Schwerpunkte es gab und welche Vertiefungen Sie selbst vorgenommen haben. Auch die erzielte Gesamtnote sollten Sie erwähnen, es sei denn, diese ist nicht vorzeigbar. Wichtig sind studienbegleitende Praktika, die Sie im Element Studium speziell erwähnen sollten. Legen Sie dar, was Inhalt des Praktikums war und wer die Zielgruppen waren.

Beispiel:

Praxissemester in der Paul-Moor-Schule für Menschen mit geistiger Behinderung Mönchengladbach

Aufgaben: Mitwirkung bei der Unterrichtsvorbereitung, Einzelförderung, Planung und Durchführung von Freizeitangeboten, Elterngespräche, Vorbereitung einer Klassenfahrt

Wenn Sie schon länger in Ihrem Beruf arbeiten, nimmt die Bedeutung Ihrer ersten praktischen Gehversuche für den Arbeitgeber ab. Entsprechend können Sie auf detaillierte Angaben verzichten oder studienbegleitende Praxiserfahrungen ganz weglassen.

Element 6: Berufliche Tätigkeiten

Hier listen Sie nacheinander und lückenlos alle Ihre Arbeitsverhältnisse auf. Machen Sie jeweils die folgenden Angaben: Arbeitgeber, Einrichtung/Abteilung, Tätigkeit als ..., Aufgabenschwerpunkte/Verantwortlichkeiten. Nutzen Sie auch die Ergebnisse Ihrer Selbstanalyse (Kapitel 3), wo Sie Ihre berufliche Biografie bereits Revue passieren ließen. Sie dürfen bei Element 6 im Sinne des Selbstmarketings durchaus zu Ihren Gunsten auswählen, gewichten und nach geeigneten Begriffen suchen. Beachten Sie aber, was der Arbeitgeber aus Ihren sonstigen Dokumenten vergleichend entnehmen kann. Der Leser sollte ein klares Bild von Ihren Aufgaben und Verantwortungsbereichen bekommen, ohne sich mühsam selbst alles aus den beigelegten Unterlagen entnehmen zu müssen. Dies ist umso wichtiger, als über Ihr laufendes Arbeitsverhältnis meist noch kein Dokument vorliegt.

Beispiel:

Seit 10–2004 Leiterin der Familienbildungsstätte beim Kinderschutzbund Bremen e. V.

Aufgaben-/Verantwortungsbereich: Programmplanung, Akquisition des nebenamtlichen Lehrpersonals, Personaleinsatzplanung, Qualitätsentwicklung, Marketing, Mittelbewirtschaftung, Außenvertretung

Möglicherweise haben Betreuungs- und Familienzeiten Ihre Berufstätigkeit unterbrochen. Da der Lebenslauf lückenlos sein soll, führen Sie auch diese Unterbrechungszeiten mit auf.

Beispiel:

07–2005–   Nicht berufstätig (Pflege meiner schwerkranken Mutter/Eltern-
11/2006   urlaub/Familienzeit)

Element 7: Fort- und Weiterbildung

Notieren Sie, welche Fort- und Weiterbildungsangebote Sie in welchem Umfang besucht haben. Übersehen Sie Fachtagungen/-veranstaltungen nicht, die Sie gezielt ausgewählt haben, um sich auf dem Laufenden zu halten. In der Sozialen Arbeit haben Sie möglicherweise eine Zusatzqualifikation in Mediation, systemischer Familienarbeit oder Fallmanagement erworben, die hier entsprechend darzustellen ist. Machen Sie genaue Angaben: Träger der Bildungsmaßnahme, Ort, Zeitpunkt, Umfang. Machen Sie bei Bedarf zusätzliche Angaben zum Inhalt (Beispiel: Methoden des Übergangsmanagements, Handhabung von Beobachtungsskalen). Ggf. fassen Sie die Einzelfortbildungen zusammen, damit keine ellenlangen Listen entstehen. Greifen Sie nur solche Fortbildungen heraus, die für die ausgeschriebene Stelle wichtig sind. Bleibt dann nichts mehr übrig, tragen Sie die am ehesten passenden Bildungsmaßnahmen ein. Immerhin zeigen Sie auf diese Weise, dass Sie sich überhaupt fortgebildet haben.

Element 8: Wehr-/Zivildienst, Soziales Jahr, Ökologisches Jahr

Sehen Sie diese freiwilligen oder pflichtigen Lebensabschnitte nicht als überflüssig an. Sie können wichtige Meilensteine Ihrer persönlichen Biografie gewesen sein. Im Wehrdienst können Sie organisatorische Fähigkeiten erworben haben, als Zivi haben Sie gelernt, mit dementen alten Menschen umzugehen etc. Stellen Sie auch hier die Tätigkeitsinhalte heraus, die Ihnen stellenbezogen verwertbar erscheinen (siehe Selbstanalyse Kapitel 3).

Element 9: Besondere Kenntnisse und Fähigkeiten

Unter diesem Element können spezielle Qualifikationen aufgeführt werden, die sich in eine Beziehung zu den neuen beruflichen Anforderungen bringen lassen. Konkret geht es meist um Sprach- und aktuelle EDV-Kenntnisse, aber auch um so banale Dinge wie einen Führerschein. Bei Sprachen und EDV-Kenntnissen sollten Sie Ihren Kenntnisstand beschreiben (bei Sprachen: Grundkenntnisse, gute oder sehr gute Kenntnisse; bei EDV zusätzlich Art der Programme). Sprachenkenntnisse können Sie auch nach dem leicht handhabbaren europäischen Klassifikationssystem bewerten (siehe unten *europass* Sprachenpass).

Element 10: Außerberufliche Interessen

Hier geht es um Ihre besonderen Interessen in der Freizeit. Es geht darum, Sie auch außerhalb Ihrer engeren Berufsrolle kennen lernen zu können. Manche Fachkräfte sind auch privat im sozialen Bereich engagiert, z.B. als Vorstandsmitglied bei einem Frauennotruf. Dies bringt in einer Bewerbung mit Sicherheit Pluspunkte. Andere wirken auf politischer Ebene mit, etwa als Mitglied des Gemeinderates oder des Kreistages. Legen Sie ggf. dar, welche Nebenämter damit verbunden sind (Mitgliedschaft im Schulausschuss, Sozialausschuss etc.). Aber Achtung: Der Arbeitgeber könnte sich informieren, für welche Partei Sie im Rat sitzen. Er könnte auch befürchten, dass er wegen so mancher Sitzung auf Ihre Anwesenheit am Arbeitsplatz verzichten muss. Insofern kann es sich empfehlen, beim Punkt ehrenamtliches politisches Engagement Zurückhaltung zu üben. Bei Ihren Hobbys sollten Sie sich auf solche beschränken, die Sie für präsentabel halten. Im akademischen Bereich sind kulturelle Interessen gern gesehen (Theater, Musik, Literatur). Hobbys, die wegen ihrer Zeitintensität oder Gefährlichkeit Ihre berufliche Einsatzfähigkeit tangieren könnten, sollten Sie außen vor lassen (vgl. auch Abschnitt „Private Lebensgestaltung" in Kapitel 10). Ein Anspruch des Arbeitgebers auf Angaben zu Element 10 besteht nicht.

Element 11: Formaler Abschluss des Lebenslaufs

Der Lebenslauf schließt mit der Angabe von Ort, Tagesdatum und Ihrer persönlichen Unterschrift.

Formen des Lebenslaufs

Handschriftliche Lebensläufe in Form eines durchlaufenden Textes sind heute nicht mehr üblich. National wie international hat sich der tabellarische Lebenslauf durchgesetzt, der die einzelnen Stationen des schulischen und beruflichen Werdegangs in Form einer Tabelle stichpunktartig auflistet. In der Regel hat diese Tabelle zwei Spalten, die eine sachliche und eine zeitliche Gliederung aller wichtigen Ereignisse ermöglichen. In der linken Spalte (Zeitleiste) werden die Zeiträume angegeben, in denen sich Ihre Aktivitäten vollzogen haben, in der rechten Spalte werden passend zu den Zeiträumen die zentralen Ereignisse und Aktivitäten Ihres Lebensweges aufgeführt.

Der Aufbau der Tabelle kann zum einen chronologisch erfolgen: Alle Ereignisse werden nacheinander entsprechend dem tatsächlichen Verlauf des Lebens aufgelistet, beginnend bei der Geburt, endend bei der zurzeit ausgeübten Berufstätigkeit. Die zeitliche Ordnung erleichtert es dem Arbeitgeber zwar, den Ablauf von Ausbildung und Beschäftigung mühelos zu erkennen; der chronologische Lebenslauf ist jedoch nur bei einer sehr jungen Biografie zu empfehlen (z.B. Schüler sucht nach Schulabschluss einen Ausbildungsplatz). Bei einer reichhaltigeren Biografie führt die rein chronologische Form zur Unübersichtlichkeit. Es fehlt ihr die inhaltliche Struktur, wo vergleichbare Aktivitäten entsprechend unseren obigen Elementen unter einer gemeinsamen Überschrift (Themenschwerpunkt) zusammengefasst werden. Wer sich beispielsweise dafür interessiert, welche Fortbildungen ein Bewerber vorweisen kann, muss sich die entsprechenden Einträge aus dem chronologischen Lebenslauf nacheinander herauspicken. Bewerberinnen können außerdem nur schwer miteinander verglichen werden.

Der chronologische Lebenslauf ist inzwischen weitgehend durch den thematisch gegliederten Lebenslauf abgelöst worden. Nach dieser Gliederungsform werden alle Ereignisse des Lebensablaufs zunächst zu Elementen gebündelt (z.B. Ausbildung, Berufstätigkeiten etc.). Die Elemente werden sodann untereinander in eine Ordnung gebracht.

Die zeitliche Ordnung der Ereignisse kann im thematisch gegliederten Lebenslauf in zwei Richtungen erfolgen:

Möglichkeit 1:

Sie beginnen mit dem aktuellsten Block (z.B. „Berufstätigkeiten") und führen den Leser dann Schritt für Schritt in die früheren Abschnitte Ihres Lebens (Studium, Schulzeit). Auch innerhalb jedes Themenblocks gehen Sie so vor (S. 93/94).

Möglichkeit 2:

Sie beginnen mit dem frühesten Abschnitt Ihres Werdegangs (Schulzeit) und führen den Leser dann schrittweise zu dem aktuellsten Ereignisfeld (z.B. „Berufstätigkeiten"). Genauso verfahren Sie innerhalb der einzelnen Themenblöcke (S. 95/96).

Lebenslauf

Persönliche Daten
Heiko Beerlage
Am Anger 11
99867 Gotha
geb. am 8.9.1985 in Gotha
deutsch
ledig
Tel. 0 36 21/12 34 56
Heiko.Beerlage@netmail.de

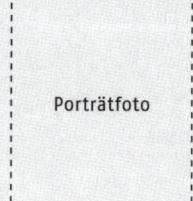

Porträtfoto

Berufliche Tätigkeiten

01/2006– heute	**Diplom-Sozialarbeiter bei Oase e. V. – Beratungsstelle für obdach-lose Frauen** Individuelle Beratung, Hilfeplanung, Dokumentation/Evaluation, Anleitung von Praktikantinnen, Gremienarbeit
01/2004–12/2005	**Diplom-Sozialarbeiter bei dem Kinderschutzbund Gotha e. V.** Aufsuchende Sozialarbeit, Zielgruppe: auf der Straße lebende Jugendliche befristetes Projekt Individuelle Beratung, Berufswegplanung, Koordination von Hilfen, Elternarbeit, Mediation
08/2003–12/2003	**Arbeitssuchend** Vertiefung der Themen „Berufliche Integration von jugendlichen ohne Schulabschluss"; „Drogenarbeit" stundenweise Mitarbeit in der Drogenhilfe Gotha

Fort- und Weiterbildung

11/2004	**Case Management** Institut für Sozialarbeit und Sozialpädagogik Frankfurt (3 Tage)
04–05/2005	**Mediation in der Sozialen Arbeit** Paritätischer Wohlfahrtsverband Landesverband Thüringen e. V. (4 Wochenenden)

Studium

09/1999–07/2003	**Studium der Sozialen Arbeit an der Fachhochschule Jena** Studienschwerpunkte: Kinder- und Jugendhilfe; Soziale Arbeit in Europa; Arbeitsmarktpolitik

Zivildienst

07/1998–06/1999   Diakonisches Werk Kirchenkreis Gotha e.V.
                   Essen auf Rädern; Servicedienste für ältere Mitbürger; Planung von
                   Freizeitangeboten

Schulbildung

05/1998   Lise-Meitner-Kolleg Gotha
                   Fachoberschulreife
                   Gesamtnote: gut

**Besondere Kenntnisse
und Fähigkeiten**

                   Word, Excel, Power Point (sicher)
                   Englisch (gut)
                   Russisch (Grundkenntnisse)

**Außerberufliche
Interessen**

                   Kabarett, Improvisationstheater
                   Ehrenamtliche Tätigkeit im Verein „Leben in Gotha e.V."
                   (Schatzmeister)
                   Alpines Radwandern

Gotha, 14.1.2008   *Heiko Beerlage*

Musterlebenslauf (retrospektiv)

Die retrospektive Darstellungsvariante (Möglichkeit 1: Von der Gegenwart zur Vergangenheit) ist die international übliche Form, während die prospektive Variante (Möglichkeit 2: Von der Vergangenheit zur Gegenwart) die in Deutschland übliche Standardform darstellt. Im Zeitalter der Globalisierung wird die deutsche Form im gewerblichen Sektor immer mehr durch die internationale Variante verdrängt. Für die internationale Variante spricht, dass das Wichtigste zuerst zur Kenntnis genommen wird (Womit befasst sich der Bewerber zurzeit?). Frühere Ereignisse (Welchen Schulabschluss hat der Bewerber?) treten demgegenüber in der Aufmerksamkeit zurück.

Im Erziehungs- und Sozialsektor sind beide Formen möglich. Bilden Sie sich anhand der beiden Musterlebensläufe auf den Seiten 93 ff. selbst ein Urteil, für welche Variante Sie sich entscheiden möchten.

Lebenslauf

Persönliche Daten

Jessica Thomas
Grabbeplatz 25
20357 Hamburg
040/12 34 56
Jessica.Thomas@netmail.de
geb. am 14.08.1979 in Hannover
deutsch, nicht verheiratet
2-jährige Tochter

Porträtfoto

Schul- und Berufsausbildung

06/1999	**Allgemeine Hochschulreife** Albertus-Magnus-Gymnasium in Hannover Gesamtnote: sehr gut
08/2000– 07/2003	**Ausbildung zur Heilerziehungspflegerin** Fachschule für Heilerziehungspflege in Hannover sowie in der Werkstatt für behinderte Menschen, Betriebsstätte Conzenstr. (Träger: Lebenshilfe für Menschen mit geistiger Behinderung Hannover e.V.) Tätigkeit: Leitung einer Gruppe Erwachsener mit psychischer Erkrankung Abschluss: Staatlich anerkannte Heilerziehungspflegerin Gesamtnote: sehr gut

Studium

seit 09/2003	**Studium der Psychologie an der Universität Hamburg** Studienschwerpunkt: Klinische Psychologie Vordiplom-Note: 2,3 Voraussichtliches Studienende: 08/2008 Thema der Diplomarbeit: Therapeutische Begleitung von Eltern krebskranker Kinder

Praxistätigkeiten

07/1999– 07/2000	**Berufsvorbereitendes Praktikum in der Werkstatt für behinderte Menschen (wie oben)** Tätigkeit: Leitung einer Gruppe Erwachsener mit psychischer Erkrankung

07/2001	**Praktikum im Wohnbereich für Menschen mit frühkindlichen Hirn-schädigungen** Träger: Caritasverband Hannover e.V. Tätigkeit: Alltagsbegleitung, Freizeitgestaltung
07/2002	**Praktikum in der Gerontopsychiatrischen Abteilung des Krankenhauses St.Marien, Hannover** Tätigkeit: Psychiatrische Pflege, Tagesgestaltung
12/2004–06/2005	**Therapiebegleitung eines Jungen mit Aufmerksamkeitsdefizitproblematik** Lehrprojekt in Zusammenarbeit mit der psychotherapeutischen Ambulanz der Akademie für Psychotherapie Hamburg
09/2006–heute	**Begleitung von Eltern und Kindern im Hospiz des Universitätsklinikums Eppendorf (4 Stunden pro Woche)**
09/2003–heute	**diverse Aushilfstätigkeiten zur Studienfinanzierung**

Besondere Fähigkeiten und Kenntnisse

	MS Office Europäischer Computerführerschein (ECDL) Führerschein Klasse 3 Englisch (gut) Französisch (gut)

Außerberufliche Interessen

	Yoga, Malen/Zeichnen, Volleyball

Hamburg, 2.2.2008   *Jessica Thomas*

Musterlebenslauf (prospektiv)

Wie Ihr Lebenslauf ausgewertet wird

Wie der Arbeitgeber Ihren Lebenslauf „liest" und welche Schlüsse er aus seinen Beobachtungen zieht, ist weder beliebig noch zweifelsfrei vorherzusagen. Was jemand in Ihrem Lebenslauf erkennt, hängt sowohl von den Informationen ab, die Sie ihm geben, als auch von seinen Beobachtungs- und Beurteilungskriterien. Sachverhalte können zudem unterschiedlich gewichtet werden. Auch die Intensität der Prüfung und das mehr oder weniger geübte Auge des Betrachters sprechen ein erhebliches Wörtchen mit. Deshalb kann ein 60-jähriger Pfarrer, der sich nur gelegentlich mit Bewerbungen für seine Kindertagesstätte befasst, in einem vergleichbaren Fall zu anderen Schlussfolgerungen gelangen als der Personalspezialist eines bundesweit operierenden Anstellungsträgers, der sich eigene Betriebswirte für die Personalakquisition leistet. Bei besonders herausgehobenen Leitungsfunktionen werden ggf. auch externe Unternehmensberatungen mit der Akquise und Auswertung von Bewerbungsunterlagen beauftragt.

Trotz aller Unterschiedlichkeit zeigt die Praxis, dass es eine Reihe von Punkten gibt, denen Arbeitgeber regelmäßig eine besondere Aufmerksamkeit schenken:

Prüfkriterien des Arbeitgebers

- Ist der Lebenslauf vollständig oder weist er Lücken auf?
- Ist der Werdegang in der Abfolge seiner Stationen plausibel, d. h. lässt sich ein nachvollziehbarer „roter Faden" ausmachen? Oder weist der Lebenslauf „Brüche" auf z. B.
  - Rückschritte in der beruflichen Entwicklung („Karriereknick"),
  - auffällig lange Phasen der Arbeitslosigkeit,
  - auffallend häufiger Stellenwechsel,
  - auffallend häufiger Wechsel des pädagogischen Arbeitsfeldes?
- Gibt es überlange Ausbildungs- und Studienzeiten?
- Mit welchem Ergebnis wurden Ausbildungen beendet (Abschlussprüfung oder Abbruch? Gesamtnote?)
- Hat der Bewerber sich nach seinem ersten berufsqualifizierenden Abschluss weitergebildet oder ist er ein Bildungsabstinenzler?
- Über welche praktischen Erfahrungen verfügt der Berufseinsteiger?
- Wenn es um die Bewerbung bei einem konfessionellen Träger geht: Gehört der Bewerber der richtigen Glaubensgemeinschaft an, zumindest aber einer der beiden christlichen Kirchen?
- Stimmen die Angaben im Lebenslauf mit den beigefügten Dokumenten überein (Beschäftigungszeiten, Tätigkeitsinhalte)?
- Ist der Bewerber überqualifiziert oder ist er unterqualifiziert?

Hierzu einige Hinweise:

Ein deutlich über die Regelstudienzeit hinausgehendes Studium ist kein Makel, wenn sich die Verzögerung gut begründen lässt (z. B. weil Sie Ihr Studium bewusst in Teilzeitform betrieben haben, um als Mutter oder Vater parallel berufstätig sein zu können). Für einen häufigeren Stellenwechsel in jungen Jahren wird man in der Regel Verständnis haben, weil Sie Ihren richtigen Platz im Arbeitsleben erst noch finden mussten. Vielleicht wird man die Vielfältigkeit Ihrer beruflichen Erfahrungen sogar schätzen, in der Annahme, davon profitieren zu können. Vor allem in kreativen Berufen wird man die Neigung, nach begrenzter Beschäftigungszeit in neue Bereiche einzutauchen und erworbene Kompetenzen anzureichern, eher gutheißen als die Tatsache, dass Sie Ihre erste Stelle nie mehr verlassen haben. Andererseits werden die meisten Arbeitgeber hellhörig, wenn Sie sich innerhalb eines Zeitraumes von fünf Jahren um die dritte Stelle als Leiterin einer Kindertagesstätte bewerben. Im Einzelfall kann aber auch dies einen plausiblen Grund haben. Weisen Sie diesen im Lebenslauf aus.

Ein besonderes Augenmerk fällt immer wieder auf Lücken im Lebenslauf. Damit sind Unterbrechungen der Beschäftigungskontinuität gemeint, die aus Sicht des Arbeitgebers u. U. problematisch sind. Wenn Sie solche Unterbrechungen im Lebenslauf nicht ausweisen, fordern Sie geradezu den Verdacht heraus, dass es etwas zu verbergen gibt. Kein Arbeitgeber wird sich veranlasst sehen, einen solchen Verdacht zu klären, wenn es eine ausreichende Zahl guter Mitbewerber gibt. Die Chance für ein Vorstellungsgespräch ist damit vertan.

Manche Bewerber versuchen, Lücken zu verschleiern, indem Sie bewusst ungenaue Zeitangaben machen. Wer im Jahr 2008 z. B. schreibt

2006–2007: Tätigkeit als Leiterin einer drogentherapeutischen Ambulanz in Ulm

kann zwei Jahre beschäftigt gewesen sein oder auch nur zwei Monate.

Solche neunmalklugen Tricksereien springen selbst dem weniger erfahrenen Personalverantwortlichen sofort ins Auge, spätestens, wenn er solche Angaben mit den Daten des Arbeitszeugnisses abgleicht. Liegt noch kein Arbeitszeugnis vor, wird man Sie ggf. im Vorstellungsgespräch zu dem Sachverhalt befragen. Da Sie zu wahrheitsgemäßer Beantwortung solcher Fragen verpflichtet sind, fallen Sie spätestens jetzt unangenehm auf.

Besser als Verbergen und Vertuschen ist es, mit weniger günstigen Informationen offen und damit selbstbewusst umzugehen. In Zeiten der Massen- und Langzeitarbeitslosigkeit wird man angesichts krisenhafter Staatsfinanzen auch im Erziehungs- und Sozialsektor nicht erwarten können, dass ein Bewerber lückenlose Beschäftigungszeiten nachweisen kann. Das wissen auch die Arbeitgeber. Gerade Berufsanfänger haben oft erhebliche Einstiegsprobleme. Längere Anlaufzeiten sind folglich kein Hinweis auf fehlende persönliche Eignung. Auch der gemeinhin als kritisch geltende Karriereknick ist kein wirklicher Makel, wenn man ihn plausibel erklären kann. Im Gegenteil: Jeder Arbeitgeber wird anerkennen, dass jemand in seiner beruflichen Karriere lieber einen Schritt zurück macht, statt arbeitslos zu bleiben. Entscheidend ist letztlich, wie ein Sachverhalt interpretiert wird. Ihr Anliegen sollte es deshalb sein, auf die „richtige Sicht der Dinge" hinzuwirken. Für die Erstellung des Lebenslaufs bedeutet das z. B. darzulegen, warum Sie eine Stelle ggf. verloren haben (z. B. weil der öffentliche Finanzgeber die Zuschüsse an den freien Träger eingestellt hat). Legen Sie auch dar, wie Sie die Zeit der Arbeitssuche für Ihr berufliches Fortkommen „aktiv genutzt" haben (z. B. durch Vertiefung Ihrer Studienkenntnisse; Einarbeitung in neue Themenfelder anhand von Fachliteratur; Wiederauffrischung Ihrer Fremdsprachenkenntnisse, Belegung eines „Power Point"-Kurses, Durchführung eines Praktikums, ehrenamtliches Engagement etc.).

Beispiel:

| 09/2006–06/2007 | Arbeitssuchend (währenddessen: autodidaktische Erweiterung meiner BWL-Kenntnisse; stundenweise ehrenamtliche Mitarbeit bei der „Tafel e. V.", VHS-Kurs „Türkisch für Anfänger" mit Abschluss) |

Checkliste für Ihren Lebenslauf

• Haben Sie den Lebenslauf mit „Lebenslauf" überschrieben? Sie können zwar auch die Begriffe „Curriculum Vitae" oder „Vita" wählen. Je nach Stelle und der Karätigkeit des Bewerbers wirken lateinische Überschriften aber schnell überzogen.

- Haben Sie Ihren Namen, Anschrift, Festnetztelefon, Mobiltelefon, E-Mail-Adresse vollständig angegeben?
- Haben Sie Angaben zu Ihrem Geburtsdatum, Geburtsort, Familienstand, Kinderzahl, Staatsangehörigkeit gemacht?
- Enthält Ihr Lebenslauf ein ansprechendes Porträtfoto?
- Ist Ihr Lebenslauf übersichtlich in Abschnitte gegliedert?
- Haben Sie die Angaben in den einzelnen Abschnitten zeitlich geordnet?
- Benennen Sie in Ihrer Zeitschiene Monat und Jahr?
- Ist der Lebenslauf vollständig, d. h. lückenlos?
- Sind die Angaben zu den einzelnen Lebensabschnitten fehlerfrei (korrekte Wiedergabe aller Eigennamen, Ortsangaben, Orthografie)?
- Stimmen die Angaben im Lebenslauf mit den beigefügten Dokumenten überein?
- Haben Sie für Sie günstige Informationen (z. B. die gute Abiturnote) aufgeführt?
- Haben Sie negativ wirkende Formulierungen vermieden („arbeitslos", „Hartz-IV-Empfängerin")?
- Haben Sie stichwortartig dargelegt, welche fachlichen Aufgaben Sie in Ihren bisherigen beruflichen Positionen wahrgenommen haben?
- Haben Sie angegeben, welche besonderen Kompetenzen mit den Aufgaben ggf. verbunden waren (z. B. Budgetverantwortung)?
- Haben Sie die Angaben in Ihrem Lebenslauf nach den Anforderungen der Stellenausschreibung gewichtet, ohne den Boden der Tatsachen zu verlassen?
- Haben Sie relevanten außerberuflichen Aktivitäten ausreichende Aufmerksamkeit geschenkt?
- Haben Sie darauf geachtet, dass Lebenslauf und Anschreiben eine stimmige Einheit bilden?
- Haben Sie den Lebenslauf unterschrieben?

europass – der europäische Lebenslauf

Wer sich in anderen EU-Ländern bewerben möchte, sollte zur Unterstützung seiner Bewerbungsaktivitäten auf spezielle Dokumentations- und Nachweisinstrumente zurückgreifen, die auf europäischer Ebene entwickelt wurden. Dazu gehört auch ein spezieller Lebenslauf. Die Instrumente sind Teil eines Rahmenkonzeptes zur Verbesserung der Mobilität in Europa, das im Dezember 2004 vom Europäischen Parlament und vom Europäischen Rat verabschiedet wurde. Die Instrumente, die unter dem Oberbegriff *europass* firmieren, bieten einen einheitlichen Standard für den Nachweis von Kenntnissen, Fähigkeiten und Erfahrungen eines Bewerbers. Der Arbeitgeber soll auf diese Weise einfacher erkennen können, wer sich mit welcher Qualifikation um einen Arbeitsplatz in seinem Unternehmen, seiner Einrichtung oder seiner Behörde bewirbt. Für den Bewerber, der eine Tätigkeit im Ausland anstrebt, war es bisher nämlich kaum möglich, gegenüber einem Arbeitgeber darzulegen, was z. B. sein nationaler Studienabschluss beinhaltet, den er leichthändig in seinem Lebenslauf vermerkt hat. Der Lebenslauf selbst folgt in den Ländern der EU zurzeit noch recht unterschiedlichen Gepflogenheiten. Während es in Spanien üblich ist, sehr umfangreiche Lebensläufe vorzulegen, gilt ein achtseitiger Lebenslauf in Deutschland als völlig inakzeptabel. Das *europass*-Instrumentarium soll durch seine einheitlichen Transparenzinstrumente dazu beitragen, die Hürden, die das grenzüberschreitende Lernen und Arbeiten heute noch behindern, zu überwinden. Das Instrumentarium vermittelt ein umfassendes Gesamtbild der Qualifikationen und Kompetenzen einzelner Personen und erleichtert die Vergleichbarkeit im europäischen Kontext.

Bei dem *europass*-Instrumentarium handelt es sich um fünf einzelne Dokumente

- *den europass Lebenslauf:* Der Lebenslauf ist ein Formblatt, das die Erstellung eines klaren, übersichtlichen und korrekten Lebenslaufes für Bewerberinnen und Bewerber erleichtert. Je nach Wunsch können Informationen zur eigenen Person, zu Sprachkenntnissen und Arbeitserfahrungen sowie zu verschiedenen Bildungs- und Ausbildungsniveaus eingetragen werden. Welche Felder ausgefüllt werden, entscheidet jeder selbst.
- *den europass Sprachenpass:* Er soll es Bewerbern ermöglichen, anhand eines Rasters ihr Sprachniveau zuverlässiger selbst einzuschätzen. Das Raster definiert sechs unterschiedliche Kompetenzniveaus des Hör- und Leseverständnisses, des Sprech- und Interaktionsvermögens sowie der schriftlichen Ausdrucksfähigkeit. Das jeweilige Niveau wird im Lebenslauf unmittelbar vermerkt.
- *den europass Mobilitätspass:* Er dient der Dokumentation von Bildungsmaßnahmen, die im Ausland durchgeführt worden sind (Praktika, berufliche Aus- oder Weiterbildung, Auslandssemester an einer Hochschule). Der Auslandsaufenthalt muss bestimmte, im Ratsbeschluss festgelegte und von den Ausgabestellen überprüfte Qualitätskriterien erfüllen, um dokumentationsfähig zu sein.
- *das europass Diploma Supplement:* Das Diploma Supplement erläutert das national vergebene Abschlusszertifikat einer Hochschule. Es wird in jedem Mitgliedstaat von der Hochschule ausgestellt, die auch das Abschlusszeugnis vergibt.
- *die europass Zeugniserläuterung:* Die Zeugniserläuterungen sind allgemeingültige Erläuterungen zu verschiedenen Berufsabschlüssen. Sie werden von der im jeweiligen EU-Land zuständigen Behörde erstellt. Dieser Prozess ist zurzeit noch nicht abgeschlossen.

In jedem Mitgliedstaat der Europäischen Union koordiniert ein Nationales *Europass* Center (NEC) die Ausgabe und die Weiterentwicklung des *europass*. In Deutschland fungiert das Bundesinstitut für Berufsbildung (BIBB) in Bonn als Nationales *Europass* Center (www.europass-info.de). Das BIBB ist erste Adresse bei allen Fragen rund um den *europass*. Auf seinen Internetseiten hält es umfangreiche Informationen zum *europass*-Instrumentarium bereit.

Der *europass* Lebenslauf unterscheidet sich zwar in der Form, aber nicht wesentlich in seinen Inhalten von dem, was in Deutschland als qualifizierte Version eines Lebenslaufes gilt. Das „Umlernen" fällt daher deutschen Bewerbern nicht schwer. Anders als hiesige Lebensläufe fordert er auch zu Angaben über soziale

Fähigkeiten und Kompetenzen auf. Wer die einzelnen Dokumentationspunkte vollständig berücksichtigt, wird mit den in Deutschland üblichen zwei Seiten nicht auskommen. Der *europass*-Lebenslauf kann unter www.europass-info.de bequem heruntergeladen oder online (mit Ausfüllhilfe) ausgefüllt werden.

Persönliche Zusatzseite

Anschreiben und Lebenslauf reichen in der Regel aus, um das eigene Profil an Kenntnissen, Fähigkeiten und Erfahrungen gegenüber dem Arbeitgeber in der gebotenen Konzentration darzustellen. In der Praxis kommt es aber immer häufiger vor, dass beide Dokumente durch ein drittes Dokument ergänzt werden. Viele Bewerbungsexperten raten sogar ausdrücklich zu einer Zusatzseite. Was Inhalt dieser Zusatzseite sein soll oder kann, ergibt im Vergleich jedoch kein einheitliches Bild. Entsprechend werden auch unterschiedliche Bezeichnungen für das zusätzliche Dokument gewählt. Weil es sich um eine Anlage zu dem meist zweiseitigen Lebenslauf handelt, wird zum Teil von der „Seite drei" gesprochen; darüber hinaus finden sich Bezeichnungen wie „Qualifikationsprofil", „Leistungsbilanz" oder „Erklärungsseite".

Wann kommt eine Zusatzseite in Frage?

Weitgehende Übereinstimmung besteht darin, dass der Inhalt der Zusatzseite nicht in der Selbstbeweihräucherung des Bewerbers liegen kann. Seine hervorragenden fachlichen und persönlich-sozialen Kompetenzen hinaus zu posaunen, wäre schließlich schon im Anschreiben möglich gewesen. Wenn im Anschreiben aber der Zweck der Übung durch eitle Selbstdarstellung verfehlt wird, warum sollte er ausgerechnet mit einer Zusatzseite erreicht werden? Arbeitgeber interessieren keine selbstverliebten Sprechblasen. Über welche Schlüsselkompetenzen ein Bewerber verfügt, sollte der Arbeitgeber aus der Darstellung in Anschreiben und Lebenslauf entnehmen können: anhand der Aufgaben und Anforderungen, mit denen der Bewerber in seiner Ausbildung, im Berufsleben und privaten Bereich befasst war, und anhand der Ergebnisse, die der Bewerber selbst als „Soft Skills" aus diesen Aufgaben und Anforderungen ableitet. Abzuraten ist daher von einer Zusatzseite, die unter Überschriften wie „Wer ich bin"/„Was Sie sonst noch über mich wissen sollten"/„Zu meiner Person" nichts weiter wie hohle Phrasen auflistet:

Negativbeispiele:

„Ausdauernd und stets hoch motiviert erschließe ich mir neue Aufgabenstellungen, um Sie im Sinne des sozialstaatlichen Auftrags erfolgreich zu lösen."

„Meine Handlungsweise ist geprägt vom einfühlenden Umgang mit Menschen sowie dem Streben nach optimaler Dienstleistung."

„Die Orientierung an den bestmöglichen Leistungen ist eine Frage der Verantwortung gegenüber mir selbst und den von mir und meiner Arbeit abhängigen Menschen."

Wilma Volland
Diplom-Sozialarbeiterin
Sonnborner Str. 89, 55127 Mainz, Tel. 0 61 31/1 23 45 67

Qualifikationsprofil

Berufserfahrung

14 Jahre, davon vier Jahre in leitender Funktion bei einem großen Bildungsträger
wiederholt Lehraufträge an der Fachhochschule Mainz

Aus- und Fortbildungsschwerpunkte

Arbeitsmarktintegration
Supervision
Sozialmanagement
Qualitätsentwicklung/Qualitätsmanagement (nach EFQM)
Buchführung/Kostenrechnung
Führen und Leiten in Sozialen Organisationen

Arbeitsschwerpunkte

Individuelle Beratung und Unterstützung/Case Management
Praxisberatung/Supervision
Projektentwicklung
Koordination örtlicher Träger mit vergleichbarer Zielsetzung
Konzipierung marktfähiger Qualifizierungsmaßnahmen einschl. Kostenkalkulation für die
Teilnahme an Ausschreibungen
Personalführung
Budgetsteuerung

Besondere persönliche Stärken

Zielorientierung
Ausdauer
Verbindlichkeit

Wilma Volland

Positivbeispiel für eine persönliche Zusatzseite

Wenn man eine Zusatzseite in Betracht zieht, sollte es dafür gute Gründe geben, die auch der Empfänger Ihrer Unterlagen nachvollziehen kann. Drei Gründe könnte es geben:

Grund 1:

Sie verfügen über ein reichhaltiges Kompetenzprofil. Der Lebenslauf ist ebenso komplex wie Ihr Profil. Bei dieser Ausgangslage kann sich eine Zusatzseite anbieten, auf der Sie Ihre vielgestaltigen beruflichen Kenntnisse und Erfahrungen noch einmal übersichtlich in einfacher Form zu einem „Qualifikationsprofil" zusammenfassen. Auf diese Weise unterstützen Sie den Arbeitgeber dabei, das zuvor Gelesene „auf den Punkt" zu bringen (S. 102).

Überlegen Sie aber, ob die Zusatzseite tatsächlich einen Zusatznutzen für den Leser stiftet. Die Entscheidung für oder gegen eine solche Seite treffen Sie am besten dann, wenn Sie Anschreiben und Lebenslauf fertiggestellt haben. Magern Sie diese aber nicht künstlich ab, um sich eine Zusatzseite zu gönnen.

Grund 2:

Sie wollen bestimmte Ausschnitte Ihrer beruflichen Leistungen detailliert beschreiben. Damit der Lebenslauf nicht durch lange Aufzählungen in ein inneres Ungleichgewicht kommt, greifen Sie zu einer Zusatzseite.

Beispiel:

Sie sind Sozialforscherin und haben in den letzten sieben Jahren an einer Reihe von Untersuchungen zu verschiedenen Themenfeldern mitgewirkt. Die Vielzahl dieser Projekte können Sie im Lebenslauf unmöglich ausweisen. Es bietet sich an, die Projekte auf 2–3 Seiten übersichtlich unter der Überschrift „Forschungsaktivitäten" zu gliedern. Außer den Themen geben Sie an:

- Laufzeit
- Lehrstuhlanbindung
- Finanzierungsvolumen
- Finanzierungsträger
- Kurzer Hinweis auf das Untersuchungsziel (falls aus dem Projekttitel nicht *unmittelbar* erkennbar)
- Ihre Aufgaben
- Besondere Anforderungen

Zur Übersichtlichkeit können Sie diese Angaben auch im Querformat in Form einer Tabelle machen.

Ähnlich können Sie verfahren, wenn Sie

- Ihre Publikationen und Vorträge
- die Palette von Ihnen durchgeführter Ausstellungen, Bildungsveranstaltungen etc.

- Ihre Teilnahme an zahlreichen Fachtagungen und Fortbildungen
- Ihre Mitgliedschaften und Ehrenämter

dokumentieren möchten.

Grund 3:

Sie wollen dem Arbeitgeber etwas erklären, was Sie im Anschreiben bewusst ausgeklammert haben. Ihre Absicht ist, dass der Arbeitgeber sich zunächst Ihrem beruflich-fachlichen Profil widmet. Erst danach soll er auf Ihre Erklärung stoßen.

Dieses Vorgehen kommt z.B. in Betracht, wenn Sie über eine Behinderung verfügen, die sich im Arbeitsleben besonders auswirkt, auch wenn Sie den Anforderungen der Stelle durchaus gewachsen sind. Die Überschrift über Ihrer Zusatzseite könnte z.B. lauten: „Ein ergänzender Hinweis zu meiner Person".

Beispiel:

„Ich bin von Geburt an schwerhörig und trotz bester Hörgeräte darauf angewiesen, vom Mund abzulesen. Ich bin zu 100 Prozent als Schwerbehinderte anerkannt. Meine Hörbehinderung bedeutet: Ich kann meinen jeweiligen Gesprächspartner nur verstehen, wenn er mir beim Sprechen das Gesicht zuwendet. Bei Sitzungen habe ich ein Hilfsgerät, ein kleines Mikrofon, das herumgereicht werden muss. Damit bin ich in der Lage, Nebengeräusche auszublenden. Ich kann telefonieren, brauche dafür aber ein Spezialtelefon mit Induktionsspule, um dessen Beschaffung und Finanzierung ich mich gern kümmere. Bei meiner bisherigen Arbeitsstelle gab es keine großen Probleme mit meiner Hörbehinderung: Sowohl meine Vorgesetzte als auch die Kollegen und Kunden kamen gut damit zurecht, dass sie mit besonders deutlichen Mundbewegungen mit mir sprechen mussten. Ich gehe davon aus, dass es auch auf der von Ihnen angebotenen Stelle keine Schwierigkeiten geben wird. Die endgültige Einschätzung müssen aber Sie treffen. Ich weiß nicht, inwiefern Sie meine Hörbehinderung als Hindernis ansehen. Ich lade Sie aber herzlich ein, sich in einem persönlichen Gespräch ein Bild davon zu machen" (Beispiel entnommen aus: Engst, J.: *Professionelles Bewerben – leicht gemacht* 2005, S. 137).

Die behinderte Bewerberin nutzt hier die Zusatzseite als Chance, um über Ihre Behinderung sachlich zu informieren und diese selbstbewusst ins Spiel zu bringen. Ihre Erklärung überzeugt durch ihre Offenheit und den Hinweis, dass die Auswirkungen ihrer Hörschädigung im Arbeitsalltag begrenzt und gut handhabbar sind. Ungünstiger wäre es sicher gewesen, schon im Anschreiben mit der Tür ins Haus zu fallen. Damit hätte die Behinderung einen Stellenwert bekommen, der ihr nicht zukommt. In erster Linie geht es um die Qualifikation der Bewerberin.

Checkliste Versand

- Sind die Unterlagen vollständig?
- Sind die Unterlagen fehlerfrei (Orthografie, Sauberkeit, keine Gebrauchsspuren, gute Fotokopien)?
- Ist die Versandtasche fest und groß genug, um beim Transport nicht zu reißen?
- Stimmt die Frankierung?
- Ist die Adressierung der Versandtasche korrekt? Ist der persönliche Empfänger genannt?

Qualifiziert bewerben – Praxisbeispiele

Im Folgenden wollen wir Ihnen an konkreten Praxisbeispielen zeigen, wie Sie sich bestmöglich bewerben können. Im ersten Abschnitt sollen Sie erkennen, welche inhaltlichen Mängel und Fehler Bewerbungsschreiben haben können, auch wenn der jeweilige Verfasser davon überzeugt ist, dass er seine Aufgabe gut gemacht hat. Dazu haben wir vier Beispiele ausgewählt. Im zweiten Abschnitt zeigen wir Ihnen nicht nur typische Mängel, sondern demonstrieren an einem Beispiel, wie man Anschreiben und Lebenslauf ganz konkret verbessern kann (Vorher-Nachher-Vergleich). Grundlage unserer Bewertungen sind die Qualitätskriterien, die wir in Ihnen in diesem Kapitel präsentiert haben.

Die ausgewählten Beispiele entstammen Übungen, die wir in unseren Bewerbungstrainings mit Studierenden der Sozialen Arbeit/Sozialpädagogik in der Examensphase durchgeführt haben. So oder so ähnlich bewerben sich viele Menschen, nicht nur Berufseinsteigerinnen.

Allen Beispielen liegt dieselbe Stellenanzeige einer Gemeinde mit ca. 12.000 Einwohnern im Umland von München zugrunde (siehe S. 106). Die Stellenanzeige wurde für das Training ausgewählt, weil darin keine Spezialkenntnisse verlangt werden, denen Jobeinsteiger noch nicht entsprechen können. Das Stellenprofil setzt Fähigkeiten und Erfahrungen als Generalist voraus. Die Wahrscheinlichkeit, diesen Anforderungen wenigstens zum Teil entsprechen zu können, ist durch Praxissemester, durch studienbegleitende Praxistätigkeit oder durch einen erlernten Vorberuf durchaus gegeben. Trotzdem hängt der Korb für einen Berufseinsteiger bei dieser Joboffferte recht hoch; das zwingt im Training dazu, im eigenen Qualifikationsrepertoire gründlich nach vorweisbaren Ergebnissen zu forschen. Die Frage, ob die Gemeinde einen Berufseinsteiger für diese Stelle überhaupt in Betracht ziehen würde, ist für den hier verfolgten Zweck, die Regeln des Selbstmarketing zu erkennen, unbedeutend.

Mängel erkennen – aus Fehlern lernen

Bei den vier präsentierten Fallbeispielen geht es jeweils um das Anschreiben zu der Bewerbung. Sehen Sie sich zunächst das von den Bewerbern verfasste Original genau an. Versuchen Sie herauszufinden, was die Bewerber möglicherweise besser machen könnten. Nach jedem Anschreiben haben wir einen Kommentar eingefügt. Er soll Ihnen helfen, Ihren Blick für das Wesentliche zu schärfen.

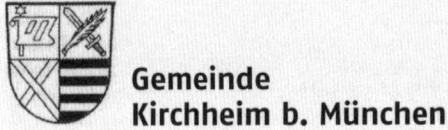

Gemeinde
Kirchheim b. München

Bei der Gemeinde Kirchheim b. München ist zum nächstmöglichen Zeitpunkt die Stelle einer/eines

Gemeindejugendpflegerin/s (30 Std.)

unbefristet zu besetzen. Es handelt sich um eine neu eingerichtete Stelle. Die/Der StelleninhaberIn ist AnsprechpartnerIn für alle Kirchheimer Kinder und Jugendlichen sowie Vereine, Initiativen, Träger und Privatpersonen, die Angebote für Kinder und Jugendliche machen. Zu den Aufgaben gehört u.a. die Vernetzung der vorhandenen Angebote sowohl in eigener als auch in fremder Trägerschaft. Sie/Er ist aber auch planend, initiierend, koordinierend, vermittelnd und unterstützend im Gesamtfeld der gemeindlichen Kinder- und Jugendarbeit tätig.

Die/Der StelleninhaberIn sollte ein Studium der Sozialpädagogik oder eine vergleichbare Ausbildung vorweisen können. Die Stelle erfordert hohe soziale und kommunikative Kompetenz, Konflikt- und Teamfähigkeit sowie Durchsetzungsvermögen und Belastbarkeit.

Die Gemeinde beschäftigt bereits eine Streetworkerin sowie einen Schulsozialpädagogen. Auch befindet sich im Gemeindegebiet ein großes Jugendzentrum, die Trägerschaft wurde vergeben.

Die Eingruppierung erfolgt in Entgeltgruppe **9/10 TVöD**. Sollten Sie bereits über entsprechende Erfahrungen in einer vergleichbaren Position verfügen, werden diese bei der Eingruppierung in angemessener Form berücksichtigt.

Wir bieten die üblichen Sozialleistungen des öffentlichen Dienstes. Schwerbehinderte werden bei gleicher Eignung bevorzugt eingestellt. Schriftliche Bewerbungen mit den üblichen Unterlagen sind bis zum 26.1.2007 an die Gemeindeverwaltung, Herr Maierhofer, Münchner Str. 6, 85551 Kirchheim b. München, zu richten. Für Auskünfte steht Ihnen Herr Maierhofer unter ☎ 0 89/12 34 56 78 gerne zur Verfügung.

Stellenanzeige

Beispiel 1: Jan Schoelemann

Sehr geehrter Herr Maierhofer,

[1] Bezug nehmend auf das Telefonat vom 09.01.07 übersende ich Ihnen hiermit meine Bewerbungsunterlagen.

[2] Ich studiere derzeit im 7. Semester Soziale Arbeit an der Hochschule Niederrhein und werde im Juli 2007 mein Diplom erwerben. [3] Ich bin 23 Jahre alt und besitze den Führerschein Kl. 3.

[4] Während meines Studiums habe ich vor allem in verschiedenen Praktika Erfahrungen u. a. in den Bereichen Organisation, Kundenbetreuung und Vernetzung gemacht.

[5] Durch mein Wissen und Engagement kann ich Ihr Unternehmen zukünftig bei Aufgaben der Kinder- und Jugendarbeit und der Vernetzung Ihrer Angebote unterstützen.

[6] Ich freue mich, Sie und die Gemeindeverwaltung Kirchheim b. München bei einem Vorstellungsgespräch persönlich kennen zu lernen.

Mit freundlichen Grüßen

Jan Schoelemann

Kommentar:

[1] Ein recht förmlicher und nüchterner Einstieg. Nutzen Sie die Chance, eine Verbindung zu dem Adressaten herzustellen, z. B. indem Sie sich für das Gespräch noch einmal bedanken. Qualifizieren Sie das Gespräch („informativ", „freundlich", „motivierend" etc.).

[2] Dieser Satz könnte vorschnell Ihr Aus bedeuten. Sie teilen bereits eingangs mit, dass Sie Ihr Studium erst in einem halben Jahr beenden werden. Klüger wäre es, zunächst mit Ihrem Kapital zu werben und erst dann mitzuteilen, dass Sie erst zu einem späteren Zeitpunkt zur Verfügung stehen können.

[3] Bedenken Sie, ob Sie Ihre Selbstdarstellung mit der Information beginnen wollen, dass Sie über einen Führerschein verfügen, auch wenn dieser für Ihre Einsatzfähigkeit wichtig ist. Hier stimmt aber die Gewichtung nicht. Vorrangig sind Ihre fachlichen Kenntnisse, Fähigkeiten und Erfahrungen. Diese müssen in den Vordergrund treten.

[4] Ein schnell hingeschriebener Satz, der nicht deutlich macht, was Sie wirklich können und woraus Sie Ihre Erfahrungen ableiten. Eine so magere Selbstdarstellung reicht nicht aus.

[5] Ein inhaltsleerer Füllsatz. Außerdem ist eine Gemeinde kein Unternehmen.

[6] Lassen Sie die Gemeindeverwaltung weg, es liest sich merkwürdig.

Gesamtbewertung:

Starke Verbesserungsmöglichkeiten. Hauptsächlicher Fehler: Sie schildern nicht, was Sie aus Ihrer Sicht für die Stelle geeignet macht. Dazu müssten Sie die Anforderungen der Stelle zur Kenntnis nehmen und diese mit Ihren Fähigkeiten und Erfahrungen abgleichen. Das geschieht nicht. Das Schreiben wirkt wie ein Standardschreiben, bei dem einzelne Wörter auf dem PC ausgetauscht worden sind. Die Chance, mit diesem Anschreiben zum Vorstellungsgespräch eingeladen zu werden, ist gering.

Beispiel 2: Heike Peters

Sehr geehrter Herr Maierhofer,

[1] wie ich feststellen konnte, verfügt ihre Gemeinde über ein breites Leistungs-
band an guter Kinder- und Jugendarbeit. [2] Die damit verbundene berufliche
Aufgabe, die Sie in Ihrer Anzeige vom 06.01.2007 beschreiben, ist für mich besonders interessant.

[3] Zurzeit studiere ich an einer im Hochschulranking führenden Fachhochschule
für Sozialwesen in Mönchengladbach. [4] Diese werde ich im Sommersemester mit
den Abschlüssen des Dipl.-Sozialarbeiters/Sozialpädagogen verlassen. [5] Studiums-
begleitend bin ich in einer Einrichtung der erzieherischen Hilfe tätig.

[6] Meine beruflichen und schulischen Ausbildungen und Erfahrungen entsprechen Ihrem Anforderungsprofil des Gemeindejugendpflegers.

[7] Ich freue mich, Sie bei einem Vorstellungsgespräch persönlich kennen zu lernen.

Mit freundlichen Grüßen

Heike Peters

Kommentar:

[1]   Seien Sie sehr vorsichtig mit solchen Anbiederungen, vor allen Dingen, wenn
      Sie sachlich gar nicht zutreffen. Die Gemeinde Kirchheim ist eine kleinere
      Landgemeinde, die nur über ein begrenztes Angebot an Leistungen der Kin-
      der- und Jugendhilfe verfügt. Dass es sich um „gute" Angebote handelt,
      können Sie als Bewerberin kaum wissen. Daher ein klarer Fall von Schmei-
      chelei, die nicht gut ankommt.
[2]   Vermeiden Sie grundsätzlich das Adjektiv „interessant", um Ihr Bewer-
      bungsmotiv zu erklären. „Interessant" sagt so gut wie nichts. Außerdem:
      Was bedeutet die Steigerung „besonders interessant"? Sagen Sie genauer,
      was Sie konkret an dieser Stelle reizt. Der Hinweis auf die Anzeige gehört in
      die Betreffzeile.
[3][4] Es ist schön, dass Sie an einer „guten Hochschule" studieren. Das sagt
      aber wenig über Sie selbst aus. Es wirkt sogar peinlich, wenn Sie die „gute
      Hochschule" vorschieben. Man fragt sich, ob Sie nichts anzubieten haben?
      Und: Wenn Sie sich mit Ihrer Hochschule so identifizieren: Warum kennen
      Sie deren korrekten Eigennamen nicht?
[5]   Das sagt dem Empfänger nur wenig, schon gar nicht, was Sie können, und
      was Ihr Können mit den Anforderungen der Stelle zu tun hat.
[6]   Dieser Satz ist garantiert Ihr persönlicher Knock-out. Sie versäumen hier
      darzulegen, wie Ihre Fähigkeiten mit den Stellenanforderungen zusammen
      passen.
[7]   Ein typischer Schlusssatz, der nicht zu beanstanden ist.

Gesamtwertung:

Ihr Schreiben bewirbt Sie nicht. Es wirkt inhaltsleer und lustlos. Es könnte im Grunde durch ein kleines Haftetikett mit der Aufschrift „z.Hd. Herrn Maierhofer" ersetzt werden. Ihr Bewerbungsmotiv bleibt unklar. Das Ziel wird insgesamt eindeutig verfehlt.

Beispiel 3: Stephanie Weber

Sehr geehrter Herr Maierhofer,

[1] Ihre Anzeige vom 06.01.2007 in „Die Zeit" las ich mit großem Interesse.

[2] Ende Februar 2007 schließe ich mein Studium als Diplom-Sozialarbeiterin/Sozialpädagogin ab.

[3] Eine Gemeindejugendpflegerin zeichnet sich besonders durch ihre Fähigkeit zu vernetzen, zu organisieren und zu kommunizieren aus. [4] Meine Stärken entsprechen Ihrem Anforderungsprofil. [5] Während meines Praxissemesters konnte ich Erfahrungen innerhalb des Sozialen Dienstes des Jugendamtes sammeln. [6] Die Tätigkeit des Vernetzens sprach mich besonders an. [7] Außerdem war es mir in meiner Arbeit auf dem Abenteuerspielplatz möglich, gruppendynamische Prozesse zu initiieren und zu begleiten. [8] Durch meine Kenntnisse möchte ich die Kinder- und Jugendarbeit innerhalb Ihrer Gemeinde bereichern.

[9] Über die Einladung zu einem persönlichen Gespräch freue ich mich.

Mit freundlichen Grüßen

Stephanie Weber

Kommentar:

[1]   Eine Standardeinleitung, die sicher „korrekt" ist, aber genauso gut entfallen könnte, wenn Sie die Fundstelle der Anzeige in die Betreffzeile übernehmen.

[2]   Dieser Hinweis ist hier in Ordnung, weil Ihr Studienende nahe bei dem Zeitpunkt liegt, zu dem die Stelle besetzt werden soll (vermutlich der 1.04.2007). Der Satz sollte allerdings hinter Satz [8] stehen. Schildern Sie zunächst, was Sie können, und nicht dass Sie Berufsanfängerin sind.

[3]   Streichen Sie solche Sätze, denn der Empfänger kennt ganz gewiss seine Anforderungen.

[4]   Für diese Behauptung liefert Ihr Anschreiben keine nachvollziehbare Begründung. Ziehen Sie solche Schlussfolgerungen allenfalls dann, wenn Sie zuvor die entsprechenden Belege angeführt haben. Sie könnten den Schluss aber auch getrost dem Empfänger überlassen. Wenn Sie seine Anforderungen erfüllen, wird er die gewünschte Erkenntnis ganz von selbst entwickeln.

[5]–[7] Hier wäre darzulegen, was Sie aus dieser Tätigkeit im Sozialen Dienst des Jugendamtes für die neue Stelle verwerten können. Immerhin haben Sie doch die Zielgruppe Kinder- und Jugendliche in ihrem familiären Kontext kennen gelernt. Sie haben sich von Amts wegen um das Wohl der Kinder in Familie und Schule gekümmert, haben mithin deren Bedürfnisse und Rechte vertreten. Sie haben zwischen Kindern und Eltern vermittelt, ebenso zwischen Eltern und Schule. Sie haben im Zusammenwirken mit Dritten (Kindergarten, Schule, Beratungsstellen …) individuelle Hilfepläne erarbeitet und verbindlich vereinbart; dies bedeutet, Ziele zu setzen und Ihre Erreichung zu überwachen. Sie waren als Semesterpraktikantin Zaungast in Fachgremien (z. B. der Arbeitsgemeinschaft „Sexueller Missbrauch"). Sie haben den Jugendhilfeausschuss kennen gelernt, haben viel mit freien Trägern zusammengearbeitet, auch deren gelegentlich schwierige Zusammenarbeit mit dem Jugendamt beobachten können. Dabei konnten Sie feststellen, dass Sie auch auf dieser Ebene mit Konflikten sachlich-konstruktiv umgehen konnten. Sie haben Verwaltungserfahrung sammeln können etc. Dieses alles könnte Teil Ihrer Ausführungen sein! Satz [6], unter dem man sich kaum etwas vorzustellen vermag, könnte bei diesem Vorgehen entfallen. Satz [7] setzt einen falschen Akzent. Es geht bei der angestrebten Stelle nicht um die Initiierung von Gruppenprozessen. Für den Empfänger lägen Sie vermutlich näher an seinen Anforderungen, wenn Sie mitteilten, dass Sie in der offenen Kinder- und Jugendarbeit auf einem Abenteuerspielplatz über längere Zeit Erfahrungen und Sicherheit in der Gruppenarbeit sammeln konnten. Das hat einen etwas anderen Zungenschlag.

[8]   Dieser Satz könnte mehr Selbstbewusstsein in sich haben. „Ich bin überzeugt davon, dass …".

[9]   Dieser Satz ist zwar auch ein Standardsatz; im Gegensatz zu den langweilig-bürokratisch wirkenden Einleitungsformeln („Hiermit bewerbe ich mich …") betont er aber nicht einen Vorgang, sondern den emphatischen Wunsch einer Person. So schaffen Sie eine Verbindung zwischen Bewerberin und Empfänger.

Gesamtbewertung:

Ihr Anschreiben schöpft Ihr persönliches Kapital bei Weitem nicht aus. Es fehlt die eindeutige Bezugnahme auf das Wunschprofil des Stellenanbieters.

Beispiel 4: Marc Löbben

Sehr geehrter Herr Maierhofer,

[1] sehr interessiert habe ich Ihre Stellenanzeige zur Gemeindejugendpfleger/in am 06.01.08 in „Die Zeit" gelesen.

[2] Seit meiner eigenen Jugend bin ich auf ehrenamtlicher Ebene in der Kinder- und Jugendarbeit engagiert. [3] Deshalb habe ich das Studium der Sozialen Arbeit gewählt.

[4] Während meines Studiums hatte ich die Möglichkeit, in verschiedene Bereiche der Sozialen Arbeit Einblick zu nehmen, wie z. B. die Altenarbeit, die Arbeit mit Menschen mit psychischer Erkrankung oder geistiger Behinderung. [5] Anhaltend ist mir aber immer wieder bewusst geworden, dass mir die Arbeit mit Kindern und Jugendlichen sehr am Herzen liegt.

[6] Besonders während meines Praxissemesters im Allgemeinen Sozialen Dienst des Jugendamtes ist mir deutlich geworden, wie wichtig Angebote für Kinder und Jugendliche sind.

[7] Durch die mehrfache Ausführung und Planung von Ferienfreizeiten, Festlichkeiten und regelmäßigen Angeboten, hauptsächlich in der ehrenamtlichen Kirchenarbeit, ist mir die Organisation, Koordination und Durchführung verschiedener Projekte sehr vertraut.

[8] Meinen Abschluss als Diplom-Sozialarbeiterin/Diplom-Sozialpädagogin werde ich voraussichtlich im März erhalten.

[9] Ich würde mich sehr freuen, mich Ihnen in einem persönlichen Gespräch vorstellen zu dürfen.

Mit freundlichen Grüßen

Marc Löbben

Kommentar:

[1]   Setzen Sie den Fundort der Anzeige in die Betreffzeile. Dies erleichtert die richtige Zuordnung Ihrer Bewerbung. Wie alle Standardformeln dieser Art ist sie nichtssagend. Positiv aber: Durch die Voranstellung des „sehr interessiert habe ich" wird die Stärke der Motivation ausgedrückt. Wird dieser Einleitungssatz gewählt, sollte er eine Ergänzung erfahren: Was hat Sie an der Anzeige so vehement angesprochen?

[2]   Der Zusatz „ehrenamtlich" sollte entfallen. Er mindert assoziativ die Bedeutung des Engagements. Man liest schnell „nur ehrenamtlich".

[3]   Die logische Verknüpfung („Deshalb") unterstreicht positiv Ihr ernsthaftes Interesse an der Kinder- und Jugendarbeit.

[4]   Diesen guten Einstieg konterkarieren Sie nun, indem Sie nun völlig abrupt von Kindern zu alten Menschen mit Beeinträchtigungen wechseln. Hier ist Ihr Ziel nicht klar: Sie wollen offensichtlich deutlich machen, dass Sie Berührungspunkte auch zu anderen Zielgruppen hatten. Darum geht es aber nicht. Wenn Sie Ihre Altenarbeit ins Spiel bringen wollen, müssen Sie klar machen, was sich daraus für die angestrebte Aufgabe Kinder- und Jugendarbeit ableiten lässt. Das könnten z. B. methodische Fertigkeiten sein; das könnte Ihr Einfühlungsvermögen sein; Sie könnten gelernt haben, auf die Bedürfnisse und Wünsche der jeweiligen Zielgruppe besonders zu achten; Sie könnten gelernt haben, Angebote zu planen etc. Im Vordergrund steht also nicht die Frage „Was habe ich bisher beruflich gemacht?", sondern „Was kann ich aus meinen beruflichen Erfahrungen in die angestrebte neue Aufgabe einbringen?" So machen Sie für einen Dritten sichtbar, dass alte

Menschen und junge Menschen keinen Gegensatz darstellen, sondern dass ein Sozialpädagoge, der mit alten Menschen gearbeitet hat, eine ganze Menge für die Arbeit mit jungen Menschen gelernt hat.

[5]   Hier springen Sie erneut, jetzt aber wieder zurück, und das mit einem Füllsatz. Seine Botschaft haben Sie bereits oben verkündet.

[6]   Erneut ein Füllsatz. Füllen Sie ihn inhaltlich auf, indem Sie aufzeigen, was die Arbeit im Allgemeinen Sozialen Dienst des Jugendamtes mit der Stelle in Kirchheim verbindet. Lassen Sie sich dazu durch unsere Ausführungen in Beispiel 3 (Sätze 5–7) anregen.

[7]   Hier beziehen Sie sich klar auf die Anforderungen des Arbeitgebers. Von solchen Sätzen könnte es nach unseren bisherigen Ausführungen einige mehr geben.

[8]   Anders als in Beispiel 3 steht diese Information an der richtigen Stelle. Zuerst beschreiben Sie Ihr Können, erst dann sagen Sie, dass Sie noch am Anfang ihrer beruflichen Karriere stehen. Sollte diese Information nicht gerne gelesen werden, so konnten Sie es nicht verhindern. Schreiben Sie aber statt „mehrfach" besser „wiederholt", „kontinuierlich", „regelmäßig" etc. Nutzen Sie die Feinheiten der deutschen Sprache.

[9]   Eine so unterwürfige Formulierung haben Sie nicht nötig und kommt nicht gut an. Sagen Sie selbstbewusst, dass Sie sich auf ein persönliches Vorstellungsgespräch freuen (weitere Vorschläge finden Sie in diesem Kapitel).

Gesamtbewertung:

Sie haben als Jobeinsteiger einiges anzubieten, Ihr persönliches Marketing könnte dem aber viel besser gerecht werden.

Fazit:

Es gelingt keinem der vier Bewerber/innen, das eigene Kapital an Kenntnissen und Erfahrungen differenziert zu orten und es entlang der Stellenanforderungen (und darüber hinaus) aktiv zu vermarkten. Weil das Know-how fehlt und offenkundig zu wenig Zeit in die Qualität des Anschreibens investiert wurde, werden die persönlichen Chancen bei Weitem nicht ausgeschöpft. Die Wahrscheinlichkeit, sich gegen eine Vielzahl von Mitbewerber/innen erfolgreich durchzusetzen, ließe sich erheblich steigern.

Wie Sie es besser machen können

An dem Beispiel von Veronica Manteuffel zeigen wir Ihnen nun, wie man Anschreiben und Lebenslauf deutlich verbessern kann, so dass nicht nur die Anforderungen der Stelle berücksichtigt werden, sondern auch das eigene Fähigkeits- und Erfahrungspotenzial bestmöglich herausgearbeitet wird. Auch Frau Manteuffel befindet sich in der Endphase ihres Studiums der Sozialen Arbeit/ Sozialpädagogik. Sie ist demzufolge Berufsanfängerin. Es geht um die bereits bekannte Stellenausschreibung (S. 106).

Schauen wir uns zunächst den Lebenslauf von Frau Manteuffel an.

Lebenslauf „Vorher"

Lebenslauf

Persönliche Daten[1]

Name	Veronica Manteuffel	Geburtsort	Radolfzell
Adresse	40211 Düsseldorf Schäringer Str. 37	Familienstand	ledig
Tel.	02 11/1 23 45 67	Konfession	katholisch
Geburtsdatum	25. 3. 1980		

Studium[2]

seit 09-2003	Studium der Sozialen Arbeit/Sozialpädagogik an der Hochschule Niederrhein, Mönchengladbach

Praktika[2]

07-2006–08-2006	Praktikum in der Demenzberatung des Caritasverbandes Düsseldorf
09-2005–01-2006	Praktikum in der Drogenhilfe e. V. Düsseldorf
08-1998–10-1998	Praktikum im Hort Blumenthalstr. der Ev. Kirchengemeinde Singen (sozialer Brennpunkt)

Berufspraxis[2]

09-2001–07-2003	Maschinenführerin im Verpackungsbereich des Pharmakonzerns NovaMed AG, Düsseldorf
09-2000–08-2001	Ergänzungskraft im Kindergarten der Elterninitiative „Sonneninsel e. V.", Singen
09-1999–08-2000	1-jähriges Anerkennungsjahr in der Elterninitiative „Sonneninsel e. V.", Singen

Ausbildungsdaten[3]

Berufsausbildung

09-1997–08-1999	Berufskolleg für Sozialpädagogik in Radolfzell Berufsabschluss: Staatlich anerkannte Erzieherin
09-1996–08-1997	1-jähriges Berufskolleg für Praktikant/innen in Radolfzell

Schulausbildung

08-1990–06-1996	Realschule Radolfzell
09-2001–12-2002	Abschluss: Mittlere Reife Teilnahme am Telekolleg II der VHS Düsseldorf während der Tätigkeit als Maschinenführerin bei der NovaMed AG Düsseldorf Abschluss: Fachhochschulreife

Weiterbildung/Besondere Kenntnisse[4]

Gesprächsführung	klientenzentrierter Ansatz nach Rogers, Konfliktmanagement
EDV	Powerpoint, Word
	Studienseminar zur interkulturellen Pädagogik im Diakonischen Bildungswerk Köln

Düsseldorf, 07.01.2007   *Veronica Manteuffel* [5]

Kommentar:

[1] Das Nebeneinanderstellen der Daten wirkt nicht sehr schön. Es fehlt außerdem die E-Mail-Adresse.

[2] Die Angaben zu Studium, Praktika und Berufspraxis sind nicht spezifisch genug, um die Bewerbung optimal zu unterstützen. Aus den Angaben zum beruflichen Werdegang sollte möglichst hervorgehen, durch welche Aufgaben, Erfahrungen und Schwerpunktsetzungen die jeweilige Zeitphase gekennzeichnet war. Hervorzuheben sind Merkmale, die am ehesten zu den Anforderungen der ausgeschriebenen Stelle passen.

[3] Sofern Noten von Ausbildungsabschlüssen präsentabel sind, sollten diese im Lebenslauf erwähnt werden.

[4] Der Umfang der Fortbildungsmaßnahmen (z.B. 30 Stunden) ist ebenso wenig ersichtlich wie der Zeitpunkt.

[5] Die Hilfslinie für die Unterschrift sollte entfallen.

Lebenslauf „Nachher"

Lebenslauf

Persönliche Daten

Veronica Manteuffel
Schäringer Str. 37
40211 Düsseldorf
geb. am 25.3.1980 in Augsburg
ledig
katholisch
Tel. 0211/1234567
E-Mail: Veronica.Manteuffel@netmall.de

Studium

seit 09-2003	**Studium der Sozialen Arbeit/Sozialpädagogik an der Hochschule Niederrhein, Mönchengladbach** Voraussichtliches Studienende: Februar 2007 Besondere Interessen: • Hilfen zur Erziehung, Jugendsozialarbeit, Drogenarbeit

Praktika

07-2006–08-2006	**Praktikum in der Erziehungsberatung des Caritasverbandes Düsseldorf** • Mitwirkung an Erstgesprächen • Terminorganisation
09-2005–01-2006	**Praxissemester in der Drogenhilfe e.V. Düsseldorf** • Einzelgespräche, Gruppenarbeit • Konzeption und Durchführung von Aufklärungsaktionen in Schulen • Überarbeitung einer Informationsschrift
08-1998–10-1998	**Praktikum im Hort Blumenthalstr. der Evangelischen Kirchengemeinde Singen (Sozialer Brennpunkt)**

Berufspraxis

09-2001–07-2003	**Maschinenführerin im Verpackungsbereich des Pharmakonzerns NovaMed AG, Düsseldorf** (zur Sicherung des Lebensunterhalts während des Telekollegs II) • Arbeitsorganisation, Terminierung • Anlernen neuer Mitarbeiter/innen • Koordination mit der Produktion • Bedienung/Überwachung diverser Maschinen
09-2000–08-2001	**Ergänzungskraft im Kindergarten der Elterninitiative „Sonneninsel e.V.", Singen**

09-1999–08-2000	**Berufspraktikantin in der Elterninitiative „Sonneninsel e. V.", Singen**
	• Pädagogische Unterstützung der Gruppenleitung
	• Planung und Durchführung von Bewegungserziehung
	• Gruppenarbeit zum Thema „Wahrnehmung"

Ausbildungsdaten

	Berufsausbildung
09-1997–08-1999	Berufskolleg für Sozialpädagogik in Radolfzell Berufsabschluss: Staatlich anerkannte Erzieherin Abschlussnote: sehr gut
09-1996–08-1997	1-jähriges Berufskolleg für Praktikant/innen in Radolfzell

	Schulausbildung
08-1990–06-1996	Realschule Radolfzell Abschluss: Mittlere Reife Abschlussnote: gut
09-2001–12-2002	Teilnahme am Telekolleg II der VHS Düsseldorf während der Tätigkeit als Maschinenführerin bei der NovaMed AG Düsseldorf Abschluss: Fachhochschulreife Abschlussnote: gut

Weiterbildung/Besondere Kenntnisse

02-2004	Klientenzentrierte Gesprächsführung nach Rogers (zwei Wochenendseminare)
09-2004	Konfliktmanagement (Wochenendseminar)
10-2005	EDV-Schulung in Powerpoint, Word
03-2006–06-2006	Studienseminar zur interkulturellen Pädagogik im Diakonischen Bildungswerk Köln (3 Wochenenden)

Düsseldorf, 07.01.2007   *Veronica Manteuffel*

Kommentar:

Der Lebenslauf stellt die besonderen Aufgaben, Kenntnisse und Erfahrungen heraus, die der Arbeitgeber mit seinem Stellenprofil in Beziehung setzen kann, ohne lange in den beigefügten Unterlagen forschen zu müssen. Die Erläuterungen werden durch Spiegelstriche zusätzlich betont. Die oben kritisierten Mängel der Originalfassung (fehlende Angaben, Fehlgestaltung) sind damit ausgebessert. Ggf. kann ein Foto eingebracht werden.

Das Anschreiben „Vorher"

Gehen wir nun zu dem Anschreiben über. Die Kenntnisse, Fähigkeiten und Erfahrungen, die Frau Manteuffel in ihrer Biografie gesammelt hat, hat sie in Ihrem Bewerbungsschreiben folgendermaßen zu Papier gebracht:

Veronica Manteuffel
Schäringer Str. 37
40211 Düsseldorf
Tel.: 02 11/1 23 45 67

Gemeindeverwaltung
z. Hd. Hr. Maierhofer
Münchner Straße 6
85551 Kirchheim b. München
Düsseldorf, 07. 01. 2007

Bewerbung als Gemeindejugendpflegerin
Ihr Stellenangebot vom 06. 01. 2007 in „Die Zeit"

Sehr geehrter Herr Maierhofer,

ich bin sehr an einer Tätigkeit als Gemeindejugendpflegerin interessiert und fühle mich
durch Ihr Stellenangebot angesprochen.

Zurzeit absolviere ich das 8. Semester des Studiengangs „Soziale Arbeit" an der Hochschule
Niederrhein in Mönchengladbach. Das Studium werde ich voraussichtlich am 15. 02. 2007
abschließen.

Durch meine Tätigkeiten im sozialen Bereich verfüge ich über vielfältige Erfahrungen in der
Zusammenarbeit mit unterschiedlichen Zielgruppen und Trägern. Meine weiteren Stärken
sind Organisations- und Teamfähigkeit sowie Flexibilität. Im Bereich der Öffentlichkeits-
arbeit konnte ich ebenfalls Kenntnisse sammeln und einsetzen.

Ich stelle mich sehr gerne in einem persönlichen Gespräch bei Ihnen vor.

Mit freundlichem Gruß

Veronica Manteuffel

Veronica Manteuffel

Anlagen

Kommentar:

Es handelt sich um ein Standardanschreiben, wie wir es weiter oben schon kennen
gelernt haben. Ein aktives Selbstmarketing ist kaum zu erkennen. Auf das Stellenprofil wird nur oberflächlich Bezug genommen. Das eigene Kompetenzprofil wird
nicht an Erfahrungen festgemacht, sondern als gegeben hingestellt. Frau Manteuffel läuft Gefahr, dass Ihre Bewerbung bei großer Nachfrage in der Masse ähnlich
abgefasster Schreiben untergeht.

Das Anschreiben „Nachher"

Das Anschreiben von Frau Manteuffel hat vor allem inhaltlich deutlich zugelegt. In eckiger Klammer haben wir hinzugefügt, auf welche der Stellenanforderungen sich die jeweilige Ausführung beziehen lässt bzw. was die Bewerberin ergänzend in die Stelle einbringen kann.

Veronica Manteuffel
Schäringer Str. 37 – 40211 Düsseldorf – Tel.: 02 11/1 23 45 67

Gemeindeverwaltung
Herr Maierhofer
Münchner Straße 6
85551 Kirchheim b. München

Bewerbung als Gemeindejugendpflegerin
Ihr Stellenangebot vom 06. 01. 2007 in „Die Zeit"

Düsseldorf, 7. 01. 2007

Sehr geehrter Herr Maierhofer,

Kinder- und Jugendarbeit in Kirchheim verantwortlich mitzugestalten ... diese Aufgabe würde ich sehr gerne übernehmen!

In wenigen Wochen beende ich mein Studium der Sozialen Arbeit, wo ich gezielt Schwerpunkte im Bereich der Kinder- und Jugendhilfe gesetzt habe *[Bezug zur Zielgruppe]*. In studienbegleitenden Praktika habe ich Erfahrungen in der Gesprächsführung *[Kommunikative Kompetenz]*, in sozialpädagogischer Gruppenarbeit *[Erfahrungen im Umgang mit der Zielgruppe]* und in der Zusammenarbeit mit externen Partnern (z. B. Schulen) sammeln können *[Koordination, Vernetzung]*. Erste Erfahrungen habe ich auch mit der schriftlichen Präsentation von Aufgaben und Ergebnissen gesammelt *[kommunikative Kompetenz]*.

Bereits in meinem früheren Beruf als Erzieherin habe ich die Fähigkeit bewiesen, auf Kinder und Eltern mit unterschiedlichen Erwartungen, Bedürfnissen und kulturellem Lebenshintergrund zuzugehen *[soziale, kommunikative und interkulturelle Kompetenz]*. Wer Kinder und Jugendliche mag, sollte nicht nur standfest sein *[Durchsetzungsvermögen]* und einigermaßen starke Nerven haben *[Belastbarkeit, die in diesem Arbeitsfeld selbsterklärend ist]*; er sollte auch bereit sein, Kinder altersgemäß an der Gestaltung ihres Alltags zu beteiligen *[Ansprechpartner/in, vermittelndes Arbeiten, Teamfähigkeit]*. Diese Anforderungen habe ich auch nach Einschätzung meiner Vorgesetzten und Kolleginnen gut gemeistert. Als Ergänzungs- und Vertretungskraft in wechselnden Gruppen waren insbesondere Teamfähigkeit *[Teamfähigkeit]* und Flexibilität von mir gefordert. Mit vielen eigenen Ideen habe ich an der Ausarbeitung und Koordination von Tages-, Wochen- und Jahresplänen im Kollegenkreis aktiv mitgearbeitet *[Planung, Koordination, Initiative]*.

Die zielgerichtete Zusammenarbeit mit anderen Institutionen (Schule, Erziehungsberatungsstelle, Gesundheitsamt etc.) spielt auch in der Kindergartenarbeit eine zunehmend wichtige Rolle *[Vernetzung; Schulkontakte]*. Meine vorübergehende Tätigkeit in der gewerblichen Wirtschaft hat mir überdies gezeigt, dass ich auch unter Zeitdruck mit klaren Ergebniszielen gut zurecht komme *[Leistungsorientierung, Belastbarkeit]*. Auf das geschilderte Fundament an Fähigkeiten und Erfahrungen kann ich als Gemeindejugendpflegerin unmittelbar bauen.

Ich freue mich sehr darauf, von Ihnen zu hören.

Mit freundlichen Grüßen

Veronica Manteuffel

Anlagen

Das überarbeitete Schreiben ist kein Standardbrief mehr, sondern ein Unikat. Schon der Einstieg stimmt. Die aufgewendete Mühe zeigt, dass Frau Manteuffel entschlossen ist, die angebotene Stelle zu übernehmen, und dass Sie auch als Einsteigerin in den neuen Beruf der Sozialarbeiterin über einige Ressourcen verfügt. An die Stelle einer Null-Acht-Fünfzehn-Bewerbung hat sie aktives Selbstmarketing gesetzt. Das geht bei einer solchen Stelle nicht in drei Sätzen. Sie wirbt für sich, indem sie dem Empfänger ihrer Botschaft geschickt, gut begründet und ohne Phrasendrescherei darlegt, was sie für die ausgeschriebene Stelle mitbringt. Dazu geht sie gezielt auf die Stellenanforderungen ein. Ob ihr Angebot ausreicht, muss der Arbeitgeber entscheiden. Ihren Darlegungsspielraum hat Frau Manteuffel jedenfalls optimal ausgeschöpft, ohne Selbstbelobigungen, ohne haltlose Beteuerungen und ohne unglaubwürdige Verdrehungen.

7 Initiativbewerbung – Bewerben auf Verdacht

Initiativbewerbungen sind Bewerbungen, denen weder ein veröffentlichtes Stellenangebot noch ein Stellennachweis der Arbeitsagentur zugrunde liegt. Deshalb nennt man sie oft auch Blindbewerbungen oder Bewerbung auf Verdacht. Wer sich blind bewirbt, tut dies vor allem in der Erwartung, bei einer zukünftigen Stellenbesetzung präsent zu sein.

Macht eine Initiativbewerbung Sinn?

Wer nicht nur auf Stellenanzeigen antwortet, sondern auch Initiativbewerbungen in seine individuelle Arbeitsplatzsuche einbezieht, möchte die spezifischen Vorteile dieser Bewerbungsstrategie für sich nutzen:

- Der Bewerber erscheint als Person, die nicht zuwartet, bis sich eine günstige berufliche Chance ergibt, sondern mit ihrer aktiven Stellensuche ein hohes Maß an Eigeninitiative zeigt.
- Der Bewerber muss sich nicht in eine große Zahl von Mitbewerber/innen einreihen, die gleichzeitig um dieselbe Stelle konkurrieren. Er läuft gewissermaßen „außer der Reihe". Das sichert der Bewerbung eine vergleichsweise größere Beachtung.
- Der Bewerber hat die Chance, bei einer frei werdenden Stelle von dem Arbeitgeber unmittelbar angesprochen zu werden.
- Enthält der Fundus des Arbeitgebers im Bedarfsfall genügend geeignete Bewerber/innen, wird er u. U. auf eine Stellenausschreibung gänzlich verzichten. In diesem Fall verschafft die unaufgeforderte Bewerbung Zugang zu einem Auswahlverfahren, an dem der Bewerber sonst mangels Ausschreibung nicht hätte teilnehmen können.

Trotz dieser vorteilhaften Seiten einer Initiativbewerbung gehen die Meinungen der Fachleute über die Erfolgsaussichten dieser Strategie auseinander. Zum Teil gelten Initiativbewerbungen als Verschwendung von Zeit und Geld; das Verhältnis zwischen dem – je nach Stelle – nicht geringen Aufwand einer Initiativbewerbung und dem zu erwartenden Ertrag sei gerade bei Initiativbewerbungen denkbar schlecht. Andere Experten gehen demgegenüber davon aus, dass zumindest in der gewerblichen Wirtschaft 20–30 Prozent der Arbeitsplätze über Initiativbewerbungen vergeben werden. Offensichtlich fehlt es an zuverlässigen Erkenntnissen, ob bzw. in welchen Fällen oder Situationen sich eine Initiativbewerbung tatsächlich als aussichtsreiches Vorgehen empfiehlt.

Dass man bei einer Initiativbewerbung einige Geduld braucht, bevor sich ein Erfolg einstellt, liegt auf der Hand; es dürfte eher Zufall sein, dass bei einem Anstellungsträger gerade eine Stelle besetzt werden soll, die zum eigenen Qualifikationsprofil bestens passt. Erst recht ist unwahrscheinlich, dass es gelingen könnte, durch das eigene Angebot eine Nachfrage auf Seiten des Arbeitgebers überhaupt erst zu erzeugen. Im öffentlichen Sektor kommt der Umstand hinzu, dass der Arbeitgeber zur internen oder öffentlichen Ausschreibung seiner Stellen verpflichtet sein kann. In diesem Fall kann er auch auf eine noch so willkommene Initiativbewerbung nicht mit einer freihändigen Einstellungszusage antworten. Am Ende muss sich der Initiativbewerber dann doch in den allgemeinen Bewerberstrom einreihen. Immerhin: Er steht auf einem gutem Platz. Denn der Arbeitgeber wird sich an die von hohem Eigenengagement getragene Initiativbewerbung vermutlich erinnern. Dem kann man im Übrigen nachhelfen, indem man in seinem Anschreiben auf das schon früher geäußerte Interesse an einer Mitarbeit ausdrücklich hinweist.

Anders als bei öffentlich-rechtlichen Anstellungsträgern besteht bei freigemeinnützigen oder gewerblichen Dienstleistern allenfalls eine intern vereinbarte Ausschreibungspflicht. Besteht eine solche Selbstbindung nicht, ist im Einzelfall durchaus mit dem Verzicht auf eine öffentliche Ausschreibung zu rechnen. Immerhin ist jede Ausschreibung mit zeitlichem und finanziellem Aufwand verbunden, den gerade kleinere Arbeitgeber gerne vermeiden möchten. Viele Ausschreibungen führen außerdem zu einer Flut an Bewerbungen, deren Sichtung und Bearbeitung enorme Personalressourcen bindet. Warum sollte man sich dem aussetzen, wenn man davon ausgehen kann, im Pool der Initiativbewerbungen die richtige Mitarbeiter/in zu finden? Außerdem kann eine Stellenausschreibung kurzfristig nachgeschoben werden, wenn der Rückgriff auf den Bewerberfundus nicht ausreicht.

Im Ergebnis kann eine Initiativbewerbung auch im Erziehungs- und Sozialsektor Sinn machen, vor allem, wenn sie sich an größere Anstellungsträger wendet, die über eine Vielzahl von Einrichtungen, Diensten bzw. geeigneten Stellen verfügen. Womöglich platzt die eigene Initiativbewerbung in eine laufende Stellenbesetzung hinein, von der man bis dato keine Kenntnis hatte. Hält der Arbeitgeber den Bewerber für geeignet, wird er ihn auf das laufende Einstellungsverfahren hinweisen und ihn zur Abgabe der vollständigen Bewerbungsunterlagen auffordern. Ebenso wird er reagieren, wenn er eine Stellenausschreibung geplant, aber noch nicht realisiert hat. Liegen genügend Initiativbewerbungen vor, wird der Arbeitgeber womöglich sogar auf die Veröffentlichung einer Stellenanzeige verzichten. Es hängt natürlich vom jeweiligen Arbeitgeber ab, ob mit derartigem Verhalten zu rechnen ist. Eigene (nicht repräsentative) Recherchen bei gemeinnützigen und kommunalen Arbeitgebern zeigen immerhin: Initiativbewerbungen sind durchaus erwünscht. Eine gute Initiativbewerbung hat die Chance, für einen gewissen Zeitraum aufgehoben zu werden, insbesondere wenn bei dem Arbeitgeber in absehbarer Zeit eine Stelle vakant wird.

Anforderungen an eine Initiativbewerbung

Initiativbewerbungen machen nur dann Sinn, wenn Sie als Bewerberin klar darlegen, welche Aufgaben Sie beruflich gerne übernehmen möchten. Wer als Sozialarbeiterin beispielsweise signalisiert, auf den konkreten Inhalt der Tätigkeit komme es ihr nicht an, „Hauptsache eine Stelle", dürfte eher eine Bruch- als eine Punktlandung machen. Die gewünschte Stelle (oder der Aufgabenbereich) muss zu Ihrem persönlich-beruflichen Profil passen. Dieses Profil müssen Sie in Ihrer Initiativbewerbung ebenso herausstellen wie in jeder anderen Bewerbung. Investieren Sie deshalb wie bei jeder anderen Bewerbung genügend Zeit in das Erkennen und in die Beschreibung eigener Stärken und Fähigkeiten (Kapitel 3). Das gilt auch, wenn Sie sich für einen Beruf bewerben, zu dem es aus Ihrer Sicht „nicht viel zu erläutern gibt" (z. B. Erzieherin). Präsentieren Sie sich nicht als Standard-Mitarbeiterin, sondern als individuelle Persönlichkeit.

Fragen, die Sie vor einer Initiativbewerbung klären sollten

- Wo liegen meine fachlichen Stärken?
- Wo liegen meine persönlichen Stärken?
- Welche konzeptionellen Schwerpunkte möchte ich in meiner Arbeit setzen (z. B. Montessori-Pädagogik, interkulturelle Arbeit)?
- Welche Zusatzkenntnisse kann ich anbieten?
- Warum wende ich mich speziell an diesen Arbeitgeber?
- Ab wann könnte ich zur Verfügung stehen?

Je präziser die Initiativbewerbung auf den Arbeitgeber, seine Aufgabenbereiche und die dafür zu erwartenden Qualifikationen zugeschnitten ist, umso eher findet Ihre Initiativbewerbung Beachtung. Vermeiden Sie, sich durch einen chancenlosen Massenversand selbst zu frustrieren! Der Empfänger sollte eindeutige Signale dafür haben, dass Sie das an ihn gerichtete Schreiben nicht mit einem identischen Wortlaut auch an Dritte geschickt haben können. Nutzen Sie möglichst die persönliche Anrede und erwähnen Sie den Namen der Einrichtung im Text. Prüfen Sie, ob es gute Gründe dafür gibt, sich gerade bei dem angeschriebenen Arbeitgeber um eine Stelle zu bemühen. Gehen Sie in Ihrem Anschreiben auf diese Gründe ein. Bleiben Sie hierbei aber glaubwürdig. Dass Sie sich „schon immer gewünscht haben, für das Rote Kreuz zu arbeiten", wird Ihnen jeder abnehmen, nur nicht das Rote Kreuz. Ebenso sollte der Arbeitgeber ggf. erkennen können, warum Sie einen Stellenwechsel beabsichtigen (persönliche Ziele benennen) und welche Erwartungen Sie an einen zukünftigen Arbeitsplatz haben.

Anforderungsprofil klären

Um Ihre Initiativbewerbung optimal auszurichten, benötigen Sie eine Vorstellung davon, was der Arbeitgeber an dem betreffenden Arbeitsplatz von Ihnen erwartet. Als berufserfahrene Bewerberin wird Ihnen dies vielleicht keine Mühe bereiten. Schwerer haben Sie es, wenn Sie sich als Berufseinsteigerin bewerben oder sich auf unbekanntes Terrain begeben wollen. Um typische Anforderungen einer Stelle besser zu erkennen, kann es hilfreich sein, nach vergleichbaren Stellenangeboten Ausschau zu halten:

- Welche spezifischen Fachqualifikationen werden erwartet?
- Wie zwingend sind einschlägige Erfahrungen?
- Welche Schlüsselqualifikationen stehen im Mittelpunkt?

Vielleicht kennen Sie auch Menschen, die ähnliche Positionen bekleiden, oder Sie kennen Menschen, die ihrerseits wieder Menschen kennen, die ...

Wenn Sie sich durch solche Recherchen unbekanntes berufliches Terrain erschließen, lernen Sie en passant auch das aufgabentypische Vokabular kennen, mit dem Sie Ihre Bewerbung professionell garnieren können.

Beispiele für arbeitsfeldtypisches Vokabular:

„Systemisches Arbeiten", „Sozialraumorientierung", „Vernetzung", „Benchmarking", „Corporate Identity" etc.

Die Einschleusung solcher arbeitsfeldtypischer Schlüsselvokabeln zeigt, dass sie en vogue sind. Achten Sie aber darauf, dass sie solche Vokabeln bei späterer Gelegenheit mit einem nachvollziehbaren Inhalt fullen können.

Prüfen Sie zum Schluss, wie gut Sie typischen Anforderungen Ihrer Wunschstelle gerecht werden können. Schließlich ist auch eine Initiativbewerbung nicht aussichtsreich, wenn Sie ein Muss-Kriterium, z.B. eine therapeutische Zusatzqualifikation, definitiv nicht erfüllen können.

Telefonischer Vorabkontakt

Noch mehr als bei einer anzeigengestützten Bewerbung empfiehlt es sich, die Initiativbewerbung durch eine telefonische Kontaktaufnahme vorzubereiten. Das telefonische Vorgespräch kann vor allem dazu genutzt werden zu klären, ob eine Bewerbung zum gegenwärtigen Zeitpunkt erfolgversprechend sein kann. Fragen Sie auch nach, an wen die Bewerbung geschickt werden soll. Im Einzelnen sei auf die Ausführungen verwiesen, die wir in Kapitel 5 über die telefonische Vorbereitung einer schriftlichen Bewerbung gemacht haben.

Rechnen Sie bei Ihrem Telefonat mit Fragen, z.B. der Frage „Was haben Sie anzubieten?" In diesem Fall zählt, dass Sie eine Vorstellung von der Position haben, die Sie anstreben, und dass Sie darlegen können, welches persönliche Kapital Sie dafür mitbringen. Greifen Sie daher nicht unbedacht zum Hörer, sondern bereiten Sie sich so gut es geht auf das Gespräch vor. Je nach Gesprächspartner stehen Sie schneller in medias res als Sie denken.

Bewerbungsunterlagen bei einer Initiativbewerbung

Das Anschreiben bei einer Initiativbewerbung unterscheidet sich nicht grundlegend von dem Anschreiben, mit dem Sie auf ein konkret vorliegendes Stellenangebot antworten. Allerdings müssen Sie bei einer Initiativbewerbung eine größere Unsicherheit managen, weil Ihnen kein konkretes Anforderungsprofil vorliegt, an dem Sie sich abarbeiten können.

Was für das Anschreiben gilt, gilt auch für den Lebenslauf. Er sollte unter Beachtung des Grundsatzes der Wahrheit so weit wie möglich auf die angestrebte berufliche Aufgabe ausgerichtet sein. Aufgabenbezogene Fähigkeiten und Erfahrungen sollten im Lebenslauf besonders herausgehoben werden, sodass der Lebenslauf die Ausführungen in Ihrem Anschreiben untermauert und ein in sich stimmiges Bild von Ihnen entsteht. Die inhaltlichen und formalen Anforderungen an den Lebenslauf haben wir in Kapitel 6 dargestellt.

Wenn Sie Anschreiben und Lebenslauf zusammen mit den übrigen Bewerbungsunterlagen zu einer vollständigen Bewerbungsmappe bündeln, unterstreichen Sie ganz sicher die Ernsthaftigkeit Ihrer Initiativbewerbung. Auf der anderen Seite bedeutet jede Bewerbungsmappe mit vollständigem Inhalt einen erheblichen finanziellen und zeitlichen Aufwand für Sie. Außerdem „nötigen" Sie den Arbeitgeber zur Rücksendung der Unterlagen, auch wenn er bei unverlangt eingesandten Unterlagen hierzu rechtlich nicht verpflichtet ist. Es erscheint daher völlig ausreichend, wenn Sie sich bei einer Initiativbewerbung auf die Übersendung von Anschreiben und Lebenslauf beschränken. Anstelle eines vollständigen und formal korrekten Lebenslaufs können Sie auch eine Kurzbiografie wählen, bei der Sie sich auf wesentliche Informationen zu Ihrem Werdegang beschränken. Auf detaillierte Zeitangaben können Sie dabei verzichten. Der abgespeckte Lebenslauf hat den Vorteil, dass er in der Regel auf eine Seite passt und leicht erfasst werden kann.

Weisen Sie am Ende Ihres Anschreibens darauf hin, dass Sie auf Wunsch gerne eine vollständige Bewerbungsmappe zur Verfügung stellen.

Zeitpunkt für eine Initiativbewerbung

Wenn Sie sich für eine Initiativbewerbung entscheiden, sollten Sie dem Zeitpunkt der Bewerbung besondere Beachtung zu schenken: Es empfiehlt sich, eine Initiativbewerbung etwa sechs Wochen vor einem Quartalsende abzuschicken. Zu diesem Zeitpunkt müssten Mitarbeiter/innen gekündigt haben, die Ihre Stelle zum Quartalsende wechseln möchten. Nicht empfehlenswert sind Initiativbewerbungen zwischen Weihnachten und Neujahr oder in der Hauptferienzeit des jeweiligen Bundeslandes.

Beispiel 1: Anschreiben zu der Initiativbewerbung einer Jobwechslerin mit Aufstiegsorientierung

Bewerbung als Leiterin einer Wohneinrichtung für Menschen mit Behinderung

Sehr geehrte Frau Sundermann,

nach achtjähriger Tätigkeit als Gruppenleiterin in einer Wohneinrichtung für erwachsene Menschen mit Behinderung suche ich jetzt neue Möglichkeiten der beruflichen Weiterentwicklung.

In meiner derzeitigen Tätigkeit habe Ich fundierte Kenntnisse und Erfahrungen in der methodisch geleiteten Persönlichkeits- und Verhaltensförderung von Menschen mit geistiger Behinderung gesammelt, darunter auch Menschen mit schwerstmehrfacher Behinderung. Um meine fachlichen Kompetenzen auf diesem Gebiet weiter auszubauen, habe ich Fortbildungsangebote meines Trägers gezielt genutzt. Neben der einzel- und der gruppenbezogenen Arbeit gehört die verantwortliche Planung und Gestaltung des Alltags in der Wohngruppe zu meinen Aufgaben. Hierbei sind das Selbstbestimmungsrecht der Bewohner und die Förderung Ihrer Selbstständigkeit von großer Bedeutung. In der kontinuierlichen Zusammenarbeit mit Eltern, gesetzlichen Betreuern, der Werkstatt für behinderte Menschen, Ärzten, Therapeuten und sozialrechtlichen Kostenträgern habe ich meine Kooperationsfähigkeit unter Beweis stellen können. Eigenverantwortliches Arbeiten sind mir ebenso wie Teamarbeit bestens vertraut. Durch Supervision habe ich mein berufliches Handeln kontinuierlich reflektiert. Außerdem habe ich mich aktiv an einem Mitarbeiterzirkel zur einrichtungsinternen Qualitätssicherung beteiligt. An der Entwicklung und Umsetzung innovativer Ideen, wie z. D. Mitgliedschaft von Bewohnern in örtlichen Sport- und Brauchtumsvereinen oder Integration der Bewohner in den allgemeinen Arbeitsmarkt, habe ich maßgeblich mitgewirkt.

In den vergangenen zwei Jahren habe ich mir in berufsbegleitenden Fortbildungen auf dem Gebiet der Moderation, Mediation und der Mitarbeiterführung das Rüstzeug verschafft, um mich für die Leitung einer Einrichtung speziell zu qualifizieren.

Als großer Träger von Diensten und Einrichtungen für Menschen mit besonderen Unterstützungsbedarf gestalten Sie die Qualität der Förderung und Begleitung Ihrer Zielgruppen im Rheinland erheblich mit. Ihr Leitbild ist am Prinzip der Normalisierung und der Selbstbestimmung ausgerichtet; damit kann ich mich vorbehaltlos identifizieren. Ihr Unternehmensmotto „Neue Ideen haben bei uns Tradition" würde uns gut verbinden.

Vielleicht habe ich Ihr Interesse an meiner Mitarbeit wecken können. Umso mehr freue ich mich von Ihnen zu hören. Die langfristige Neuausrichtung steht für mich im Vordergrund. Deshalb halte ich meine Bewerbung auch für den Fall aufrecht, dass Sie mir kurzfristig kein Beschäftigungsangebot machen können. Gerne übersende ich Ihnen meine vollständigen Bewerbungsunterlagen.

Mit freundlichen Grüßen

Eva Kotthaus

Anlage
Kurzbiografie

Beispiel 2: Anschreiben zu der Initiativbewerbung einer Berufseinsteigerin

Bewerbung als Kulturpädagogin

Sehr geehrte Frau Siefarth,

ich bewerbe mich bei Ihnen auf die Stelle einer pädagogischen Mitarbeiterin in den kulturellen Einrichtungen Ihrer Stadt.

Ende Juli werde ich mein sechssemestriges Bachelor-Studium der Kulturpädagogik an der Hochschule Niederrhein in Mönchengladbach abschließen. Das Studium
hat mich mit vielen Facetten kulturpädagogischer Arbeit bekannt gemacht. Ganz
besonders habe ich mein Herz an die Theaterpädagogik und an die Museumspäd-
agogik verloren. Nachdem mir klar geworden ist, wie vielfältig die Arbeitsmög-
lichkeiten hier jeweils sind, kann ich mir ein berufliches Engagement auf beiden
Gebieten ausgezeichnet vorstellen.

Durch meine besondere Begeisterung habe ich mich mit beiden Feldern nicht nur
theoretisch intensiv auseinandergesetzt, sondern auch praktische Erfahrungen
gesammelt. So habe ich meine 10-wöchige Praxisphase im museumspädagogischen Dienst des Museums Ludwig in Köln durchgeführt. Dort habe ich beispielhaft lernen können, wie man das Interesse von Kindern an moderner Kunst
wecken kann und Ihnen gleichzeitig durch aktives Lernen unentdeckte Seiten
ihrer eigenen Kreativität öffnen kann. Ich habe das Studium außerdem genutzt,
mich intensiver mit Kindermuseen und spezifischen Angeboten zu befassen, wie
z. B. Malangeboten und Ferienprojekten speziell für Kinder aus benachteiligten
Familien. Über die Arbeit von Kindermuseen habe ich meine Bachelor-Arbeit geschrieben. Sie ist mit „sehr gut" bewertet worden.

Auf dem Gebiet der Theaterpädagogik habe ich in einem einsemestrigen Theo-
rie-Praxis-Projekt nicht nur Konzeptionen moderner theaterpädagogischer Arbeit kennen lernen können, sondern mit meinen Kommiliton/innen auch selbst
ein Stück von Brecht („Dreigroschenoper") mit großem Erfolg zur Aufführung gebracht. Seit zwei Jahren arbeite ich außerdem mehrere Stunden in der Woche
in einer offenen Kinder- und Jugendeinrichtung mit, wo ich das Theaterspielen
als Medium der interkulturellen Verständigung zwischen deutschen und Migran-
tenkindern einsetze. Zu den Kindern, darunter zahlreiche Kinder türkischer Herkunft, habe ich sehr schnell einen Kontakt aufbauen können; die Mitarbeit an der
Theatergruppe ist sehr stabil. Ich betrachte dies als eine wohltuende Bestätigung
meines Konzeptes. Neben der Arbeit mit Kindern und Jugendlichen würden mich
auch theaterpädagogische Projekte mit älteren Menschen sehr reizen.

Ich bewerbe mich gezielt bei Ihnen, weil ich den Eindruck habe, dass sich die
Stadt Essen im gesamten Bereich der Kulturarbeit einen ausgezeichneten Ruf erworben hat. Von einem solchen Umfeld würde mein beruflicher Einstieg gewiss
sehr profitieren. Gerne stelle ich Ihnen kurzfristig meine vollständigen Bewerbungsunterlagen zur Verfügung.

Auf ein persönliches Gespräch freue ich mich sehr.

Mit freundlichen Grüßen

Silke-Marie Buchkremer

Anlage
Kurzbiografie

8 Online- und E-Mail-Bewerbungen

Die Bewerbung über das Internet ist auf dem Vormarsch. Über kurz oder lang wird sie sich auch im Erziehungs- und Sozialsektor verbreiten. Lesen Sie in diesem Kapitel, worauf es bei Online- und E-Mail-Bewerbungen ankommt.

Online-Bewerbung

Online-Bewerbungsangebote kommen in der privatgewerblichen Wirtschaft immer häufiger vor. Bis dato haben sie sich aber nur in Großkonzernen und der IT-Branche als typisches und zum Teil sogar exklusives Medium der Stellenbesetzung durchsetzen können. Bei einer Online-Bewerbung erhält der Bewerber Gelegenheit, die gewünschten Angaben in Formularen zu machen, die auf den Internetseiten des jeweiligen Unternehmens bereitgestellt werden. In den Formularen wird zum einen nach den üblichen persönlichen Daten gefragt (Name, Anschrift, Telefonnummer etc.), zum anderen werden eine Vielzahl von Angaben zur Qualifikation des Bewerbers erbeten. In offenen Feldern kann der Bewerber auch frei formulierten Text eingeben.

Beispiel eines Online-Personalfragebogens

Wir möchten Sie bitten, den folgenden Fragebogen auszufüllen, damit wir uns ein möglichst realistisches Bild von Ihren Erfahrungen, Kenntnissen und Fähigkeiten machen können.

- Ihre Schul- und Ausbildungsabschlüsse:
- Ihr letzter Schulabschluss?
- Wenn Sie über eine berufliche Ausbildung verfügen, tragen Sie bitte hier die Berufsbezeichnung ein:
- Welche Art einer akademischen Ausbildung haben Sie abgeschlossen (letzter Abschluss)?
- Welche Fachrichtung (ausgewählte Oberbegriffe) hatte Ihr Studium?
- Ihr Studienschwerpunkt?
- Über wie viele Jahre Berufserfahrung (ohne Praktika) verfügen Sie?
- Möchten Sie uns über Ihre Schul- und Ausbildungsabschlüsse noch etwas mitteilen?
- Welche Tätigkeitsfelder bevorzugen Sie (Mehrfachnennungen möglich)?
- Wie gut sind Ihre Deutschkenntnisse?
- Wie gut sind Ihre Englischkenntnisse etc.?

Als innovatives Unternehmen benötigen wir engagierte, kreative Mitarbeiter, die neue Lösungen finden und erfolgreich umsetzen. Teilen Sie uns bitte mit, über welche Kenntnisse, Erfahrungen und Fähigkeiten Sie verfügen.

- Über welche Kenntnisse (Technologien, Fachkenntnisse, Methoden etc.) verfügen Sie? (Stichworte genügen)
- Über welche Erfahrungen (z.B. Beruf, Projekte, Führung) können Sie uns berichten? (auch hier genügen Stichworte)
- Welche Fähigkeiten (z.B. Teamfähigkeit, Kundenorientierung, Kreativität etc.) charakterisieren Sie am treffendsten? (Stichworte)
- Ihr möglicher Eintrittstermin:
- Erwartetes monatliches/jährliches Bruttoentgelt:
- Möchten Sie uns noch etwas mitteilen?

In weiteren Prozessschritten wird der Bewerber gebeten, von ihm selbst verfasste Unterlagen (Anschreiben, Lebenslauf) in das Online-Formular hochzuladen. Anschreiben und Lebenslauf werden also auch bei einer Online-Bewerbung konventionell verfasst, sie werden lediglich online übermittelt. Der Aufwand, den eine konventionelle Bewerbung verursacht, wird durch eine Online-Bewerbung also keineswegs verringert. Vor dem Versand der Bewerbung geht es in einem letzten Schritt um die Einfügung von Fremd-Dokumenten (insbesondere Arbeitszeugnissen). Diese müssen zuvor gescannt und auf dem eigenen Rechner gespeichert werden.

Für den Arbeitgeber bieten zumindest ausgereifte Versionen einer Online-Software große Vorteile. Sie liegen hauptsächlich in der Möglichkeit, die elektronisch übersandten Unterlagen ohne zwingenden Medienbruch (hier: Umwandlung in Papierform) weiter zu verarbeiten. Mit der entsprechenden Software lassen sich die eingesandten Bewerbungen nach bestimmten Eignungskriterien und gewünschten Merkmalskombinationen durchforsten. Bewerber/innen, die den Anforderungskriterien nicht entsprechen, können auf diese Weise – gleichsam per Knopfdruck – aus der weiteren Betrachtung ausgeschlossen werden. Ebenso ist es möglich, anhand vorab definierter Merkmale eine Rangfolge unter den Bewerbern zu bilden. Darüber hinaus spart das Online-Verfahren erheblichen Verwaltungsaufwand. Alle wichtigen Prozessschritte – von der Eingangsbestätigung über die Weiterleitung an die Fachabteilungen bis zur Absage oder Einladung zum Vorstellungsgespräch – lassen sich online zeit- und kostensparend erledigen. Selbst Eignungstests lassen sich am heimischen Bildschirm durchführen. Erst wenn der Bewerber diese Hürden erfolgreich überwunden hat, tritt das Unternehmen mit ihm in einen persönlichen Kontakt. Elektronisch präsente Unterlagen aussichtsreicher Bewerber können außerdem bequem für spätere Zugriffe gespeichert werden.

Neben der soeben dargestellten Form einer Online-Bewerbung können Bewerber allgemeine Stellenportale nutzen, um die eigenen Bewerbungsunterlagen unabhängig von einem Stellenangebot auf Vorrat zu legen, in der Hoffnung, dass Personalverantwortliche oder private Arbeitskräftevermittler („Headhunter") von sich aus bei Bedarf nach qualifizierten Mitarbeiter/innen suchen. Dies geschieht aber nur im Ausnahmefall. Wenn es Ihnen darum geht, Ihre Bewerbungsunterlagen zu hinterlegen, um bei einer zukünftigen Stellenbesetzung „dabei zu sein", ist die direkte Bewerbung über die Homepage eines Anstellungsträgers bei Weitem aussichtsreicher.

Im Erziehungs- und Sozialsektor sind Online-Bewerbungen bisher allenfalls ausnahmsweise anzutreffen. Dies liegt keineswegs an einem Modernisierungs-rückstand dieses Sektors (der würde dann auch auf weite Teile der freien Wirtschaft zutreffen), sondern an den meist kleinen Betriebsgrößen der überwiegend freigemeinnützigen Dienstleistungsträger. Leistungsfähige elektronische Personalrekrutierungsprogramme lohnen sich nur dann, wenn – wie in Großunternehmen bzw. Konzernen – kontinuierlich eine große Zahl an Mitarbeitern beschafft werden muss und entsprechende Unternehmenseinheiten bzw. Spezialisten für diese Aufgabe zur Verfügung stehen. Zwar kommt die Nutzung des Internets für die Personalbeschaffung und -auswahl für Sozialeinrichtungen durchaus in Betracht; wirkliche Vorteile bietet sie aber erst dann, wenn das Angebot, sich online zu bewerben, Teil eines umfassend angelegten Personalrekrutierungsprozesses ist. Wird eine Online-Bewerbung erst in eine herkömmliche Papierversion umgewandelt, bevor sie ausgewertet wird, geht es wohl eher um die moderne Außenwirkung des Arbeitgebers als um eine effizientere Aufgabenerledigung.

Auch bei größeren Kommunen, die neben den freien Trägern in erheblichem Umfang soziale Dienste und Einrichtungen anbieten, wird die Online-Bewerbung eher selten angeboten. Selbst Großstädte wie Hamburg, Stuttgart und München setzen nach wie vor auf die klassische Papier-Post-Variante, auch wenn Stellenangebote längst im Netz abgerufen werden können. Die Stadt Köln ermöglicht Online-Bewerbungen zumindest im Ausbildungsbereich. Überdies gibt sie Interessierten die Möglichkeit, sich online auf eine Stelle in den städtischen Heimen für alte und behinderte Menschen zu bewerben. Mithilfe eines Fragebogens werden hierbei Standarddaten des Interessenten abgefragt (Name, Anschrift, Art der gewünschten Stelle, Eintrittstermin, letzte berufliche Tätigkeit und Zeitraum etc.). Der Bewerber hat dagegen keine Möglichkeit, sich ausführlicher zu präsentieren. Offensichtlicher Zweck des Vorgehens ist es, zu prüfen, ob überhaupt ein Bedarf an der Bewerbung besteht. Ist dies der Fall, können die üblichen Unterlagen von dem Bewerber angefordert werden.

Für den Bewerber können solche Kurzfragebögen den Nachteil haben, dass er erst gar keine Chance erhält, aktiv für sich zu werben. Er wird kurzerhand nach „Aktenlage" aussortiert, sei es, weil seine letzte Beschäftigung schon zu lange zurückliegt oder weil der Eintrittstermin nicht passt oder die gewünschte Arbeitszeit nicht den Vorstellungen des Arbeitgebers entspricht. Womöglich findet also keine Einzelfallprüfung mehr statt mit ihren eigenen Erkenntnis- und Annäherungsmöglichkeiten. Es kommt stattdessen zu einem pauschalen Abgleich zwischen Soll- und Ist-Daten.

Dass sich Online-Bewerbungsgelegenheiten auch bei kommunalen und freien Trägern des Erziehungs- und Sozialbereichs nach und nach etablieren werden (in wie elaborierter Form auch immer) ist anzunehmen. Auch bei der Stellensuche richten sich die Erwartungen, Vorlieben und Gewohnheiten der Menschen immer stärker auf das Internet, auch dann, wenn die Vorteile dieses Mediums für den Bewerber letztendlich begrenzt sind (Ersparnis der Kosten für Bewerbungsmappen, Kopien und Porti). Arbeitgeberseitig spielen ganz sicher auch Imagegründe eine Rolle: Online wirkt modern, Bewerbung per Post dagegen konservativ.

Wenn Sie als Bewerber über kurz oder lang auf eine Online-Bewerbungsmöglichkeit stoßen und diese nutzen möchten, beachten Sie bitte die folgenden Empfehlungen.

Empfehlungen:

Widmen Sie Ihrer Online-Bewerbung dieselbe Sorgfalt wie ihrer konventionellen Schwester. Das gilt sowohl inhaltlich wie auch formal. Ein Online-Anschreiben, mit dem Sie sich und Ihre Fähigkeiten und Erfahrungen vor dem Hintergrund der Stellenanforderungen präsentieren, erfordert nicht weniger Vorbereitungs- und Formulierungsaufwand wie jedes andere Anschreiben auch. Dasselbe gilt für den Lebenslauf. Lassen Sie sich nicht dazu verleiten, einen Online-Fragebogen in kurzatmigem Telegrammstil zu beantworten. Auch orthografische Fehler sollten Sie unbedingt vermeiden.

Bewerbung per E-Mail

Wenngleich immer mehr Firmen diese Möglichkeit anbieten, ist die Bewerbung per E-Mail auch in der freien Wirtschaft längst noch nicht Standard. Wenn Sie mit dem Gedanken spielen, von einer E-Mail-Bewerbung Gebrauch zu machen, sollten Sie sich sicher sein, dass der Arbeitgeber mit dieser Form einverstanden ist oder sie ausdrücklich wünscht. Dies ist oft nicht der Fall. So war auch den meisten von uns befragten Vertretern von Städten und Wohlfahrtsverbänden die klassische Papierform eindeutig lieber.

Bei einigen Personalchefs sind E-Mail-Bewerbungen sogar ausgesprochen unbeliebt. Das Öffnen der Anhänge raubt Zeit, die bei einer großen Zahl von Bewerbungen umso mehr ins Gewicht fällt. Ebenso können Inkompatibilitäten der Software Schwierigkeiten beim Öffnen der Dokumente bereiten. Außerdem besteht die Angst, sich Viren einzufangen.

Hinzu kommt: Das Medium E-Mail verleitet allzu oft zu Nachlässigkeit. Mailen wird von manchen Bewerbern mit Flüchtigkeit in Inhalt und Orthografie verwechselt. Damit verfehlt die E-Mail-Bewerbung trotz ihres modernen Anstrichs ihr Ziel. Auch ein lockerer Umgangston – im alltäglichen Routinemailverkehr von Büro zu Büro weithin üblich – ist im Zusammenhang mit einer Bewerbung unangebracht.

Sofern in einer Stellenanzeige ausdrücklich eine E-Mail-Adresse genannt ist und über die gewünschte Form der Bewerbung keine besonderen Angaben gemacht werden, wird man eine E-Mail-Bewerbung für zulässig halten dürfen. Sicher ist dies aber nicht. Ein konservativerer Arbeitgeber könnte vermuten, der Bewerber wolle durch bequemen Mailversand einen Teil seines Bewerbungsaufwandes auf den Arbeitgeber abwälzen. Dies wäre für den Erfolg der Bewerbung fatal. Ggf. sollten Sie telefonisch oder per Mail anfragen, ob der digitale Weg der Bewerbung offensteht und gern gesehen wird.

Bei E-Mail-Bewerbungen sind zwei Varianten denkbar: die schlichte E-Mail-Version, die ohne Anhänge auskommt, und die Vollversion einer E-Mail-Bewerbung mit vollständigen Anlagen.

E-Mail-Bewerbung ohne Anhänge

Die Einfach-Version ohne Anhänge ordnet im Textfeld der E-Mail Anschreiben und Lebenslauf hintereinander an, nur durch einen größeren Absatz getrennt. Die zu übertragene Datenmenge ist dadurch sehr gering, Probleme mit der Öffnung angehängter Dateien treten nicht auf. Die Lesbarkeit der E-Mail beim Empfänger wird am besten gewährleistet, wenn Sie auf besondere Textformatierungen verzichten (Fettdruck etc.). Formatierte Mails können je nach Mailprogramm des Empfängers entstellt ankommen. Empfehlenswert ist deshalb der Versand im „Nur-Text-Format". Das „HTML-Format" bietet zwar mehr Gestaltungsoptionen; nicht jede Empfänger-Software kann dieses Format aber darstellen.

Die schlichte Mail-Variante eignet sich in erster Linie für eine Initiativbewerbung, bei der Sie erst einmal herausfinden wollen, ob Interesse an Ihrer Mitarbeit besteht. Im Text bieten Sie an, bei Interesse die vollständigen Unterlagen kurzfristig per Mail oder per „gelber Post" nachzureichen. Wer über eine eigene Homepage verfügt, kann seine E-Mail mit einem entsprechenden Link versehen, sodass der interessierte Arbeitgeber im Bedarfsfalle ergänzende Informationen einholen kann. Sie sollten bei diesem großzügigen Angebot aber nicht den Eindruck erwecken, Sie wollten sich damit weitergehende Bemühungen ersparen. Bequemlichkeit kommt in einem Bewerbungsverfahren nicht gut an. Ein Nachteil dieses Vorgehens ist in jedem Fall, dass die auf Ihrer Homepage abrufbaren Informationen nicht auf die gewünschte Stelle und den Arbeitgeber ausgerichtet sind. Jede Bewerbung sollte aber ein individuelles Produkt darstellen und keine Standardware. Auch muss die Homepage vor unerwünschtem Zugriff geschützt werden, weil Sie sonst keine persönlichen Daten hinterlegen können. Bei einer regulären Bewerbung ist mit Verweisen auf eine Homepage große Vorsicht geboten. Muten Sie dem Arbeitgeber niemals zu, sich wichtige Informationen bei Ihnen selbst zu beschaffen; auch dann nicht, wenn dies ohne großen Aufwand möglich wäre.

E-Mail-Bewerbung mit Anhängen

Soll eine E-Mail-Bewerbung nicht in der Schlicht-Variante, sondern mit Anhängen (Anschreiben, Lebenslauf …) versendet werden, achten Sie bitte auf die Datenmenge. Einige Fachleute aus dem Personalwesen empfehlen, die Menge von 500 Kb nicht zu überschreiten; andere halten dagegen ein Volumen von 1 Megabyte für noch vertretbar. Gehen Sie eher vorsichtig vor, um Probleme beim Herunterladen oder Öffnen der Dateien auszuschließen.

Empfehlenswert ist es, die angehängten Dokumente, meist im Microsoft-Word-Format erstellt, zunächst in sparsamere pdf-Dateien umzuwandeln. Dies geht auch bei eingescannten Unterlagen, z.B. bei Ihren Arbeitszeugnissen. Durch die Verwendung des Portable-Document-Formats (PDF) begegnen Sie gleichzeitig der Gefahr, dass die doc-Anhänge bei der Übermittlung verändert werden. Ältere und neuere Word-Generationen sind untereinander nicht vollständig kompatibel. Doc-Dateien können außerdem Macro-Viren enthalten. Aus Sicherheitsgründen ist es daher nicht in allen Unternehmen möglich, doc-Anhänge zu öffnen. Außer im pdf-Format können Sie ein Text-Dokument auch im virenfreien und formatierungssicheren rtf-Format versenden. Dazu speichern Sie Ihr Word-Dokument ganz einfach im rtf-Format ab, bevor Sie es versenden („Datei", „Speichern unter", „Rich Text Format"). Außerdem bietet sich an, mehrere Dokumente zusammenzufassen; eine einzige Anlage ist für den Empfänger komfortabler zu handhaben als viele einzelne Anhänge.

Wer neueste oder nicht überall verbreitete Dateiformate nutzt (z. B. das Speicherplatz sparende zip-Format), muss damit rechnen, dass der Empfänger die Bewerbung nicht zur Kenntnis nimmt, weil er sie nicht öffnen kann bzw. weil die Firewall des Empfängers solche Dateitypen aus Sicherheitsgründen in den Mülleimer verbannt.

Wenn Sie Ihr Anschreiben und alle Unterlagen in die Anlage packen, können Sie den Text der Begleit-Mail kurz und formal halten:

Beispiel:

Bewerbung als Diplom-Heilpädagoge

Sehr geehrter Herr Badenheuer,

Sie haben im „Generalanzeiger" vom 5.1.2008 die o.g. Stelle ausgeschrieben, die mich sehr interessiert. In der Anlage finden Sie das Anschreiben und meine sonstigen Bewerbungsunterlagen.

Ich freue ich darauf, von Ihnen zu hören.

Mit freundlichen Grüßen

Andreas Ernst

Dipl.-Heilpädagoge
Merowinger Str. 28
53560 Bonn
Tel. 02 28-1 23 45 67

Angehängte Unterlagen sollten so aussagekräftig beschriftet sein, dass sie Ihrer Bewerbung eindeutig zugeordnet werden können und die Einsichtnahme in die einzelnen Dokumente ohne unnötiges Suchen möglich ist. Muten Sie dem Empfänger auf keinen Fall zu, Ihre Dokumente erst einmal neu zu titulieren, weil Sie und andere Bewerber/innen auf die Idee gekommen sind, ihren Lebenslauf jeweils mit der Bezeichnung „Lebenslauf.pdf" anzufügen. Deshalb sollte zu Beginn eines Dokumentes möglichst Ihr Nachname stehen. Der Vorname ist dagegen verzichtbar.

Beispiel:

Suchert_Lebenslauf
Suchert_Arbeitszeugnisse

Beleg für **Kontoinhaber**/Einzahler-Quittung

Name und Sitz des beauftragten Kreditinstituts

Zahlungsempfänger

HAECKL, DANIELA

Bankleitzahl

Konto-Nr. des Zahlungsempfängers
42420

Kreditinstitut/Zahlungsdienstleister des Zahlungsempfängers
LANDSBERG-AMMERSEE-BANK eG

Bankleitzahl
7 0 0 9 1 6 0 0

Kunden-Referenznummer - Verwendungszweck, ggf. Name und Anschrift des Zahlers - (nur für Zahlungsempfänger)

TRIEST

EUR

Betrag: Euro, Cent
49,50

Kontoinhaber/Zahler: Name
VIERTHALER, BARBARA

Konto-Nr. des Kontoinhabers
0250063823

15.03.11

Unterschrift bitte auf Blatt „Überweisungseuftrag"

=

Weitere Empfehlungen:

- Allgemeine E-Mail-Adressen, wie z. B. info@verband.de, sollten Sie als Empfangsadressen für Ihre Bewerbungsunterlagen meiden; eine dorthin übersandte Bewerbung landet zusammen mit jedweder sonstigen Mail in einer großen Mailbox, aus der sie ihren Weg zu dem tatsächlichen Adressaten oft nicht findet. Für eine E-Mail-Bewerbung benötigen Sie eine spezifische Mail-Adresse. Fast immer ist diese in der Stellenanzeige genannt.
- Achten Sie darauf, dass die Betreffzeile eindeutig ist, damit Ihre Zuschrift nicht sofort gelöscht wird („Bewerbung als Diplom-Pädagogin"; „Stellenbewerbung Erziehungsberatung Kennziffer 345").
- Wie im konventionellen Anschreiben sollten Sie versuchen, die E-Mail möglichst persönlich zu adressieren („Sehr geehrte Frau Westermeier").
- Sie wählen zwar eine andere Form der Übersendung Ihrer Daten und Dokumente; dies ändert aber nichts an der Sorgfalt, mit der Sie in das „digitale Rennen" gehen. Erfahrungen aus der gewerblichen Wirtschaft zeigen: E-Mail-Bewerbungen sind häufig fehlerhaft und schludrig erstellt. In Wirklichkeit ist ein Anschreiben hier nicht weniger aufwändig als ein Anschreiben, welches Sie mit gelber Post verschicken. Auch inhaltlich gibt es keinen Unterschied. Meist werden E-Mail-Bewerbungen sogar vom Empfänger ausgedruckt und den eingegangenen Bewerbungsmappen hinzugefügt. So konkurriert die E-Mail-Bewerbung in jeder Hinsicht mit ihrer papierförmigen Schwester.
- Denken Sie daran, alle Informationen ebenso vollständig anzugeben, wie dies auch sonst geschieht (Ihre Post-Adresse, Telefonnummer, E-Mail-Anschrift).
- Ihre Unterschrift können Sie ebenso einscannen wie Ihr Bewerbungsfoto. Beachten Sie aber die oben gegebenen Hinweise zur Begrenzung der Datenmenge.
- Lassen Sie sich nicht dazu verleiten, im Rahmen von Initiativbewerbungen E-Mails serienweise zu verschicken. Auch eine E-Mail-Bewerbung ist immer eine individuelle Angelegenheit. Der spezifische Zuschnitt verlangt immer wieder aufs Neue Ihre Kreativität. Rundmails verursachen zwar beim Versender kaum Aufwand, sind dafür aber auch chancenlos. Oft erhält der Bewerber nicht einmal eine Absage.
- Achten Sie darauf, eine E-Mail-Bewerbung nicht von Ihrem Dienst-PC zu versenden. Sie begründen sonst die Vermutung, dass Sie während Ihrer Arbeitszeit aufwändige Privatangelegenheiten erledigen. Mail-Adressen mit Kose- und Spitznamen („Mausebär1981@abcd.de") passen vielleicht in einen privaten Rahmen, nicht aber zu einer seriösen Kommunikation im Berufsleben.
- Erstellen Sie Ihre Unterlagen nicht ausschließlich am Bildschirm. Die Erfahrung lehrt, dass man Fehler leichter entdeckt, wenn man eine Papierfassung vor sich hat. Vor dem Versand kommt also immer der Probeausdruck.

9 Das Vorstellungsgespräch

Die Einladung zum Vorstellungsgespräch bedeutet: Sie haben eine mehr oder weniger große Zahl von Mitbewerberinnen hinter sich gelassen. Ihre Bewerbung muss überzeugt haben. Mit diesem guten Gefühl können Sie jetzt an den Start für „Runde zwei" gehen: das persönliche Vorstellungsgespräch.

Warum ein Vorstellungsgespräch?

Im persönlichen Gespräch mit Ihnen will der Arbeitgeber ergänzend oder vertiefend herausfinden,

- mit welcher Motivation Sie sich bewerben und wie es um Ihre Engagementbereitschaft bestellt ist,
- über welche fachlichen Qualifikationen und beruflichen Erfahrungen Sie verfügen,
- wie gut Ihre persönlichen und sozialen Eigenschaften und Kompetenzen zur Aufgabenstellung, den Klienten/Kunden und zu dem vorhandenen Team passen,
- wie Sie auftreten, Gespräche führen und als Person wirken (Sympathie),
- ob Sie „mental" zur Institution/zum Verband/zum Betrieb passen.

Während sich viele Sachinformationen bereits aus Ihren Unterlagen ergeben, lassen sich Ihre persönlichen Eigenschaften nur schwer nach „Aktenlage" beurteilen. Gerade in psychosozialen Berufen wäre es „tödlich", der Persönlichkeit einer Bewerberin eine zu geringe Beachtung zu schenken. Ob ein Vorstellungsgespräch tatsächlich zu einigermaßen tragfähigen Aussagen über die Persönlichkeit einer Bewerberin führt, hängt davon ab, wie gut es gelingt, typische Fehlerquellen im Griff zu behalten:

Es kann vorkommen, dass der Interviewer eher hört, was er hören will, und nicht hört, was er nicht hören will. Worauf es ihm im Einzelnen ankommt, was er aus seinen Beobachtungen ableitet und was er nach dem Gespräch als Ergebnis festhält, kann sehr subjektiv ausfallen. Jeder, der selbst Personalauswahlgespräche geführt hat, weiß, wie sehr die Meinungen über die Bewerber/innen auseinandergehen können. Interviewer können außerdem strenger oder weniger streng mit ihren Auswahlkriterien umgehen. Der erste Eindruck und die Abschlussphase des Gesprächs werden u. U. überbewertet. Der erste Eindruck kann positiv oder negativ auf die nachfolgenden Äußerungen der Bewerberin ausstrahlen (Halo-Effekt). Es kann schwerfallen, Bewerber/innen miteinander zu vergleichen, weil die gestellten Fragen zu unterschiedlich waren. Zum sog. Reihenfolge-Effekt kann es kommen, wenn an einem Tag, an dem vor allem schlechte Bewerber eingeladen wurden, der mittelmäßige Kandidat tendenziell besser eingeordnet wird als der mittelmäßige Kandidat an Tagen mit vor allem sehr guten Mitbewerbern. Zweifelhafte, meist unbewusste Alltagstheorien (Wer langsam spricht, arbeitet auch langsam; wer sportlich aussieht, ist aktiv-dynamisch) können in die Einschätzungen einfließen. Als kluge Bewerberin haben Sie sich außerdem auf die Situation Vorstellungsgespräch bestens vorbereitet. Sie wissen, worauf es ankommt. So gut es geht, zeigen Sie von sich, was Sie zeigen wollen, und verbergen, was Sie verbergen wollen. Wahrheit und Dichtung voneinander zu trennen, erfordert von ihrem Gegenüber viel professionelle Erfahrung, wenn es überhaupt immer möglich ist.

Die Tatsache, dass Vorstellungsgespräche „verzerrungsgefährdet" sind, macht sie nicht überflüssig. Auf ein Vorstellungsgespräch gänzlich zu verzichten, wäre gewiss die schlechtere Alternative. Nicht nur der Arbeitgeber, sondern auch Sie wollen – so gut es jedenfalls geht – einschätzen konnen, worauf Sie sich einlassen. Fehlentscheidungen sind mit Ärger, Enttäuschung und erneutem Bewerbungsaufwand verbunden. Das Vorstellungsgespräch gibt Ihnen die Möglichkeit, zu beobachten und auch selbst Fragen zu stellen, um sich ein erstes, hoffentlich einigermaßen zutreffendes Bild von Ihrem zukünftigen Arbeitsplatz zu machen (Aufgaben, Einordnung in die Hierarchie, Entwicklungsmöglichkeiten). Am Ende sollten für beide Seiten nicht nur die „Daten und Fakten" stimmen; jeder sollte auch das „gute Gefühl" haben, dass er/sie so oder so die richtige Entscheidung getroffen hat. Die persönliche Begegnung im Gespräch ist dafür notwendig, auch wenn ein Gespräch nicht immer vor Irrtümern schützt.

Vorbereitung auf das Gespräch

Erfahrungsgemäß können Sie das Ergebnis eines Vorstellungsgesprächs durch eine sorgfältige Vorbereitung erheblich beeinflussen. Eine gute Vorbereitung gibt Ihnen mehr Sicherheit und lässt Sie mit der Situation souveräner umgehen. Vertrauen Sie nicht alleine auf Ihre Schlagfertigkeit, Ihr Sprachtalent oder den kölschen Lebensgrundsatz „Et kütt wie et kütt. Et is noch immer jot jejange" (Es kommt, wie es kommt. Es ist noch immer gut gegangen.). Überlassen Sie das Feld nicht leichtfertig Ihren Mitbewerberinnen, indem Sie den Aufwand sorgfältiger Vorbereitung scheuen.

Inhaltliche Vorbereitung

Vorbereitung bedeutet, sich mit den eigenen Stärken und Nicht-Stärken auseinanderzusetzen und das eigene Profil herauszuarbeiten (siehe Kapitel 3). Idealerweise haben Sie dies bereits vor der Erstellung Ihres Anschreibens getan. Dies gilt auch für die Aufgabe, sich mit der Institution/dem Anstellungsträger/dem Sozialunternehmen vertraut zu machen, in dessen Dienste Sie treten möchten. Letzteres zu vernachlässigen ist einer der häufigsten Fehler im Bewerbungsverfahren, obwohl die Beschaffung entsprechender Informationen (z. B. Broschüren, Jahresberichte, Homepage, Internetrecherche) kaum Schwierigkeiten bereitet. Signalisieren Sie durch gute Vorbereitung, dass Sie an der Stelle interessiert sind und dass Sie Ihre berufliche Zukunft sorgfältig planen. Die schriftliche Bestätigung des mitgeteilten Vorstellungstermins bietet eine gute Gelegenheit, bereits vorhandene Informationen im Bedarfsfall zu ergänzen.

Musterbrief: Terminbestätigung; Beschaffung von Informationen

Sehr geehrte Frau Lorenz,

über die Einladung zu dem Vorstellungstermin am ... um ... Uhr habe ich mich sehr gefreut. Den Termin habe ich fest vorgemerkt.

Bitte lassen Sie mir nähere Informationen über Ihre Beschäftigungs- und Qualifizierungsgesellschaft zukommen, damit ich mich auf unser Gespräch angemessen vorbereiten kann (z. B. Jahresbericht, Organigramm, Stellenbeschreibung). Die Informationen auf Ihrer Homepage habe ich bereits ausgewertet.

Für Ihre Bemühungen herzlichen Dank!

Ich freue mich darauf, Sie kennen zu lernen und verbleibe bis dahin

mit freundlichen Grüßen

Jana van der Meulen

Gut vorbereitet in ein Bewerbungsgespräch zu gehen, bedeutet aber noch einiges mehr:

- Sie haben sich nicht nur mit dem Arbeitgeber, sondern auch mit der Aufgabe näher beschäftigt. Ist die spezielle Aufgabe Ihnen noch fremd, sollten Sie zumindest mit Grundkenntnissen aufwarten können.
- Mit den Arbeitgeberfragen, die in einem Vorstellungsgespräch zu erwarten sind, haben Sie sich auseinandergesetzt (siehe Kapitel 10). Sie haben die Fragen nicht nur „durchgelesen", sondern sich praktisch darin geübt, glaubwürdige Antworten zu formulieren und dem Gesprächspartner ein realistisches Bild von Ihren Fähigkeiten, Erfahrungen und persönlichen Qualifikationen zu verschaffen.
- Sie haben unmittelbar vor Ihrem Gesprächstermin Ihre Bewerbungsunterlagen noch einmal aufmerksam durchgearbeitet. Mehrere parallel laufende Bewerbungen bringen Sie deshalb im Gespräch nicht durcheinander. Sätze wie „Habe ich das wirklich geschrieben?" kommen Ihnen nicht über die Lippen.
- Sie haben sich notiert, was sie selbst von Ihrem Gesprächspartner wissen möchten, damit Sie entscheiden können, ob die Stelle tatsächlich für Sie in Frage kommt (siehe unten).

Nach diesen Vorarbeiten sind nur wenige Dinge noch offen: Ihr äußeres Erscheinungsbild im Vorstellungsgespräch, die Organisation der Anreise und ihre mentale Einstimmung (Selbstinstruktion).

Äußeres Erscheinungsbild

Ihre Kleidung sollten Sie der Situation, ihren Gesprächspartnern und den Gepflogenheiten im jeweiligen Arbeitsfeld anpassen. Dies verhindert, dass Sie „overdressed" oder „under-dressed" zum Vorstellungsgespräch erscheinen. Natürlich müssen Sie sich auch selbst in Ihrem Outfit wohl fühlen. In pädagogischen und sozialen Arbeitsfeldern sind die Kleidervorschriften im Allgemeinen nicht so streng wie in weiten Teilen der freien Wirtschaft, wo man je nach Arbeitsplatz erwartet, dass Sie sich im dezenten Anzug, im gedecktem Kostüm oder im Hosenanzug um Ihren neuen Arbeitsplatz bewerben. Nachlässigkeit ist aber auch in den (sozial-)pädagogischen Berufen heute out. Ein gepflegtes Äußeres gilt als selbstverständlich. Auch wenn Ihre Kleidung alleine nicht darüber entscheidet, ob Sie die Stelle bekommen, macht es keinen Sinn, an dieser Stelle Minuspunkte einzufahren. Das äußere Erscheinungsbild hat immer auch symbolische Bedeutung; ein gepflegtes Erscheinungsbild unterstreicht die Bedeutung, die Sie dem Gespräch beimessen.

Die Anpassung an die jeweilige Situation erfordert es, bei der Vorstellung vor den zukünftigen Kolleginnen im Jugendzentrum äußerlich anders in Erscheinung zu treten als in der ersten Vorstellungsrunde mit der Sozialdezernentin der Stadt. Denn im „Team" läuft zwangsläufig die Frage mit: „Passt der zu uns?" Schon wegen der größeren Nähe zu den „Kunden" gelten an der Basis Sozialer Arbeit andere Kleiderregeln als an der Spitze des jeweiligen Trägers. Als Geschäftsführerin eines örtlichen Wohlfahrtsverbandes wird man höhere Ansprüche an Ihr Äußeres stellen, als wenn Sie sich um die Stelle einer Kindergartenhelferin bemühen.

Wenngleich es keine strikt einzuhaltenden Regeln gibt (nach dem Motto: Niemals ohne Krawatte!), so gibt es auf der anderen Seite doch äußere Grenzen, die Sie unbedingt beachten sollten. Wer in stark beanspruchten Jeans, Flip-Flops, ausgetretenem Schuhwerk und Szene-Sandalen erscheint, darf sich nicht wundern, wenn dies als Zeichen allzu großer Coolness oder gar mangelnder Anpassungsfähigkeit gedeutet wird. Auch auffällige Nasenringe gelten nicht für jedermann als Schmuck. Verzichten sollte man auch auf eine allzu „weibliche" Aufmachung (z. B. auffallend tiefes Dekolleté, hohe Stöckelschuhe, aufdringliche Parfümierung, übermäßiger Schmuckbehang). Im Vorstellungsgespräch erregt dies schnell Verdacht, Sie könnten etwas überdecken wollen oder Ihr Ziel mit (an dieser Stelle) unzulässigen Mitteln erreichen wollen. Im Zweifel gilt: lieber dezent als auffällig. Wenn Sie einen „Tick" besser gekleidet sind, als es dem arbeitsplatztypischen Outfit entspricht, bleiben Sie Ihren Gesprächspartnern nahe, zeigen aber auch, dass Ihnen das Gespräch wichtig ist.

Anreise

Wer zum Bewerbungsgespräch zu spät kommt, kommt nicht gut an. Bekanntlich fährt die S-Bahn, „die jahrelang immer um dieselbe Zeit gefahren ist", ausgerechnet am Bewerbungstag nach einem anderen Fahrplan. Klären Sie in jedem Fall rechtzeitig den Anreiseweg. Planen Sie Stauzeiten, Umleitungen, Parkplatzprobleme und Irrwege ein.

Es empfiehlt sich, etwa zehn Minuten vor dem Vorstellungstermin einzutreffen. Eine bei Weitem zu frühe Ankunft hinterlässt ebenso wie das Zuspätkommen keinen vorteilhaften Eindruck. Keine Sekretärin freut sich darüber, wenn Sie eine halbe Stunde in ihrem Vorzimmer sitzen, weil man Sie aus Höflichkeit nicht alleine in einem menschenleeren Besprechungsraum schmoren lassen möchte.

Selbstinstruktion

Eine gewisse Aufgeregtheit vor einem Bewerbungsgespräch ist völlig normal. Schließlich geht es Ihnen um etwas Wichtiges: Eine neue Herausforderung in Ihrem Berufsleben, die über längere Zeit Ihre Gedanken und Kraft in Anspruch nehmen wird. Aufgeregt sein lässt sich durchaus als Ausdruck von Zielstrebigkeit deuten. Das macht Sie sympathisch, auch wenn dies im Umkehrschluss nicht bedeutet, ein ruhiges und gelassenes Auftreten mache unsympathisch. Je weniger Sie versuchen, eine eventuelle Nervosität zu unterdrücken, umso weniger wird sich diese in ihrem Denken ausbreiten. Oft lässt sich die Unruhe sogar in Schubkraft umwandeln, die Ihnen zu einem aktiven Auftreten verhilft, „wenn es losgeht".

Ein Fehler wäre es, das Vorstellungsgespräch als „Prüfung" oder gar als „Verhör" zu interpretieren, bei der Sie Gefahr laufen, von einer Falle in die andere zu tappen. Natürlich will der Arbeitgeber manches von Ihnen wissen, als Scharlatan „überführen" will er Sie aber nicht. Seine Fragen sollen klären, wie gut Sie zu der ausgeschriebenen Stelle passen. Sehen Sie diese Art der „Überprüfung" als etwas ganz Normales an. Auch Sie prüfen gewöhnlich ein teures Produkt, bevor Sie es kaufen. Ihre Gesprächspartner kochen im Übrigen ebenso wie Sie mit Wasser. Eine gute Frage zu stellen ist außerdem einfacher, als sie gut zu beantworten. Und denken Sie daran: Auch Sie beobachten und „prüfen" den Arbeitgeber! Mit dieser Sicht der Dinge können Sie sich entspannter auf das Vorstellungsgespräch einlassen. Sie sind weder „Prüfling" noch Bittsteller, sondern jemand, der etwas anzubieten hat: Seine Kenntnisse, Fähigkeiten, Erfahrungen und seine Motivation. Diese Einstellung bringt Sie nicht nur in eine positive Grundhaltung, sondern sie verstärkt auch sehr wirkungsvoll Ihre Überzeugungskraft im Gespräch.

Checkliste „Unterlagen für das Vorstellungsgespräch"

- Stadtplan, Anreisebeschreibung
- Einladungsschreiben des Arbeitgebers
- eigene Terminbestätigung
- Bewerbungsschreiben
- Lebenslauf
- Stellenanzeige
- Informationen zur Einrichtung/zum Arbeitsplatz
- Notizblock, Kugelschreiber
- Liste mit Fragen an den Arbeitgeber
- Terminkalender

Teilnehmer des Vorstellungsgesprächs

Wer sich bewirbt, tritt im Vorstellungsgespräch meist mehreren Personen gegenüber. Wer jeweils mit am Tisch sitzt, hängt entscheidend von Art und Größe des Anstellungsträgers sowie von der Bedeutung der zu besetzenden Stelle ab.

Bei einem größeren gemeinnützigen Verein beteiligen sich neben der hauptamtlichen Geschäftsführerin und der Fachabteilungsleitung ggf. auch ein oder mehrere Vorstandsmitglieder an dem Gespräch. Außerdem kommt die Mitwirkung des unmittelbaren Vorgesetzten und des Betriebsrates (im kirchlichen Bereich: Mitarbeitervertretung) in Betracht. Häufig wird man als Kandidat/in aufgefordert, sich an einem weiteren Tag zusätzlich dem „Team" (z. B. einer offenen Jugendeinrichtung) vorzustellen. Die Selbstpräsentation kann also auf mehreren Bühnen stattfinden. Ist der gemeinnützige Träger sehr klein, findet das Vorstellungsgespräch womöglich nur mit zwei ehrenamtlich tätigen Vorstandsmitgliedern statt. Wer sich auf eine Stelle als Erzieherin in der kleinen Kindertagesstätte einer Pfarrgemeinde bewirbt, sieht sich womöglich nur dem Pfarrer und der Leiterin der Mini-Einrichtung gegenüber.

Bei öffentlichen Arbeitgebern wie Städten, Gemeinden und Kreisen sind Gespräche in einer Mini-Runde dagegen nicht zu erwarten. Je nach der zu vergebenden Position und der Größe der kommunalen Körperschaft beteiligen sich unterschiedliche Funktionsträger an den Auswahlgesprächen; zum Teil sind sie pflichtweise zu beteiligen oder zumindest teilnahmeberechtigt. In Betracht kommen *grundsätzlich*

- der Verwaltungsleiter (Bürgermeister, Landrat)
- die zuständige Beigeordnete/Dezernentin/Fachbereichsleiterin
- der Vertreter des Personalamtes (als Personalexperte)
- die Amtsleiterin
- der Leiter der Fachabteilung (als Fachexperte)
- die Vertreterin des Personalrates (Teilnahmerecht)
- der Schwerbehindertenvertreter (wenn entsprechende Bewerbungen vorliegen) sowie
- die Gleichstellungsbeauftragte (Teilnahmerecht).

Wer sich bei einem Großstadtjugendamt als Sozialarbeiterin bewirbt, wird das Vorstellungsgespräch in der Regel auf Abteilungsleiterebene führen; wer eine Stelle im „höheren Dienst" anstrebt (z. B. als Diplom-Psychologin), wird mit der Amtsleitung und ggf. dem persönlichen Referenten des zuständigen Dezernenten in Kontakt kommen. Kandidat/innen für eine Amtsleiterstelle werden dagegen immer auf den Oberbürgermeister und den zuständigen Beigeordneten als Gesprächspartner treffen.

Je nach Position wird auch mehrstufig vorgegangen: Nachdem der Bewerber im Vorstellungsgespräch zunächst eine kleinere Auswahlkommission ohne Mitwirkung der Verwaltungsspitze von sich überzeugt hat, kommt es anschließend zu einer zweiten Vorstellungsrunde mit dem Verwaltungschef oder dem zuständigen Dezernenten bzw. Beigeordneten.

Wer mit Ihnen das Vorstellungsgespräch führt, wird im Einladungsschreiben nicht immer angezeigt. Generell sollten Sie mit einer Mehrzahl von Beteiligten rechnen (4–6 Personen).

> *Empfehlungen:*
>
> Einen guten Eindruck hinterlässt es, wenn Sie Ihre Gesprächspartner mit ihrem Namen ansprechen. Da man sich mehrere Namen in der meist aufgeregten Vorstellungssituation nicht sogleich merken kann, macht es Sinn, die Namen der zu erwartenden Gesprächsteilnehmer bereits vorher in Erfahrung bringen (Telefon).
>
> Treten Sie bei einem Vorstellungsgespräch auch bei der Vorzimmerkraft, die Sie empfangen hat, freundlich, natürlich und ohne jede Arroganz auf. Sie ist formell zwar nicht an den Entscheidungen beteiligt, wird oft aber nach ihrem persönlichen Eindruck gefragt, den Sie als erste Fußspur in der kurzen Wartezeit hinterlassen haben.

Wie ein Vorstellungsgespräch abläuft

Vorstellungsgespräche werden vor allem durch die Fragen des Arbeitgebers an die Bewerberin bestimmt. Im Personalwesen werden Bewerbungsgespräche deshalb auch als „Interview" bezeichnet. Der Interviewcharakter schließt nicht aus, dass man sich wechselseitig austauscht, sprich: miteinander redet. Der Arbeitgeber weiß schließlich, dass es der Bewerberin leichter fällt, sich zu öffnen, wenn sie nicht zur bloßen Auskunftsperson degradiert wird.

Der Ablauf eines Vorstellungsgesprächs kann sehr unterschiedlich ausfallen; feste Regeln, die man zwingend zu beachten hätte, gibt es nicht. Insbesondere im Erziehungs- und Sozialbereich, wo sowohl die professionell ambitionierte Sozialmanagerin als auch der Vorsitzende eines kleinen Elternvereins als Arbeitgebervertreter in Betracht kommen, wird man eher mit Vielfalt als mit Gleichförmigkeit der Abläufe rechnen müssen. Trotz aller persönlichen Eigenarten, Gesprächsführungskünste und der nicht vorhersehbaren Situationsdynamik weisen Vorstellungsgespräche auf der anderen Seite aber typische Elemente auf.

Typische Elemente eines Vorstellungsgespräches

- Begrüßung
- kurze Aufwärm-/Auflockerungsphase
- Selbstvorstellung der Bewerberin
- Fragen des Arbeitgebers zu Werdegang, Motiven, Qualifikation und Eignung der Bewerberin
- Informationen über den Einrichtungsträger und den Arbeitsplatz
- der vertragliche Rahmen des Arbeitsverhältnisses
- Fragen der Bewerberin
- Abschlussphase

Einstieg

Der Begrüßung und Kurzvorstellung der beteiligten Personen folgt zunächst eine kurze Aufwärm- bzw. Auflockerungsphase. Sie soll eine angenehme Gesprächsatmosphäre schaffen und die Anspannung der Bewerberin reduzieren.

Beispiele:

„Haben Sie uns gut gefunden?"

„Für ein Vorstellungsgespräch wünscht man sich eigentlich besseres Wetter, nicht wahr?"

Gehen Sie höflich und freundlich auf diesen Small Talk ein, verzichten Sie aber auf langere Schilderungen, welches Autobahnkreuz Sie verpasst haben, wie unfreundlich der Zugschaffner war und warum gutes Wetter manchmal schlecht ist. Wenn Ihnen beim Betreten der Einrichtung etwas Angenehmes aufgefallen ist, können Sie es an dieser Stelle gut einbringen. Ihren Platz sollten Sie erst nach Aufforderung einnehmen. Angebotene Getränke sollten Sie dankend annehmen, auf Rauchen aber verzichten. Ihr Handy sollte ausgeschaltet sein. Junge Menschen neigen dazu, das klassische „Guten Tag" durch das unpersönlich wirkende „Hallo!" zu ersetzen. Vermeiden Sie diese Mini-Form der Begrüßung. Begrüßen Sie Ihre Gesprächspartner immer namentlich („Guten Tag Herr Padtberg, ich bin Johanna Feltgen. Ich freue mich Sie kennen zu lernen").

Selbstvorstellung der Bewerberin

Nach dem Einstieg erhalten Bewerber/innen bisweilen die Gelegenheit, sich persönlich kurz vorzustellen.

Beispiel:

„Frau Siebenhaar, darf ich Sie zu Beginn unseres Gespräch bitten, sich kurz vorzustellen?"

Etwa zwei Minuten lang konzentriert über sich selbst zu sprechen und dabei zugleich ohne Unter- oder Übertreibung für sich zu werben, ist für die meisten Menschen ungewohnt und erfordert deshalb eine gute Vorbereitung. Die Vorarbeit hierfür haben Sie im Wesentlichen aber bereits erledigt, wenn Sie unserer Empfehlung gefolgt sind, Ihre Bewerbung mit einer gründlichen Selbstanalyse zu beginnen (Kapitel 3). Auch die Mühe, die Sie in Ihr Anschreiben investiert haben, zahlt sich hier aus. Denn das Anschreiben hat letztlich keine andere Funktion als Sie zu präsentieren. Jetzt haben Sie Gelegenheit, Ihr Kompetenzprofil noch einmal in freier Formulierung vorzutragen und Ihre Gesprächspartner davon zu überzeugen, dass Sie der gesuchten Person entsprechen.

Bereiten Sie aber keine längere auswendig gelernte Rede zum Thema „Wer bin ich" vor. Vermeiden Sie nebulöse Formulierungen und schwer nachvollziehbare Andeutungen; formulieren Sie klar und anschaulich. Der Arbeitgeber will eine Darstellung Ihres beruflichen und berufsbezogenen persönlichen Profils von Ihnen. Verfallen Sie dabei nicht in den häufigen Fehler, wie ein Schulkind Ihren persönlichen Lebensweg nachzuerzählen („Also, ich heiße Nicole Löffler. Geboren bin ich am … in … Aufgewachsen bin ich in … Nach meiner mittleren Reife habe ich die Ausbildung als Erzieherin begonnen. Nach meiner Ausbildung habe ich … Danach war ich … Heute arbeite ich in der Kita … Meine Hobbys sind …"). Stellen Sie vielmehr heraus, welche beruflichen Erfahrungen und persönlichen Kompetenzen Sie bisher erworben haben (beschreibend, ohne Selbstlob), wie gut diese zur ausgeschriebenen Stelle passen und welches berufliche Ziel Sie haben („Ich möchte meine Fähigkeiten im kreativen Bereich noch stärker nutzen und habe mich deshalb von Ihrem Stellenangebot besonders angesprochen gefühlt"). Nicht gemeint ist mit der Aufforderung zur Selbstvorstellung, alles Mögliche über das Privatleben auszuplaudern.

Und so können Sie vorgehen:

- Beginnen Sie damit, Ihre Aufgaben zu erläutern, die Sie in Ihrer derzeitigen Position wahrnehmen. Sagen Sie nicht nur: Ich arbeite als Sozialarbeiterin im Seniorenzentrum der Stadt W., sondern schildern Sie, was Sie dort im Einzelnen für Aufgaben haben und welche fachlichen und sonstigen Anforderungen damit in der Praxis verbunden sind. Wenn Sie Berufsanfängerin sind heben Sie die Kenntnisse und Praxiserfahrungen hervor, die Sie durch das Studium und während des Studiums erworben haben.
- Zeigen Sie Verbindungslinien zwischen Ihrer derzeitigen Tätigkeit und der angestrebten Tätigkeit auf.
- Gehen Sie dann auf wichtige Stationen Ihres beruflichen Werdegangs zurück. Schildern Sie auch hier, was Ihre Aufgaben waren, welche Verantwortung Ihnen übertragen war, wo Arbeits- und Weiterbildungsschwerpunkte lagen, was Sie dabei fachlich und fachübergreifend lernen konnten, um es nun in die angestrebte Position einbringen zu können.
- Fassen Sie Ihre Darstellung anschließend noch einmal kurz zusammen, damit Ihr Qualifikationsprofil sich Ihren Gesprächspartnern leichter einprägen kann.
- Sagen Sie am Schluss, was Sie bewogen hat, sich auf die ausgeschriebene Stelle zu bewerben.

Praxisbeispiel:

„Ich arbeite zurzeit im Allgemeinen Sozialen Dienst der Stadt W. Dort betreue ich Menschen aus unterschiedlichen Zielgruppen. Vor allem geht es um Kinder, Jugendliche und ihre Familien. Meine Hauptaufgabe ist es, gemeinsam mit Eltern und Kindern Lösungen zu erarbeiten, wenn das Zusammenleben in der Familie nicht mehr funktioniert oder die Kinder Verhaltensauffälligkeiten zeigen, den Schulbesuch verweigern oder vernachlässigt werden. Mir liegt viel daran, gemeinsam Ziele zu vereinbaren, damit alle am demselben Strang ziehen und überprüfen können, ob sie ihre Hausaufgaben wirklich gemacht haben. Mit Geduld und Beharrlichkeit kann man hier durchaus etwas bewegen. Man muss bei dieser Tätigkeit immer wieder auf Eltern zugehen, die sich erst einmal zugeknöpft zeigen, weil sie befürchten, das Jugendamt wolle sich in ihr Leben einmischen. Im Allgemeinen Sozialen Dienst braucht man außerdem fundierte Kenntnisse über Sozialleistungen, die für Familien, Alleinerziehende, aber auch alte und behinderte Menschen oft erforderlich sind. Außerdem spielt Netzwerkarbeit eine große Rolle, weil es häufig darum geht auszuloten, wer auch im unmittelbaren Lebensumfeld der Menschen evtl. Hilfen bereitstellen kann. Dazu muss man gute Beziehungen aufbauen. Sehr hilfreich ist es, wenn man seine Arbeit gut organisieren kann. Bei der hohen Fallbelastung in diesem Arbeitsfeld kommt es darauf an, viele Fälle gleichzeitig im Blick zu haben.

Zum ASD bin ich nach einigen Jahren Tätigkeit in der offenen Jugendarbeit gekommen. Dort hatte ich viel mit Kindern und Jugendlichen zu tun, denen es zuhause nicht gut geht. Einzelne haben nicht einmal ein eigenes Bett. In der offenen Jugendarbeit war ich vor allem damit befasst ... (weitere Ausführungen).

Zusammenfassend kann ich sagen: Ich habe in meiner bisherigen Berufstätigkeit intensive Erfahrungen in der pädagogischen Arbeit mit Eltern und Kindern sammeln können. Wichtig ist mir Partizipation, zielorientiertes Arbeiten, aber auch das Einfordern von Eigenengagement. Ich habe lernen können, mit Menschen unterschiedlichster Herkunft und Bildung zu kommunizieren. Über die Mitarbeit in der Stadtteilkonferenz ist mir auch die Arbeit in Gremien vertraut. Ich möchte beruflich jetzt gerne einen weiteren Entwicklungsschritt machen, nämlich mehr übergreifende Verantwortung übernehmen. Deshalb habe ich mich auf die Stelle als Abteilungsleiterin im Jugendamt beworben. Ich denke, dass ich meine bisherigen beruflichen Erfahrungen hierbei sehr gut verwerten kann."

Fragen zu Werdegang, Motiven, Qualifikation und Eignung der Bewerberin

Im Hauptteil des Vorstellungsgespräches geht es vor allem um die Frage nach Ihrer fachlichen und persönlichen Eignung für die zu vergebende Position. Gesprächsthemen des Hauptteils sind:

- Ihr Bewerbungsmotiv und Ihre arbeitsplatzbezogenen Erwartungen
- Ihr beruflicher Werdegang
- Ihre fachlichen Kenntnisse, beruflichen Erfahrungen und Einstellungen
- Ihre persönlichen und sozialen Fähigkeiten und Eigenschaften, und – trotz Unzulässigkeit – bisweilen auch
- Ihre privaten Lebensumstände und Ihre persönliche Lebensgestaltung.

Unter den Fragen sind Standardfragen ebenso wie spezielle Fragen, die sich erst aus der Lektüre Ihrer Unterlagen oder Ihrer Selbstpräsentation ergeben haben. Immer geht es darum, sich nicht nur ein Bild über Ihre fachlichen Seiten zu machen, sondern auch einigermaßen treffsicher herauszufinden, was für ein Mensch Sie sind, genauer: Welche persönlichen und sozialen Kompetenzen ("Schlüsselqualifikationen", "Soft Skills") Sie in das Arbeitsverhältnis einbringen können. Mehr als in jedem anderen Berufszweig entsteht berufliche Handlungskompetenz in sozialen und pädagogischen Berufen erst im Zusammenwirken fachlicher und methodischer Kenntnisse mit den Eigenschaften der jeweiligen Person. Während sich fehlendes Fachwissen ohne Weiteres nachholen lässt, sind unzureichende personale und soziale Qualifikationen für einen Arbeitgeber u. U. eine Hypothek auf Dauer. Es wäre jedenfalls blauäugig von dem Arbeitgeber, darauf zu setzen, dass sich Lücken im Persönlichkeitsinventar beizeiten von alleine schließen werden. Deshalb will der Arbeitgeber vor einer Einstellungszusage wissen:

- Kann er darauf vertrauen, dass sich Menschen mit sehr unterschiedlicher Prägung, Lebensgeschichte und Belastung, Ihre Klienten also, auf eine Zusammenarbeit mit Ihnen einlassen?
- Sind Sie fähig, sich in ein Team von Fachkolleginnen einzubringen, ohne dass Störungen in der Zusammenarbeit vorprogrammiert sind?
- Sind Sie bei aller geforderten Autonomie in der Lage, sich in betriebliche Strukturen einzuordnen?
- Wie werden Vorgesetzte mit Ihnen zurechtkommen?
- Wie steht es um Ihre Engagement- und Lernbereitschaft?
- Sind Sie neuen Herausforderungen, unverhofften Situationen und plötzlichen Belastungsspitzen gewachsen?
- Zeigen Sie Flagge, wo dies unumgänglich ist?
- Behalten Sie auch in turbulenten Situationen die Nerven?

Zwar kann ein Vorstellungsgespräch über solche Eigenschaften nur begrenzt Auskunft geben, doch besteht die Erwartung, durch „genaues Hinschauen" das Risiko einer Fehlentscheidung zu mindern. Als Bewerber/in sollten Sie das Vorstellungsgespräch aktiv nutzen, um neben der fachlichen Eignung auch Ihre persönliche Eignung für Ihre Gesprächspartner sichtbar zu machen. Verweisen Sie glaubhaft immer wieder auf Situationen und Anforderungen ihres Berufslebens, in denen die gewünschten Qualifikationen bereits gefragt waren.

Beispiel:

„Ich habe ein Jahr lang nachmittags Kinder aus Migrantenfamilien betreut. Das hat mir sehr geholfen, Zugang zu Menschen aus fremden Kulturen zu gewinnen."

Welche Fragen in einem Vorstellungsgespräch vorkommen können, haben wir in dem Kapitel 10 („Fragentraining") aufgelistet. Dort erfahren Sie etwas über den Hintergrund der einzelnen Arbeitgeberfragen, wie Sie diese beantworten können und welche Fehler Sie dabei vermeiden können.

Selbstdarstellung des Arbeitgebers, Informationen zum Arbeitsplatz

Zu den Standardelementen eines Bewerbungsgesprächs gehört auch, dass man Ihnen Informationen über den Anstellungsträger, die Einrichtung und natürlich über den Arbeitsplatz selbst gibt.

Beispiel:

„Unser Haus existiert seit ... In den Anfängen ging es nur um die Pflege alter und behinderter Menschen. Seit den 90er Jahren bieten wir auch stationäre und ambulante Jugendhilfeleistungen an. Derzeit beschäftigen wir insgesamt

720 Mitarbeiter/innen an vier Standorten, zum Teil als Teilzeitkräfte. Unsere Gesellschafterin ist die ... Wir stehen heute mehr und mehr im Wettbewerb. Deswegen spielt das Thema Unternehmenskommunikation eine immer größere Rolle, nicht nur nach außen, sondern auch nach innen. Hier brauchen wir dringend Verstärkung. Deswegen kommen wir heute zusammen. Der Arbeitsplatz, den wir vergeben wollen, soll insbesondere Schwerpunkte setzen im Bereich ... Wir stellen uns konkret vor, dass ..."

Hören Sie bei den Ausführungen Ihrer Gesprächspartner gut zu, ohne minutiös mitzuschreiben. Stichworte sind selbstverständlich erlaubt. Unterbrechen Sie Ihren Gesprächspartner nicht. Zeigen Sie aber durch einzelne (ungekünstelte) Nachfragen oder Bemerkungen Interesse an den Ausführungen.

Vertraglicher Rahmen des Arbeitsverhältnisses

Eng mit dem vorstehend genannten Element ist die Erörterung der Rahmenbedingungen des Arbeitsverhältnisses verbunden. Informationen des Arbeitgebers können hierbei mit Fragen an die Bewerberin Hand in Hand gehen.

Themen können sein:

Gehalt, leistungsabhängige Entgeltbestandteile, Arbeitszeiten, Probezeit, betriebliche Altersversorgung, Übernahme von Umzugskosten, Kündigungsfristen etc.

Wie Sie speziell Fragen zu Ihrer Gehaltsvorstellung beantworten können, können Sie in Kapitel 6 („Anschreiben") unter Element 8 lesen.

Einzelheiten der arbeitsvertraglichen Konditionen werden häufig aber erst in einem nachgehenden Gespräch erörtert, wenn bereits eine engere Auswahl der Bewerber/innen stattgefunden hat (siehe unten „Zweitgespräch").

Fragen der Bewerberin an den Arbeitgeber

Selbst wenn die Fragen des Arbeitgebers an Sie im Vordergrund stehen (er ist es, der eine neue Mitarbeiterin sucht), so haben auch Sie Fragen an den Arbeitgeber. Als Bewerberin keinerlei eigene Fragen zu haben, ist riskant: Es kann Ihnen als geringe Souveränität, fehlende Erfahrung, als schlechte Gesprächsvorbereitung oder gar als mangelndes Interesse ausgelegt werden. Manche der für Sie wichtigen Fragen haben Sie womöglich bei passender Gelegenheit bereits gestellt, andere sind bereits in vorangegangenen Gesprächsphasen abgearbeitet worden oder längst durch die Stellenanzeige beantwortet. Was noch offengeblieben ist (bitte: nur das!), sollten Sie nun gegen Ende des Vorstellungsgesprächs zur Sprache bringen. Ergreifen Sie selbst die Initiative, falls Sie nicht unmittelbar aufgefordert werden.

Beispiele:

„Ich hätte meinerseits noch einige Fragen an Sie ..."

„Besteht noch Zeit zur Klärung einiger Fragen?"

Welche Fragen könnten Sie haben?

- Seit wann ist die Stelle vakant? Warum wurde sie frei?
- Welchen Aufgabenzuschnitt hat die Stelle? Gibt es eine Stellenbeschreibung?
- In welchem Verhältnis stehen die Aufgaben zueinander?
- Auf welche Fähigkeiten legen Sie besonderen Wert?
- Ist die Stelle mit wirtschaftlicher Verantwortung verbunden? In welchem Umfang?
- Gibt es Zielvereinbarungen? Wie werden diese Ziele festgelegt und überwacht?
- Wie wird die Einarbeitung an dem neuen Arbeitsplatz aussehen?
- Wie ist der Arbeitsplatz ausgestattet (Raum, Büroausstattung, Technik)?
- Ist es möglich, den Arbeitsplatz zu besichtigen?
- Ist es möglich, im Falle eines Einstellungswunsches die neuen Kolleg/innen vorab kennenzulernen?
- Gibt es Aufstiegsmöglichkeiten?
- Wie ist die Stelle in die Organisationsstruktur eingeordnet (Wer ist meine Vorgesetzte? Sind mir Mitarbeiter/innen unterstellt? Vertretungspflichten? Gibt es ein entsprechendes Organigramm?)
- Mit wem werde ich unmittelbar zusammenarbeiten?
- Wie viele Mitarbeiterinnen hat die Abteilung?
- Können Ihre Mitarbeiter/innen Supervision/Fortbildung in Anspruch nehmen?
- Wann soll der Arbeitsplatz frühestens/spätestens besetzt werden?
- Wie hoch ist das Gehalt bzw. die tarifliche Eingruppierung? Bieten Sie außertarifliche Leistungen? Welche Möglichkeiten der Gehaltsentwicklung bestehen?
- Sind Leistungszulagen möglich?
- Gibt es eine betriebliche Altersvorsorge?
- Wie ist die Arbeitszeit geregelt? Gibt es Möglichkeiten der flexiblen Gestaltung, z.B. wenn die Kinder einmal krank sind?
- Kann Trennungsentschädigung gezahlt bzw. können Umzugskosten übernommen werden?
- Welcher Urlaubsanspruch steht mir zu?
- In welchem Umfang fallen Überstunden an?
- Ist die Tätigkeit mit regelmäßigen Reisen (Inland, Ausland) verbunden?
- Besteht die Aussicht, dass die befristete Stelle entfristet wird?
- Übernehmen Sie die Kosten für das Vorstellungsgespräch?
- Welche Infrastruktur ist örtlich vorhanden (Schulen, Kultureinrichtungen, bezahlbarer Wohnraum, Einkaufsmöglichkeiten, gesundheitliche Versorgung, ÖPNV)?

Notieren Sie Ihre Fragen vor dem Gespräch stichpunktartig auf einem Blatt, damit wichtige Punkte nicht in Vergessenheit geraten. Dies zeigt dem Arbeitgeber, dass Sie sich auf das Vorstellungsgespräch vorbereitet haben und Ihnen an der Stelle ernsthaft liegt.

Klären Sie vorher, welche Fragen Sie auf jeden Fall loswerden möchten. Denn das Zeitfenster für die Bewerberfragen ist nach einem längeren Gespräch nur noch klein. Fragen zu Urlaub, Mehrarbeit, Überstundenausgleich u. ä. sollten Sie in dem Erstkontakt vermeiden. Mitarbeiter, die sich weniger für den Aufgabeninhalt als für ihre persönlichen Vorteile interessieren, kommen selten gut an. Auch die Frage nach einem möglichen Aufstieg kann deplatziert sein, wenn Ihr Aufstieg dazu führen würde, eine der vor Ihnen sitzenden Personen aus Ihrer Stellung zu drängen. Achten Sie also bei Ihren Fragen darauf, ob Sie zur jeweiligen Situation passen. Zu jeder Frage könnte man im Übrigen etliche Nachfragen stellen. Dies ist praktisch nicht möglich und würde außerdem negativ wirken (Misstrauen, starkes Sicherheitsbedürfnis, Pingeligkeit). Falls man Ihnen die Stelle anbietet bzw. Sie in die engere Wahl gekommen sind, besteht in einem weiteren Kontakt noch genügend Zeit, wichtige Details zu klären. Erst dann entscheiden Sie, ob Sie den Vertrag unterschreiben. Machen Sie sich zu den erhaltenen Informationen kurze Notizen, ohne alles mitzuschreiben. Nach dem Gespräch sollten Sie Ihre Notizen aus dem Gedächtnis ergänzen.

Schlussphase

Bevor das Gespräch mit einem herzlichen „Dankeschön für Ihr Kommen!" bzw. Ihrem höflichen Dank für die Einladung zu Ende geht, spricht man gewöhnlich über den weiteren Ablauf des Bewerbungsverfahrens: Wann ist mit einer Benachrichtigung durch den Arbeitgeber zu rechnen? Ist evtl. eine zweite Vorstellungsrunde beabsichtigt? Wie unterscheidet sich diese von dem heutigen Bewerbungsgespräch?

Verzichten Sie darauf nachzufragen, wie man Ihre Aussichten einschätzt, die Stelle zu bekommen oder welchen Eindruck der Arbeitgeber von Ihnen gewonnen hat. Erst recht verbietet es sich, Druck auf den Arbeitgeber auszuüben. Sollten Sie eine rasche Entscheidung benötigen, weil Sie sonst ein Alternativangebot nicht wahrnehmen könnten, sollten Sie sich unmittelbar nach dem Vorstellungsgespräch schriftlich an den Arbeitgeber wenden (siehe Kapitel 11).

Wenn sich Arbeitgeber und Bewerberin verabschieden, sind je nach beruflicher Position ein bis zwei Stunden vergangen. Bei besonders verantwortungsvollen Führungspositionen, z. B. als Geschäftsführerin einer budgetstarken Einrichtung, wird man auch mehr Zeit einplanen müssen. Bei Bewerber/innen ohne akademischen Abschluss (Fachschulebene) liegt der Zeitbedarf ggf. auch unter einer Stunde. Manchmal findet nach dem Vorstellungsgespräch noch ein Rundgang durch die Einrichtung statt.

Zweitgespräch

Wenn es um gehobene Positionen geht, kommt es nicht selten zu einer zweiten Vorstellungsrunde. Die Atmosphäre ist hierbei entspannter, der Umgang miteinander ungezwungener, der Theater-Effekt schwindet, schließlich kennt man sich bereits. Dies ist eine gute Voraussetzung, um die tatsächlichen Seiten einer Persönlichkeit noch realistischer als beim ersten „Show-off" wahrzunehmen!

Gleichzeitig bietet sich die Möglichkeit, stärker in Details des Bewerberprofils einzusteigen. Die Terminierung eines Zweitgespräches bedeutet nicht, dass die Würfel bereits zu Ihren Gunsten gefallen sind, auch wenn die Zahl der Mitbewerber/innen nun sehr klein geworden ist (ca. 2–5 Personen).

Beispiel:

„Sie hatten uns beim letzten Mal geschildert, dass Sie ein von der Landesregierung gefördertes Projekt entwickelt haben. Können wir hierüber noch etwas mehr erfahren? Wie erfolgreich ist dieses Projekt verlaufen? Inwiefern hängt dies mit Ihrem persönlichen Einsatz zusammen?"

Ein zweites Vorstellungsgespräch kann sich darüber hinaus mit (weiteren) Einzelheiten der arbeitsvertraglichen Konditionen befassen. Womöglich hatte der Arbeitgeber zunächst das eine oder andere bewusst offengelassen, um diese Fragen nur mit den ernsthaft in Betracht gezogenen Bewerberinnen zu besprechen.

Beispiel:

Tarifliche Eingruppierung, Einstiegsgehalt, soweit dies nicht festlegt, Leistungszulagen, technische Arbeitsplatzausstattung, Sekretariat, organisationsinterner Status, Dienstwagen.

Nicht unwahrscheinlich ist, dass an dem Zweittermin Personen teilnehmen, die bis dahin nicht in Erscheinung getreten sind. Es gilt also erneut, sich kraftvoll zu präsentieren, auch wenn man davon überzeugt ist, dass „eigentlich schon alles gesagt ist". Das werden die neu Hinzugekommenen nämlich völlig anders sehen.

Beispiel:

Während das Verfahren bisher auf der Ebene der Amtsleitung lief, findet in der zweiten Runde ein Gespräch mit der Verwaltungsleitung und ggf. der Vorsitzenden des Personalausschusses des Gemeinderates statt. Womöglich hat sich der Bürgermeister als Verwaltungsleiter das Recht der Schlussentscheidung vorbehalten.

Das Zweitgespräch ist der Endspurt. Wer jetzt nachlässt, entwertet auf der letzten Etappe zum Ziel seine vorangegangen Bemühungen. Um die eigene Kraft zu konzentrieren, sollten Sie sich vorstellen, das Zweitgespräch sei das Erstgespräch bei einem anderen Arbeitgeber an einem anderen Ort. Behalten Sie aber im Blick, wie Sie sich in der ersten Runde präsentiert haben, damit keine Ungereimtheiten auftreten.

Zulässige und unzulässige Fragen

Fragen, die der Arbeitgeber stellen darf

Es liegt im Interesse des Arbeitgebers, sich möglichst umfassend über seine zukünftige Mitarbeiterin zu informieren. Dem hemmungslosen „Ausfragen" steht aber Recht der Bewerberin gegenüber, ihre Persönlichkeitsrechte und ihre Individualsphäre zu schützen. Deshalb sind dem Fragerecht des Arbeitgebers rechtliche Grenzen gesetzt. Die Rechtsprechung hat in Abwägung der widerstreitenden Interessen nur solche Fragen an Bewerber/innen für zulässig erklärt,

- die sich unmittelbar auf die zu vergebende Arbeitstätigkeit beziehen und
- an deren Beantwortung der Arbeitgeber ein berechtigtes, billigenswertes und schützenswertes Interesse hat. Dieses Interesse muss schwerer wiegen als das Schutzrecht des Bewerbers (Bundesarbeitsgericht, Urteil vom 7.6.1984, Arbeitsrechtliche Praxis Nr. 26 zu § 123 BGB).

Als zulässig gelten deshalb Fragen

- zu dem beruflichen Werdegang und der zuletzt ausgeübten Tätigkeit. Der Arbeitgeber muss erkennen können, ob Sie aufgrund ihrer fachlichen und persönlichen Eigenschaften die angestrebte Position ausfüllen können. Deshalb kann auch die Frage nach den Gründen einer Kündigung zulässig sein;
- nach einer akuten AIDS-Erkrankung, weil davon auszugehen ist, dass Ihre Arbeitsfähigkeit wegen mangelnder Heilungsaussichten zumindest in absehbarer Zukunft erheblich eingeschränkt ist oder entfallen wird.

Fragen, die der Arbeitgeber nicht stellen darf

An allen darüber hinausgehenden Fragen hat der Arbeitgeber kein berechtigtes Interesse. Deshalb sind diese Fragen – von Ausnahmen abgesehen – unzulässig. Unbedeutend ist hierfür, ob die Fragen mündlich gestellt werden oder in einem Personalfragebogen enthalten ist. Zu den unzulässigen Fragen gehören Fragen

- nach einer vorliegenden ansteckenden Krankheit (z.B. einer HIV-Infektion), es sei denn, dass Dritte dadurch konkret gefährdet werden;
- nach einer Alkoholabhängigkeit, es sei denn, dass der Arbeitsplatz eine besondere Verantwortung für andere Menschen beinhaltet (z.B. Taxifahrer; Erzieher in einem Heim, der suchtbedingt seiner Aufsichtspflicht als Alleinkraft im Nachtdienst nicht zuverlässig nachkommen kann);
- nach einer bestehenden Schwangerschaft. Diese Frage ist generell unzulässig, weil sie eine geschlechtsbezogene Diskriminierung darstellt. Naturgemäß kann sie nur weibliche Bewerber betreffen (s. dazu § 611 a BGB). Sie darf nach der Rechtsprechung des Europäischen Gerichtshofs auch dann falsch beantwortet werden, wenn Sie wegen Ihrer Schwangerschaft Ihre Arbeit zunächst gar nicht aufnehmen können, oder wenn feststeht, dass Sie während eines wesentlichen Teils der Vertragszeit nicht arbeiten können. Sind Sie als Schwangere dagegen während der gesamten Vertragszeit (z.B. bei einem befristeten

Vertrag) zur Arbeitsleistung nicht in der Lage, so dürfen Sie den Arbeitgeber über die Schwangerschaft nicht im Unklaren lassen oder täuschen (Offenbarungspflicht). Wird die Frage nach einer bestehenden Schwangerschaft trotz Unzulässigkeit gestellt und von Ihnen wahrheitsgemäß mit „Ja" beantwortet, darf der Arbeitgeber Ihre Einstellung gleichwohl nicht ablehnen, jedenfalls nicht mit dem Argument, Sie seien schwanger;

- nach Wehrdienst- und Ersatzdienstzeiten; aufgrund der neueren Rechtsprechung des Europäischen Gerichtshofs ist davon auszugehen, dass diese Frage, die in der Vergangenheit als ‚unkritisch' galt, inzwischen unzulässig ist, weil sie nur Männer betreffen kann und insofern gegen das Verbot der Geschlechterdiskriminierung verstößt;
- Fragen nach Ihren Heiratsabsichten, nach dem Wunsch, Kinder zu bekommen, bzw. zur Familienplanung oder der Empfängnisverhütung. Diese Fragen gehören zum privaten Bereich und sind daher vor Offenlegung geschützt;
- Fragen nach Ihrer Zugehörigkeit zu einer politischen Partei, einer Gewerkschaft, dem Betriebs- oder Personalrat, einer studentischen Vereinigung oder einer Religionsgemeinschaft. Ausnahme: Bewerbung bei Tendenzbetrieben wie Parteien, Gewerkschaften, kirchlichen Anstellungsträgern. Der evangelische Träger einer Erziehungsberatungsstelle darf Sie also nach Ihrer Konfession fragen;
- die Frage, ob Sie schwerbehindert sind. Fragen zur Schwerbehinderteneigenschaft bzw. einer Gleichstellung durch die Arbeitsverwaltung durfte der Arbeitgeber nach früherer Rechtsprechung stellen. Es wurde argumentiert, der Arbeitgeber habe ab einer bestimmten Zahl vorhandener Arbeitsplätze Schwerbehinderten gegenüber eine Beschäftigungspflicht. Dieser könne er nur nachkommen, wenn ihm diese Eigenschaft bekannt ist. Außerdem dürfe er eine schwerbehinderte Mitarbeiterin nur mit Zustimmung des Integrationsamtes kündigen. Die Frage war durch die Schwerbehinderte auch dann wahrheitsgemäß zu beantworten, wenn die Behinderung „tätigkeitsneutral" war, sich auf die Arbeitsleistung also gar nicht auswirken konnte (BAG, Urteil vom 3.12.1998 – 2 AZR 754/97). Diese Rechtsauffassung gilt heute als überholt. Da schwerbehinderte Menschen wegen Ihrer Behinderung nicht benachteiligt werden dürfen (§ 81 Abs. 2 SGB IX; § 7 Abs. 1 AGG), halten viele Rechtsexperten auch die Frage nach der Schwerbehinderteneigenschaft für grundsätzlich unzulässig;
- die Frage nach Hobbys und den Personen, mit denen Sie Ihre Freizeit verbringen;
- Fragen nach Ihrem Gesundheitszustand; unstrittig ist aber, dass der Arbeitgeber erkennen können muss, ob Sie zur Ausführung der Arbeit gesundheitlich in der Lage sind. Grundsätzlich gilt: Der Arbeitgeber darf nur nach gesundheitlichen Beeinträchtigungen fragen, die die Eignung für die vorgesehene Tätigkeit dauerhaft einschränken oder die – weil sie chronisch sind – immer wieder neu zu erheblichen Ausfällen führen;
- Fragen nach Ihren finanziellen Verhältnissen, es sei denn, es geht um eine Stelle, bei der eine besondere Vertrauenswürdigkeit im Umgang mit finanziellen Mitteln erheblichen Umfangs unabdingbar ist (z.B. Geschäftsführerin einer

Werkstatt für Behinderte; Verwaltungschef einer Pflegeeinrichtung). Hier
wäre es zulässig, nach einer Gehaltspfändung oder einem privaten Insolvenz-
verfahren zu fragen;

• Fragen nach einem Ermittlungsverfahren, da jedermann bis zur rechtskräf-
tigen Verurteilung als unschuldig gilt;

• Fragen nach Ihrem strafrechtlichen Werdegang. Die soziale Wiedereinglie-
derung der straffällig Gewordenen soll nicht erschwert werden. Hat die be-
gangene Straftat aber eine spezifische Bedeutung für die zukünftige Aufgabe,
darf sie nicht verschwiegen werden (sog. „einschlägige Vorstrafe", wie z.B. das
Delikt „Unterschlagung" bei einer Buchhalterin, die sich bei einem Heimträ-
ger bewirbt; sexueller Missbrauch bei einem Heimerzieher). Strafen, die nicht
in ein Führungszeugnis aufzunehmen sind oder die im Bundeszentralregister
bereits getilgt sind, sind grundsätzlich nicht offenbarungspflichtig, und zwar
auch dann nicht, wenn sie einschlägig sind;

• die Frage nach der Höhe Ihres bisherigen Gehaltes, weil die Antwort auf diese
Frage den Zweck verfolgen kann, Ihren Gehaltswunsch zu drücken;

• die Frage nach Ihrer sexuellen Orientierung.

Rechte und Pflichten des Bewerbers

Nicht zulässige Fragen müssen Sie nicht beantworten. Wenn Sie annehmen müssen, dass Ihnen Ihre Antwortverweigerung oder Ihre Ehrlichkeit schaden wird,
dürfen Sie eine solche Frage sogar wahrheitswidrig beantworten („Recht zur
Lüge"). Welche sonstigen Möglichkeiten bestehen, mit unzulässigen Fragen umzugehen, zeigen wir Ihnen in Kapitel 10 („Fragentraining").

Wenn Sie dagegen eine zulässige Frage wahrheitswidrig beantworten, laufen
Sie Gefahr, dass der Arbeitgeber den Arbeitsvertrag später wegen arglistiger Täuschung nach § 123 BGB anfechtet. Ist die Anfechtung rechtmäßig, ist Ihr Arbeitsvertrag null und nichtig. Dies gilt auch dann, wenn das Arbeitsverhältnis bereits
seit längerer Zeit besteht und es zwischenzeitlich keinen Grund für Beanstandungen gegeben hat. Die erfolgreiche Anfechtung beendet das Arbeitsverhältnis
zu dem Zeitpunkt, in dem der Arbeitgeber die Anfechtung erklärt hat.

„Arglistige Täuschung" liegt vor, wenn Sie vorsätzlich Tatsachen vorgespie-
gelt, entstellt oder trotz Offenbarungspflicht verschwiegen haben, um die Entscheidung des Arbeitgebers zu Ihren Gunsten zu beeinflussen. Die Anfechtung
ist möglich, wenn dieses Verhalten maßgeblich für das Zustandekommen des
Arbeitsvertrags war (Kausalität).

Anfechtbarkeit wegen Täuschung oder Drohung (§ 123 Abs. 1 BGB)

**Wer zur Abgabe einer Willenserklärung durch arglistige Täuschung oder wider-
rechtlich durch Drohung bestimmt worden ist, kann die Erklärung anfechten.**

Generell sind Sie als Bewerberin nicht verpflichtet, den Arbeitgeber von sich aus
auf Umstände hinzuweisen, die sich negativ für ihn auswirken könnten. Der Arbeitgeber trägt daher im Prinzip die Informationslast und das Informationsrisi-

ko. Von diesem Regelfall gibt es jedoch Ausnahmen. Nach dem Grundsatz von Treu und Glauben (§ 242 BGB) haben Sie immer dann eine Offenbarungspflicht, wenn Sie sich im Klaren darüber sind, dass Sie den Anforderungen des Arbeitsplatzes nicht entsprechen können, z. B.

- weil Sie wegen gesundheitlicher Einschränkungen keinen Arbeitstag durchstehen können,
- weil Sie wegen der Gefahr eines epileptischen Anfalls kein Kfz führen dürfen,
- weil die Verbüßung einer Freiheitsstrafe bevorsteht.

Unterbleibt die Offenlegung gegenüber dem Arbeitgeber, kann dieser den geschlossenen Arbeitsvertrag ebenfalls wegen arglistiger Täuschung anfechten („Täuschung durch Unterlassen"). Im Extremfall kann er Schadenersatz verlangen.

Rückfragen bei einem früheren Arbeitgeber

Bisweilen wird der Arbeitgeber die gewünschten Auskünfte nicht allein im Vorstellungsgespräch oder in einem Personalfragebogen einholen, sondern Rücksprache mit dem früheren Arbeitgeber des Bewerbers nehmen wollen. Dies ist grundsätzlich zulässig. Der angesprochene Arbeitgeber muss sich hierbei jedoch an die Grundsätze halten, die auch für die Zeugniserteilung gelten (Wahrheit der Angaben, wohlwollende Rücksichtnahme auf das berufliche Fortkommen der Arbeitnehmerin).

Verhalten im Vorstellungsgespräch

Zum „richtigen" Verhalten in einem Vorstellungsgespräch ließe sich manche Empfehlung geben. Einige davon haben wir bereits in vorangegangenen Abschnitten vorweggenommen. Da die Situation für gewöhnlich aber von innerer Anspannung begleitet ist, laufen gutgemeinte Empfehlungen schnell ins Leere („Sprechen Sie nicht zu schnell, artikulieren Sie deutlich"). Vielleicht bewirkt die Menge der Empfehlungen sogar das Gegenteil: Sie verkrampfen sich und scheuen davor zurück, in ein Vorstellungsgespräch zu gehen. Besser als sich vorzunehmen, „möglichst nicht nervös am Ehering zu spielen", ist es, die Aufmerksamkeit auf Dinge zu richten, die Sie einigermaßen gut beeinflussen können. Damit ziehen Sie gleichzeitig die Aufmerksamkeit von den weniger gut steuerbaren Verhaltensweisen ab.

Empfehlungen:

- Geben Sie zu erkennen, dass Sie sich mit gewünschten Arbeitsplatz und Arbeitgeber befasst haben.
- Vermitteln Sie Glaubwürdigkeit, indem Sie Ihre Fähigkeiten und Erfahrungen durch Beispiele belegen (Was haben Sie wo gemacht mit welchem Erfolg?). Hohle Worte und das Dreschen von Phrasen überzeugen nicht („Ich kann Ihnen

versichern, dass ich hoch leistungsmotiviert bin"). Ebenso wenig kommt Anbiederei an („Loyalität ist oberstes Gebot").

- Rücken Sie Ihre Fähigkeiten in ein positives Licht, aber verzichten Sie auf Märchen, die Sie über kurz oder lang Ihre Glaubwürdigkeit kosten.
- Schwächen dürfen Sie haben; Schwächen dürfen aber keine ernsthaften Zweifel begründen, dass Sie Ihrer Aufgabe gewachsen sind.
- Zeigen Sie Selbstbewusstsein, aber blasen Sie sich nicht auf wie ein Frosch („Hoppla, jetzt komme ich"). Selbstbeweihräucherung und Überheblichkeit kommen ebenso wenig an wie die Neigung zur Selbstentwertung („Ich habe ja kein Studium vorzuweisen"; „Ich muss da unbedingt mehr an mir arbeiten"; „Das würde ich auch gerne können").
- Antworten Sie möglichst genau auf Fragen. Holen Sie aber nicht zu weit aus und verlieren Sie sich nicht in Unwesentlichem.
- Vermeiden Sie, sich über Dritte (z. B. Kollegen, Vorgesetzte) negativ zu äußern.
- Zeigen Sie, dass Sie Ihrem Gesprächspartner zuhören können, indem Sie auf seine Äußerungen reagieren, z. B. durch Nachfragen, Aufgreifen einer Bemerkung (aktives Zuhören).
- Geben Sie nicht durch eine Potz-Blitz-Beantwortung von Fragen zu der Vermutung Anlass, dass Sie ein Bewerbungstraining durchlaufen haben. So vermeiden Sie auch den Eindruck, dass Sie schneller reden als nachdenken können.
- Nehmen Sie eine aufrechte Sitzposition ein. Legen Sie die Unterarme auf den Tisch und verschränken Sie die Hände. Verschränken Sie nicht Ihre Arme vor Ihrem Oberkörper.
- Versuchen Sie fahrige Bewegungen, hektische Gestik und angespannte Mimik zu vermeiden, wenn Sie können. Es wäre dagegen falsch, jedwede körperliche Bewegung überhaupt zu unterdrücken. Der Versuch würde Sie verkrampft machen und Sie von dem Inhalt des Gespräches nur ablenken. Außerdem macht eine natürliche Lebendigkeit sympathisch, weil sie auf die Echtheit Ihrer Motivation schließen lässt.
- Ein freundlicher Gesichtsausdruck verschafft Ihnen nicht nur im Bewerbungsgespräch Sympathien, sondern erleichtert auch die Kommunikation mit anderen, ein Plus in allen pädagogischen und sozialen Berufen. Auch Lächeln und ein Schuss spontaner (!) Humor kommen an der richtigen Stelle gut an.
- Sprechen Sie Ihre Gesprächspartner möglichst mit ihrem Namen an. Akademische Titel sollten Sie hierbei nicht ignorieren, es sei denn, Sie sind selbst entsprechend dekoriert.
- Notieren Sie sich das ein oder andere Stichwort. Das zeigt, dass Sie Informationen wichtig nehmen. Außerdem können Sie später leichter auf einzelne Punkte zurückkommen. Schreiben Sie aber nicht fortlaufend mit. Sie verlieren sonst den Kontakt zu ihren Gesprächspartnern.
- Versuchen Sie Blickkontakt zu Ihren Gesprächspartnern zu halten. Schauen Sie dabei alle Beteiligten an, nicht nur den „Platzhirschen".

- Verweisen Sie auch bei überflüssigen Fragen nicht auf Ihre Unterlagen („Sie könnten es am einfachsten in meiner Bewerbungsmappe nachlesen.")
- Verzichten Sie darauf, nach der Erstattung Ihrer Reisekosten zu fragen. Dafür ist auch später noch Zeit. Hat der Arbeitgeber Sie zum Vorstellungsgespräch eingeladen, so muss er auch dann die Kosten übernehmen, wenn es zu keinem Vertrag kommt (Rechtsgrundlage: § 670 BGB: Ersatz von Aufwendungen). Das gilt nur dann nicht, wenn der Arbeitgeber eine Kostenerstattung von vornehein ausgeschlossen hatte.
- Kommen Sie so rechtzeitig, dass Sie sich nicht selbst daran hindern, ruhig in das Gespräch zu gehen.

Persönliche Auswertung von Vorstellungsgesprächen

Vorstellungsgespräche dienen der gemeinsamen Prüfung, wie gut man zueinander passt. Lassen Sie das Gespräch deshalb noch einmal Revue passieren:

Auswertungsfragen

- Wie ist man Ihnen gegenübergetreten? War es ein faires Gespräch, das trotz seines Auswahlcharakters sachlich, freundlich im Ton und respektvoll ablief?
- Sagt Ihnen Ihr Gefühl und Gespür, dass Sie sich auf den richtigen Arbeitsplatz bei dem richtigen Arbeitgeber beworben haben?
- Was spricht bei nüchterner Betrachtung für den Arbeitsplatz? Was spricht ggf. dagegen?
- Entsprechen Tätigkeitsinhalt und Verantwortungsbereich Ihren Vorstellungen?
- Können Sie sich mit der Aufgabe identifizieren?
- Passt der Arbeitsplatz zu Ihren Fähigkeiten oder droht Unter- oder Überforderung?
- Haben Sie den Eindruck gewonnen, dass Eigeninitiative und Innovationsbereitschaft willkommen sind und gefördert werden?
- Bietet die Stelle Entwicklungsmöglichkeiten?
- Ist davon auszugehen, dass der Arbeitgeber Sie ausreichend unterstützt (z. B. durch Mitarbeiter/innen, durch Supervision, Fortbildung)?
- Was ist an dieser Stelle tatsächlich besser als an Ihrer bisherigen? Was ist schlechter?
- Haben sich im Gespräch Diskrepanzen zu Ihren Vorinformationen über Stelle und Arbeitgeber ergeben?
- Haben Sie das gute Gefühl, mit den zukünftigen Kolleg/innen auf fachlicher und auf persönlicher Ebene gut zusammenarbeiten zu können?
- Stimmen die Konditionen (Gehalt, Arbeitsplatzausstattung, Arbeitsplatzsicherheit, Einstellungstermin)?

- Haben Sie genügend Informationen über die örtliche Infrastruktur, falls ein Umzug erforderlich ist? Wie bewerten Sie diese Infrastruktur?
- Haben Sie den Eindruck gewinnen können, dass zwischen Ihren Gesprächspartnern ein guter Umgangston herrscht?
- In welchen Punkten könnten Sie Ihren Auftritt, Ihr Erscheinungsbild, Vorbereitung und Organisation zukünftig verbessern?
- Wollen Sie in einem nachgehenden Schreiben noch einmal auf die Ernsthaftigkeit Ihrer Bewerbung hinweisen? Lesen Sie dazu mehr in Kapitel 11.
- Was ist offengeblieben an wichtigen Fragen, die vor einer Zusage geklärt werden sollten (z.B. Habe ich eine Assistentin? Wie hoch ist Anteil an Schreibtischarbeit? ...)?

Wenn Sie an Ihrer Bewerbung festhalten wollen, ist es ratsam, baldmöglich nach dem Gespräch ein stichwortartiges Gedächtnisprotokoll anzufertigen. Wichtige Informationen und Erkenntnisse geraten schnell in Vergessenheit oder werden verdrängt. Schreiben Sie ebenso auf, welche Erkenntnisse Ihnen das Durcharbeiten der oben genannten Fragen geliefert hat und welche Punkte offengeblieben sind, die vor einer Vertragsunterzeichnung auf jeden Fall geklärt werden sollten.

Vermerken Sie sicherheitshalber, welche Erklärungen Sie in welcher Frage abgegeben haben, damit Sie sich fürderhin nicht in Widersprüche und Ungereimtheiten verstricken.

Halten Sie die Namen aller Ihrer Gesprächspartner fest (einschließlich der Sekretärin), damit Sie diese für Ihre weiteren Kontakte nutzen können. Notieren Sie schlussendlich, welche Angaben der Arbeitgeber zum weiteren Zeitablauf des Bewerbungsverfahrens gemacht hat.

10 Fragentraining für das Vorstellungsgespräch

Auf welche Fragen des Arbeitgebers Sie im Vorstellungsgespräch stoßen, ist nicht sicher vorherzusagen. Die Erfahrung lehrt: Jedes Gespräch hat seine eigene Dynamik. Dennoch können Sie sich auf ein Vorstellungsgespräch gut vorbereiten: Indem Sie in der Auseinandersetzung mit typischen Fragen ein Gespür dafür entwickeln, wie Sie sich optimal verhalten können.

Wir haben in diesem Kapitel eine Vielzahl von Fragen für Sie notiert, mit denen Sie in einem Vorstellungsgespräch grundsätzlich rechnen müssen. Einige davon wird man Ihnen ganz sicher stellen, andere nur im Ausnahmefall. Was regelmäßig oder nur ausnahmsweise „kommt", ist treffsicher kaum zu sagen. Wenn Sie in ein Vorstellungsgespräch gehen, wird der Grenzverlauf zwischen „immer" und „nie" jedes Mal neu definiert, auch wenn alle Vorstellungsgespräche dasselbe Ziel verfolgen: Herauszufinden, ob Sie die „richtige Person" für die ausgeschriebene Stelle sind.

Wir haben die Fragen hier nach den Themenfeldern sortiert, die Sie weitgehend schon aus Kapitel 9 kennen.

- Einstiegsfragen
- Fragen zur Bewerbung und zu Ihren Erwartungen und Zielen
- Fragen zu Ihrem schulischen und beruflichen Werdegang
- Fragen zu Ihrem Kompetenzprofil und zu Ihren professionellen Überzeugungen
- Fragen zu Ihren persönlichen Lebensumständen und zu Ihrer privaten Lebensgestaltung.

Bevor Sie die Fragen durcharbeiten:

- Ein Bewerbungsgespräch läuft in der Regel nicht wie ein wissenschaftliches Interview ab. Nur selten hat sich Ihr Gesprächspartner vor dem Gespräch z. B. genauestens überlegt: Auf welche Schlüsselqualifikationen kommt es bei diesem Arbeitsplatz an? Wie lassen sich diese Qualifikationen so exakt wie möglich beschreiben? Welche Fragen muss ich wie stellen, um zu verwertbaren Aussagen zu kommen? Erfahrungsgemäß geht es in vielen Bewerbungsgesprächen „naturwüchsiger" zu; Fragen werden nicht selten situativ bzw. spontan entwickelt; manches, wonach sinnvollerweise zu fragen wäre, fällt gar unter den Tisch. Die Fragen, die wir Ihnen im Folgenden präsentieren, sind Fragen, die in einem mehr oder weniger strukturierten Gespräch vorkommen *können*. Sie kreisen – mehr oder weniger eindeutig – um bestimmte Themenfelder, schlüsseln das jeweilige Themenfeld aber keineswegs systematisch und vollständig auf. Verwechseln Sie den Fragenkatalog also nicht mit einem wissenschaftlichen Fragebogen.

- Nicht alle aufgelisteten Fragen passen zu jedem Arbeitsfeld und Arbeitsplatz. Man wird eine 21-jährige Erzieherin womöglich nach ihren Lieblingsfächern in der Fachschulausbildung fragen, nicht aber die angehende Geschäftsführerin eines Dachverbandes.
- Sogenannte Stressfragen, die auf das Erkennen von Selbstsicherheit und Souveränität gerichtet sind, sind auch in manchen Non-Profit-Feldern nicht auszuschließen; sie kommen erfahrungsgemäß aber nicht regelmäßig zum Einsatz. Wir haben solche Fragen nur am Rande aufgenommen.
- Lassen Sie sich nicht von einzelnen Fragen und schon gar nicht von der Menge der Fragen einschüchtern. Es wird nirgendwo so heiß gegessen wie gekocht.
- Vielen der Fragen haben wir Antworten zugeordnet: Gute und weniger gute. Alle zugeordneten Antworten sind nur beispielhaft. Jeder Bewerber muss jede Frage vor dem Hintergrund seiner persönlichen Situation und der tatsächlichen Gegebenheiten beantworten. Deshalb eignen sich unsere Antwortbeispiele nicht zum Auswendiglernen. Die Antworten sollen Ihnen nicht sagen, was Sie antworten sollten, sondern Ihr Gespür dafür fördern, welche Antwort passen könnte und welche nicht. Ein Vorstellungsgespräch ist schließlich keine Führerscheinprüfung.
- Es kommt im Vorstellungsgespräch nicht nur darauf an, wie gut Sie die Fragen Ihres Gesprächspartners beantworten; für Ihren persönlichen Erfolg zählt auch der Gesamteindruck, den Sie als Persönlichkeit hinterlassen.

Und so können Sie vorgehen:

Stellen Sie sich eine Stelle vor, die Sie gerne übernehmen würden. Gehen Sie die Fragen nacheinander durch. Decken Sie die Antwortbeispiele zunächst ab. Überlegen Sie, was Sie auf die jeweilige Frage antworten würden, wenn diese auf Sie zuträfe. Sprechen Sie die Antwort laut aus, so als säße der Gesprächspartner Ihnen tatsächlich gegenüber. Schauen Sie sich anschließend unsere Antwortbeispiele an. Vergleichen Sie: Passt Ihre Antwort eher zur Kategorie „empfehlenswert" oder eher zur Kategorie „besser nicht"? Wiederholen Sie den Vorgang ggf. noch einmal, um Ihr Ergebnis intuitiv zu verbessern.

Einstiegsfragen

Arbeitgeber gehen davon aus, dass sich die Ernsthaftigkeit Ihrer Bewerbung auch daran erkennen lässt, wie gut Sie sich im Vorfeld mit dem angestrebten Aufgabenfeld auseinandergesetzt haben. Es wird erwartet, dass Sie die Möglichkeit, Informationen über Arbeitsfeld und Arbeitgeber einzuholen, ausgeschöpft haben. Dies zeigt: Sie sind an dem neuen Arbeitsplatz interessiert und Sie verfolgen Ihre beruflichen Ziele aktiv.

- *Was wissen Sie über unsere Einrichtung?*

    Antworten, die Sie vermeiden sollten:

    „Darf ich ehrlich sein: Nicht sehr viel."

„Ich kenne grob das Aufgabenfeld der GFO; leider war ich zu beschäftigt, um dem intensiver nachzugehen."

„Da erwischen Sie mich auf dem falschen Fuß. Aber vielleicht können Sie ja von sich etwas dazu sagen. Natürlich nur wenn Sie möchten."

Wie Sie antworten könnten:

„Ich weiß, dass Sie eine lange Tradition haben und heute im regionalen Raum einer der größten Bildungsträger sind."

„Ich verbinde Ihr Kulturbüro mit dem Setzen neuer Akzente, z. B. in den Angeboten für junge Menschen, auch mit Präsenz in den Medien. Im Sommer habe ich einige Ihrer witzigen Mittagsangebote auf dem Schillplatz erlebt. Die Künstler kannte ich noch nicht. Sie sind aber sehr gut angekommen."

„Ich habe die Informationen auf Ihrer Homepage sehr aufmerksam studiert. Mir war gar nicht bewusst, in wie vielen Geschäftsfeldern Sie aktiv sind. In Ihrem Leitbild tauchen Begriffe wie Gender Mainstreaming, aber auch Qualitätsentwicklung auf."

- *Wie haben Sie sich auf das heutige Gespräch vorbereitet?*

  Antworten, die Sie vermeiden sollten:

  „Ich habe mich ganz bewusst nicht vorbereitet, damit ich noch spontan sein kann."

  „Vorbereitung macht meines Erachtens wenig Sinn, man weiß eh nicht, was einen erwartet."

  „Ich habe ein Entspannungsbad genommen ... ja, ... und noch einmal geguckt, was ich Ihnen geschrieben hatte."

  Wie Sie antworten könnten:

  „Ich bin noch mal durchgegangen, was ich als Berufsanfängerin bereits vorweisen kann. Außerdem habe ich Ihren aktuellen Jahresbericht noch einmal intensiv studiert. Erstaunt war ich auch, was ich in Google alles über Sie gefunden habe."

- *Konnten Sie mit dem übersandten Informationsmaterial etwas anfangen?*

  Antworten, die Sie vermeiden sollten:

  „Ja, ich hab's mir angeschaut."

  „Ich bitte um Nachsicht, aber die letzten beiden Tagen waren so ausgefüllt, dass ich nicht mehr dazu gekommen bin, da reinzuschauen."

  Wie Sie antworten könnten:

  „Vielen Dank erst einmal für die Unterlagen. Ja, ich denke, durch Ihren Jahresbericht habe ich mir ein gutes Bild über Ihre vielfältigen Aktivitäten verschaffen können. Spannend fand ich zu lesen, dass Sie zahlreiche Auslandskontakte pflegen. Das ist ein Bereich, wo ich mir eine Beteiligung gut vorstellen könnte."

- *Was verbinden Sie mit einem katholischen/evangelischen Träger der Sozialen Arbeit?*

    Antworten, die Sie vermeiden sollten:

    „Eine gute Frage ... da fällt mir die Antwort nicht leicht."

    „Ich sehe die konfessionellen Träger als ganz normale Dienstleister auf dem Gesundheits- und Sozialmarkt, mit langer Tradition und hohem Marktanteil."

    Wie Sie antworten könnten:

    „Ich sehe darin Träger, die ihre Aufgaben von einem christlichen Menschenbild ausgehend wahrnehmen, in enger Verbindung zur Kirche und ihrem Auftrag. Aus dieser Sicht sind Menschen nicht nur als Träger sozialrechtlicher Ansprüche oder gar Kunden eines Dienstleistungsunternehmens, sondern vor allem erst einmal Mitmenschen, denen man aus dem Leitbild der Nächstenliebe heraus begegnet. Natürlich können Nächstenliebe und guter Wille keine fachliche Qualität ersetzen, im Gegenteil. Die Orientierung am christlichen Glauben heißt für mich auch Position zu beziehen, z. B. in ethischen Fragen."

Fragen zur Bewerbung und zu Ihren Erwartungen und Zielen

Arbeitgeber suchen Mitarbeiter/innen, die sich bewusst für ein bestimmtes Tätigkeitsfeld entschieden haben und ihre Entscheidung dementsprechend darlegen und begründen können. Nicht gefragt sind Bewerber/innen, die lediglich aus sekundären Motiven eine Anstellung anstreben, „weil man seine Brötchen verdienen muss" oder „mal einen Tapetenwechsel braucht". Wichtig ist es für den Arbeitgeber auch zu erfahren, welches Bild Sie von dem neuen Arbeitsplatz haben. Sind Ihre Erwartungen realistisch oder sind Enttäuschungen vorprogrammiert, wenn es zu einer Einstellung kommt? Stellen Sie überzogene Ansprüche? Liegen Ihre Vorstellungen unterhalb der tatsächlichen Anforderungen? Suchen Sie eine längerfristige Aufgabe oder sind Sie nur auf der Durchreise?

- *Warum möchten Sie sich beruflich verändern?*

    Antworten, die Sie vermeiden sollten:

    „Nach acht Jahren Stress möchte mal ein wenig kürzer treten."

    „An meinem derzeitigen Arbeitsplatz ist am besten angesehen, wenn man nicht zu viele Ideen entwickelt. Man könnte glauben, es sei strikte Bettruhe verordnet. Das ist nicht mein Ding."

Wie Sie antworten könnten:

„Ich habe acht Jahre in einer stationären Einrichtung gearbeitet. Ich denke, dass es gut ist, wenn man sich nach so langer Zeit neu orientiert und aktiviert, um auch lernfähig zu bleiben."

„Nach fünf Jahren Tätigkeit als stellvertretende Geschäftsführerin möchte ich gerne mehr Verantwortung übernehmen."

- *Warum haben Sie sich speziell auf diese Stelle beworben?*

  Antworten, die Sie vermeiden sollten:

  „Der Arbeitsplatz scheint mir auf Dauer sicherer zu sein."

  „Ich dachte: Das könnte Dich evtl. interessieren. Außerdem zahlen Sie besser."

  „Es gibt kaum Halbtagsstellen. Deswegen habe ich mich gefreut, als ich Ihre Anzeige sah."

  Wie Sie antworten könnten:

  „Ich sehe in der Stelle die Möglichkeit, meine beruflichen Kenntnisse und Erfahrungen optimal einzusetzen/auszubauen. Hinzu kommt, dass ich wegen meiner beiden Kinder gerne halbtags tätig sein möchte."

  „Die Arbeit mit Jugendlichen liegt mir. Dieses Kapital möchte ich gerne nutzen."

  „In meinem Studium habe ich mich mit gerontologischen Fragen besonders beschäftigt. Jetzt möchte ich mein Wissen auch praktisch nutzen."

  „Ich habe mich berufsbegleitend im Bereich des Managements weitergebildet. Das Aufgabenprofil Ihrer Stelle passt hierzu sehr gut."

  „Ich möchte meinen Beruf als Erzieherin gerne bei einem Träger ausüben, dem ich auch von meinem Glauben her nahe stehe."

- *Welche Erwartungen haben Sie an den neuen Arbeitsplatz?*

  Antworten, die Sie vermeiden sollten:

  „Das ist schwer zu sagen. Ich habe mir vorgenommen, die Dinge erst einmal auf mich zukommen zu lassen. Dann sieht man weiter."

  „Dass ich meine Arbeit machen kann."

  „Dass der Arbeitgeber sich ebenso korrekt verhält, wie er es auch von mir erwartet."

  Wie Sie antworten könnten:

  „Als pädagogische Leiterin sehe ich mehr Gestaltungsmöglichkeiten als ich sie bisher hatte."

  „Als Psychologin war ich sehr stark mit der Erstellung von Gutachten befasst. Bei Ihrer Stelle sehe ich die Möglichkeit, meine therapeutischen Fähigkeiten stärker einzubringen."

„Ich möchte mich gerne mehr bei der Entwicklung kultur- und kunstpädago-
gischer Projekte engagieren, Veranstaltungsplanung, Event-Management."

„Es erscheint mir wichtig, dass die im Bereich sexueller Missbrauch aktiven Organisationen eng zusammen arbeiten. Dazu möchte ich gerne beitragen."

- *Haben Sie sich auch bei anderen Anstellungsträgern beworben?*

    Antworten, die Sie vermeiden sollten:

    „Nein, ich habe mich klar für Sie entschieden. Eine anderes Stellenangebot kommt
    nur in Frage, wenn Sie mir absagen."

    „Ja natürlich. Würden Sie das nicht machen?"

    „Schon war's."

    „Verzeihung, mit dieser Frage gehen Sie ein wenig zu weit."

    Wie Sie antworten könnten:

    „Ja, ich bin vor dieser Bewerbung auf ein anderes Angebot gestoßen, das mir
    nicht uninteressant erschien. Ich habe aber bisher nichts gehört. Mein Interesse
    an Ihrer Stelle sollten Sie deshalb aber nicht in Zweifel ziehen. Mein Eindruck ist,
    dass Ihre Stelle neben attraktiven Aufgaben auch interessante Entfaltungs- und
    Entwicklungsmöglichkeiten bietet. Das bewerte ich sehr hoch."

    „Nein, wenn Sie damit meinen, dass ich woanders ein heißes Eisen im Feuer
    habe. Dies ist aktuell nicht der Fall."

    Empfehlung:

    Bleiben Sie glaubwürdig. Ihre Gesprächspartner kennen „das Geschäft". Zu
    anderen Zeiten waren diese selbst arbeitssuchend. Deshalb wissen sie, dass
    man als Bewerber nicht alles auf eine Karte setzt, sondern sich wenn möglich
    auch parallel bewirbt. Dies ggf. einzuräumen, ist ein Zeichen Ihrer Entschlos-
    senheit und Zielstrebigkeit. Ehrlichkeit kann Punkte bringen, während das
    strikte Verneinen weiterer Bewerbungen vor allem bei guter Arbeitsmarkt-
    lage (sprich: dem Vorhandensein von Wahlmöglichkeiten) merkwürdig wirkt.
    Es sollten sich durch Ihre Offenheit aber keine Zweifel ergeben, dass Sie der
    hier vorliegenden Stelle einen hohen Rangplatz einräumen. Niemals darf der
    Eindruck entstehen, Sie hätten genügend andere Chancen.

Weitere Fragen

- *Was gefällt Ihnen an Ihrer jetzigen Stelle nicht?*

    Der Arbeitgeber will herausfinden:

    Liegt das Motiv Ihres Arbeitsplatzwechsels hauptsächlich in Ihrer Unzufrie-
    denheit und nicht in der Attraktivität der neuen Stelle? Gibt es Konflikte an

Ihrem jetzigen Arbeitsplatz, die Sie als Bewerber riskant erscheinen lassen? Wird der neue Arbeitsplatz Ihren Erwartungen gerecht werden?

> *Empfehlung:*
>
> Lassen Sie sich bei dieser Frage nicht aufs Glatteis führen. Rücken Sie Ihre bisherige Stelle nicht in ein schlechtes Licht. Ein Außenstehender kann die Berechtigung Ihrer Klagen nicht beurteilen. Ihre Kritik bleibt schnell an Ihnen selbst anstatt an Ihrem Arbeitgeber hängen. Benennen Sie für Ihre Bewerbung immer ein positives Motiv.

* *Wenn die Arbeitsmarktlage besser wäre: Welche Stelle würden Sie dann wählen?*

    Der Arbeitgeber will herausfinden:

    Wie eng fühlen Sie sich mit dem Inhalt der ausgeschriebenen Stelle verbunden? Schlägt Ihr Herz in Wirklichkeit für ganz andere berufliche Aufgaben? Sind Sie ein „unsicherer Kantonist", der über kurz oder lang wieder abspringt?

* *Was sind Ihre längerfristigen beruflichen Ziele?*

    Der Arbeitgeber will herausfinden:

    Suchen Sie nur einen Zwischenstopp, weil Sie eigentlich eine andere Aufgabe anstreben? Passen Ihre längerfristigen Vorstellungen zu den Entwicklungsmöglichkeiten innerhalb der eigenen Organisation? Stellen Sie mehr Ihre individuelle Karriere in den Vordergrund als den Einsatz auf der zu vergebenden Stelle?

* *Was ist aus Ihrer Sicht ein guter Vorgesetzter?*

    Der Arbeitgeber will herausfinden:

    Welche Erwartungen stellen Sie an Vorgesetzte? Welches Verhalten würde Sie frustrieren und Ihre Leistungsbereitschaft schmälern? Wie gut werden Sie sich in die Organisation einfügen? Sind Sie ggf. schwer zu händeln?

Fragen zu Ihrem schulischen und beruflichen Werdegang

Bei der Erörterung Ihres schulischen und beruflichen Werdegangs geht es um ein ganzes Bündel von Fragen:

* Welche Aufgaben und Anforderungen hatten Sie zu erfüllen?
* Welche Kenntnisse, Fähigkeiten und Erfahrungen haben Sie dabei erworben?
* Wie gut passen diese zu dem Anforderungsprofil der angebotenen Stelle?

- Wie haben Sie Ihren schulischen und beruflichen Lebensweg gestaltet? Was hat Sie z. B. zum nachträglichen Studium bewogen? Warum haben Sie in der Verbandsarbeit nicht weitergemacht? Was hat Sie veranlasst, sich neben Ihrer hauptberuflichen Tätigkeit noch ehrenamtlich zu engagieren?
- Ist Ihr Lebensweg in seinem Verlauf nachvollziehbar oder steht er gar für Orientierungslosigkeit und Misserfolg?
- Gibt es Ereignisse und Phasen, die man als „kritisch" einschätzen muss, z. B. Dinge wie Schulversagen, Ausbildungsabbrüche, Zeiten längerer Beschäftigungslosigkeit, häufiger Stellenwechsel, schlechte Arbeitszeugnisse, überlange Studienzeiten etc. Können Sie plausible Erklärungen für solche Bruchstellen in Ihrer beruflichen Biografie geben?

Schule, Berufsausbildung

- *Welche Erfahrungen hat Ihnen die Praxisphase im Studium vermittelt?*

    Antworten, die Sie vermeiden sollten:

    „Viel war's nicht. Ich hab's allerdings überstanden."

    „Wie man übermäßige Anstrengung im Berufsleben vermeidet."

    „Eine gute Frage. Ist schon ein Weilchen her. Aber es war interessant."

    Wie Sie antworten könnten:

    „Ich habe sehen können, wie man Gespräche auch mit schwierigen Menschen führt/wie man auch entmutigte Menschen wieder an das Arbeitsleben heranführen kann/wie gut ich mit Stresssituationen zurecht komme/ ..."

    „Ich musste eine größere Fachtagung mit ausländischen Gästen weitgehend alleine vorbereiten. Die positive Rückmeldung hat mir gezeigt: Ich kann so etwas auf die Beine stellen, auch wenn es streckenweise meinen vollen Einsatz gekostet hat."

- *Sie haben zunächst Germanistik und Philosophie studiert, nach fünf Semestern aber abgebrochen ...*

    Antworten, die Sie vermeiden sollten:

    „Ja, das war ein Fehlgriff. Kommt schon mal vor. Aber mir ist ja dann doch noch was anderes eingefallen, und das ist ja auch nicht schlecht."

    Wie Sie antworten könnten:

    „Ich hätte damals gerne weitergemacht, hatte aber die Sorge, dass ich am Ende meinen Lebensunterhalt nicht sicherstellen kann. Trotzdem bin ich froh, diese fünf Semester studiert zu haben. Die Auseinandersetzung mit moderner Literatur und Philosophie, speziell Ethik, haben mein Denken sehr beeinflusst. Dies kommt mir als Pädagogin immer wieder zugute".

- *Würden Sie sich erneut für Ihren Beruf entscheiden?*

  Antworten, die Sie vermeiden sollten:

  „Ob es wirklich wünschenswert ist, immer von lärmenden Kindern umgeben zu sein, will ich dahingestellt sein lassen. Aber gut, es ist so gekommen. Also mache ich weiter."

  „Ich glaube, ich würde ernsthaft darüber nachdenken, welche Alternativen es gibt."

  „Wenn ich gewusst hätte, was sich hinter dem Wort Bürokratie im Alltag verbirgt, hätte ich meine Karriere lieber außerhalb einer Verwaltungsbehörde geplant, auch wenn man sich an langsam mahlende Mühlen ein Stück weit gewöhnt."

  Wie Sie antworten könnten:

  „Ja, das würde ich. Die Grundentscheidung ist für mich nach wie vor richtig. Auch wenn nicht jeder Tag gleich ist, macht mir die Arbeit Spaß. Zwar muss man in der Sozialen Arbeit auch Rückschläge einstecken, aber es gibt auf der anderen Seite immer wieder Erfolge, auch wenn diese manchmal klein sind."

- *Sie haben ein respektables Abitur geschafft. Hätten Sie damit nicht etwas Anderes als Soziale Arbeit studieren können?*

  Antworten, die Sie vermeiden sollten:

  „Ja, aber mit 19 sieht man manches anders. Irgendwann ist der Zug dann abgefahren."

  „Sicher. Nachdem ich aber gesehen hatte, wie mein Bruder Tag und Nacht für sein Medizinstudium gebüffelt hat, war mir klar: Das will ich nicht."

  Wie Sie antworten könnten:

  „Ich wollte etwas studieren, mit dem ich mich gut identifizieren kann. Das war damals die Soziale Arbeit, und das ist sie auch heute noch."

  „In Ihrer Frage klingt an, ein Studium der Sozialen Arbeit sei geringwertiger als ein Universitätsstudium. Es war bisher kürzer, das stimmt. Aber es ist leichter als Ingenieur mit Uni-Examen eine Straße zu bauen als einer Familie, die am Abgrund steht, die Kraft zu vermitteln, mit Ihrer vertrackten Situation fertig zu werden."

- *Ihre Abiturnote ist nicht die beste ...*

  Antworten, die Sie vermeiden sollten:

  „Ja, leider."

  „Wieso, was ist denn damit?"

Wie Sie antworten könnten:

„Eine bessere Gesamtnote würde mir sicher zu größerer Ehre gereichen. Es waren die naturwissenschaftlichen Fächer, mit denen ich nicht so richtig warm wurde. Dafür lief es aber in etlichen anderen Fächern recht gut."

„Ich hatte in der Blütezeit meiner Pubertät Interessen, die eher außerhalb der Schule lagen. Da habe ich manches versäumt, was ich dann später kaum noch aufholen konnte. So ist mir die Traumnote versagt geblieben. Schade, aber ein Gutes hat es doch: Das würde mir heute nicht mehr passieren."

- *Warum haben Sie 12 statt acht Semester studiert?*

    Antworten, die Sie vermeiden sollten:

    „Es hat sich irgendwie so ergeben."

    „Man konnte es in acht Semestern nur schaffen, wenn man sich von Klausur zu Klausur gepaukt hat. Das hatte für mich etwas Inhumanes. Gut, zwei Semester weniger hätten es auch getan."

    Wie Sie antworten könnten:

    „Ich musste meinen Lebensunterhalt zu einem gut Teil selbst verdienen. Ich musste mich immer wieder entscheiden: Job oder Studium. Ein Vollzeitstudium mit Präsenzpflicht lässt sich nicht nebenbei erledigen."

    „Ich habe mich ehrenamtlich engagiert und dort eine Menge Praxiserfahrung sammeln können. Nebenbei habe ich gearbeitet. Beides kommt mir heute als Arbeits- und Lebenserfahrung zugute. Das hätte ich mit einem Schnell-durch-Studium sicher nicht vorzuweisen."

Weitere Fragen

- *Sie haben nach Ihrem Studium eine Zusatzqualifikation auf dem Gebiet der Gesprächsführung erworben. Was bringt dies für die Stelle, auf die sich hier bewerben?*
- *Warum haben Sie die Schule nach der mittleren Reife nicht weiterbesucht?*
- *Was waren Ihre Lieblingsfächer in der Berufsausbildung/im Studium? Mit welchen Themen haben Sie sich ungern beschäftigt?*
- *Welches Thema haben Sie in Ihrer Abschlussarbeit behandelt? Warum haben Sie speziell dieses Thema gewählt? Warum suchen Sie keinen Arbeitsplatz, der dazu passt?*

Berufstätigkeiten

• *Was sind Ihre derzeitigen Aufgaben?*

Antworten, die Sie vermeiden sollten:

„Oh! Das ist alles Mögliche. Das fängt beim Aktenstudium an und hört bei Klientengesprächen nicht auf. Das ist ungeheuer viel."

Wie Sie antworten könnten:

„Zu meinen Aufgaben gehört die Erarbeitung von Stellungnahmen gegenüber Politik und Verwaltung, die interne Abstimmung der Verbandsvoten, die Durchführung von Schulungen und Fachtagungen ... ."

• *Würden Sie sagen, Ihre Arbeit ist erfolgreich?*

Antworten, die Sie vermeiden sollten:

„Erfolg kann man in meinem Bereich nicht messen. Damit muss man leben."

Wie Sie antworten könnten:

„Ja, wenn Eltern mir signalisieren, dass Ihr Kind gerne in unsere Tagesstätte kommt, dann betrachte ich das als erfolgreiche Arbeit."

„Ich habe vor zwei Jahren eine Seniorengenossenschaft maßgeblich mit angeschoben. Am Anfang lief es zäh, wie immer. Heute ist es ein Selbstläufer. Das ist für mich Erfolg."

• *Aus Ihrem Arbeitszeugnis der Stadt K. könnte man schließen, dass das Arbeitsverhältnis nicht konfliktfrei verlaufen ist ...*

Antworten, die Sie vermeiden sollten:

„Man kann nicht mit jedem Vorgesetzten auskommen."

„Die Stadt wollte mich in eine andere Tageseinrichtung versetzen ... Dass man das gleich ins Zeugnis schreibt, ist unfair, aber typisch Stadt K."

Wie Sie antworten könnten:

„Das kann ich so nicht bestätigen. Es gab alles in allem kaum Reibungspunkte. Eine ernsthafte Belastung des Arbeitsverhältnisses habe ich jedenfalls nie empfunden."

„Das Zeugnis ist an der Stelle wohl nicht ganz geglückt, denn man ist insgesamt doch gut miteinander ausgekommen. Dass es hier und da mal unterschiedliche Standpunkte geben kann, ist es etwas ganz Normales. Wichtig ist, dass man die Dinge sachlich klärt."

„Ich war frustriert, weil es trotz aller Bemühungen nicht gelang, mehr Zeit für präventive Aufgaben zu bekommen. Vielleicht hat sich das auf den Tenor des Zeugnisses ausgewirkt."

- *Ihre beiden Arbeitszeugnisse sind nicht schlecht, auch nicht überragend ...*

  Antworten, die Sie vermeiden sollten:

  „Das finde ich ganz und gar nicht."

  „Ich habe gar nicht den Anspruch an mich, überragend zu sein. Es ist auch nicht jeder Koch ein Spitzenkoch."

  „Ich habe meinen Beruf ordentlich gelernt. Dementsprechend arbeite ich. Damit kann man doch zufrieden sein. Wem das nicht reicht ... gut, dann kann ich's nicht ändern."

  Wie Sie antworten könnten:

  „Beide Arbeitgeber waren in ihren Bewertungen nicht sehr großzügig. Aus meiner Sicht stehe ich keineswegs schlecht da. Ich habe einiges an Erfahrungen vorzuweisen, auf das Sie bauen können (führt aus)."

  „Ich habe meine Zeugnisse bisher gar nicht so kritisch gesehen. Denn mein Eindruck war: Vorgesetzte, Kolleginnen und Klienten haben meine Arbeit sehr geschätzt. Dieser positive Eindruck bestimmt auch mein eigenes Bild von diesen Arbeitsverhältnissen. Vielleicht ist es nicht gelungen, das Positive deutlicher zum Ausdruck zu bringen."

- *Sie haben in den vielen Jahren niemals Ihre Stelle gewechselt. Haben Sie nie neue Herausforderungen für sich gesucht?*

  Antworten, die Sie vermeiden sollten:

  „Ich habe mich wohl gefühlt, warum sollte ich da wechseln?"

  „Ich war nie karrieresüchtig. Das überlasse ich gerne den BWLern."

  Wie Sie antworten könnten:

  „Mein Arbeitsplatz hat mir über viele Jahre fachliche und persönliche Herausforderungen geboten, weil kein Fall wie der andere war. Dadurch hatte ich nie den Eindruck, in Routine zu erstarren."

  „Ich stelle mich gerne neuen Herausforderungen, z. B. in methodischen Fragen, in der Akquise neuer Förderer, in der Ansprache neuer Zielgruppen. Dazu muss man nicht unbedingt seinen Arbeitsplatz wechseln."

  „Es stimmt, ich war recht stetig. Ich sehe das in meinem Fall aber positiv: Ich hab sehr viel Erfahrung gesammelt, die ich mitbringen kann."

- *Sie haben Ihre Stelle recht häufig gewechselt. Warum haben Sie es nie lange ausgehalten?*

  Antworten, die Sie vermeiden sollten:

  „So kurz waren die Arbeitsverhältnisse aus meiner Sicht nicht. An zwei Stellen war das Betriebsklima nicht so gut. Das war nicht das Richtige für mich."

  Wie Sie antworten könnten:

  „Nach dem Studium war ich erst einmal froh, überhaupt eine Stelle zu finden. Es war aber nicht die Stelle, die ich gesucht habe. Deshalb habe ich mich nach kurzer Zeit wieder wegbeworben. Bei der zweiten Stelle hat mich die Geschäftsführung gegen den Willen der Abteilungsleitung eingestellt. Leider war mir nicht bekannt, dass man im Clinch miteinander lag. Diese Spannung habe ich verständlicherweise nicht lange ausgehalten. Bei der dritten Stelle habe ich mich schlicht und ergreifend vergriffen. Dass ich von meiner heutigen Stelle nach knapp zwei Jahren wieder weg will, hat einen ganz einfachen Grund: Ihre Stelle ist nicht nur vom Aufgabeninhalt hochinteressant, sondern bietet Entwicklungsmöglichkeiten, die mir sehr wichtig sind."

- *Warum hat man Ihnen in Heilbronn gekündigt?*

  Antworten, die Sie vermeiden sollten:

  „Man mochte keine Mitarbeiter/innen, die ihre Interessen kennen und auch vertreten."

  Wie Sie antworten könnten:

  „Es gab unterschiedliche Auffassungen über die Arbeitsweise. Mein Vorgesetzter glaubte, er müsse die Verantwortung allein tragen. Deshalb erwartete er ständige Rücksprachen, Aktenvorlage und Berichterstattung. Dieser Stil war mir fremd. Hätte ich schneller eine neue Stelle gefunden, wäre die Kündigung von meiner Seite aus erfolgt. So ist man mir zuvorgekommen. Wie sich herausstellte, war ich nicht der erste, mit dem man so verfahren ist."

Weitere Fragen

- *Welche Aufgaben hatten Sie als ... bei (Arbeitgeber)?*

  Der Arbeitgeber will herausfinden:

  Welche Qualifikationen und Erfahrungen bringen Sie mit, auf die der Arbeitgeber setzen kann? Welche Erfahrungen konnten Sie umgekehrt an dem Arbeitsplatz möglicherweise nicht erwerben? Welche Entscheidungskompetenzen waren Ihnen übertragen?

- *Was macht Ihnen an Ihrem derzeitigen Arbeitsplatz am meisten/am wenigsten Spaß?*

  Der Arbeitgeber will herausfinden:

  Gibt es auf dem angestrebten Arbeitsplatz vergleichbare Aufgaben, wo Sie einen besonderen bzw. nur einen mäßigen Einsatz zeigen werden? Wo liegen Ihre motivationalen Höhen- und Tiefpunkte?

- *Was war Ihr größter Erfolg/Misserfolg in der Ausbildung/im Studium/ im Berufsleben?*

  Der Arbeitgeber will herausfinden:

  Was ist aus Ihrer Sicht ein „persönlicher Erfolg/Misserfolg"? Was sagen die von Ihnen gewählten Beispiele über Sie, Ihren Anspruch an sich selbst und Ihr Leistungspotenzial im Berufsleben aus?

- *Bei Arbeitgeber X. waren Sie nur wenige Monate tätig ...*

  Der Arbeitgeber will herausfinden:

  Hatten Sie gute Gründe, das neue Arbeitsverhältnis noch in der Probezeit aufzugeben, oder sind Sie persönlich gescheitert (Überforderung, Konflikte)?

Arbeitslosigkeit

- *Warum waren Sie über ein Jahr lang arbeitslos?*

  Antworten, die Sie vermeiden sollten:

  „Ich wollte erst mal in Ruhe nachdenken, wann und wo ich weitermachen will. Dann muss man ja auch erst mal was finden. Man kriegt ja praktisch nur noch Absagen in der heutigen Zeit."

  Wie Sie antworten könnten:

  „Der Bildungsträger, bei dem ich beschäftigt war, konnte in den Vergabeverfahren der Arbeitsverwaltung keine ausreichenden Anschlussaufträge bekommen. Also mussten alle gehen, die in der betreffenden Maßnahme beschäftigt waren. Wegen meiner Kinder habe ich darauf verzichtet, mich bundesweit zu bewerben. Vielleicht wäre es sonst schneller gegangen. So konnte ich die Zeit produktiv nutzen, um meine Chancen auf dem Arbeitsmarkt zu verbessern."

- *Wie haben Sie die Zeit der Arbeitslosigkeit für sich genutzt?*

  Antworten, die Sie vermeiden sollten:

  „Ich habe mich natürlich beworben, wenn ich was gesehen habe. Aber es gab kaum Angebote. Ansonsten ... ja, was man so macht, wenn man viel Zeit hat."

Wie Sie antworten könnten:

„Ich habe an meiner Weiterqualifizierung gearbeitet, z. B. einen Türkisch-Sprachkurs belegt und eine Fortbildung in Qualitätsentwicklung mitgemacht. Das sind Kenntnisse, auf die ich in einer Beratungstätigkeit zurückgreifen kann. Außerdem konnte ich meine Excel-Kenntnisse vertiefen."

- *Sie haben lange Jahre nicht im Berufsleben gestanden. Jetzt wieder einzusteigen dürfte eine ziemliche Herausforderung sein. Was gibt Ihnen die Zuversicht, dass Sie es schaffen werden?*

  Antworten, die Sie vermeiden sollten:

  „Ich hoffe doch sehr, dass man mir etwas hilft und jetzt nicht gleich so hohe Ansprüche stellt. Man muss ja erst mal wieder reinkommen. Jetzt machen Sie mich aber ganz unsicher."

  Wie Sie antworten könnten:

  „Ja, ich hatte eine längere Familienphase. Aber ich war viel beschäftigt. Als Hausfrau und Mutter von zwei Kindern braucht man viele Fähigkeiten, die mir eine solide Grundlage für meine neue Berufstätigkeit geben: Organisationstalent, Flexibilität, Improvisationskunst und bei aller Liebe zum Kind auch Durchsetzungskraft. Wenn heute soviel über Soft Skills geredet wird, die Familie ist dafür ein guter Lernort. Die lange Pause hat mir neue Schubkraft gegeben ... Die Zuversicht, nach der Sie fragen, Frau Meyer, kommt nicht zuletzt aus einer starken Motivation."

Fort-/Weiterbildung

- *Wie haben Sie sich in den letzten Jahren fachlich auf dem Laufenden gehalten?*

  Antworten, die Sie vermeiden sollten:

  „Leider hatte ich kaum Zeit für Fortbildung."

  Wie Sie antworten könnten:

  „Ich habe u. a. eine Fortbildung in Mitarbeiterführung und in Kostenrechnung gemacht, und zwar aus der Überlegung heraus ..."

- *„Ihren Unterlagen zufolge haben Sie sich in den letzten drei Jahren wenig fortgebildet ...*

  Antworten, die Sie vermeiden sollten:

  „Wollte immer mal was machen, dabei ist es dann aber geblieben. Was nicht ist, kann ja noch werden."

Wie Sie antworten könnten:

„Es gab speziell zu meinem Bereich kein passendes Angebot, das auch kostenmäßig akzeptabel gewesen wäre."

„Es ist wegen der hohen Arbeitsbelastung nicht leicht, auf Fortbildung zu fahren. Das ist auf Dauer auch aus meiner Sicht nicht befriedigend."

„Fortbildung geschieht nicht nur in speziellen Kursen, sondern auch durch das Mitverfolgen aktueller Diskussionen in Fachzeitschriften. Das versuche ich, so gut es geht."

Fragen zu Ihrem Kompetenzprofil und zu Ihren professionellen Überzeugungen

Eine zentrale Rolle im Vorstellungsgespräch spielt Ihr Kompetenzprofil, das neben den fachlichen auch außerfachliche Kompetenzen („Schlüsselqualifikationen") umfasst (Kapitel 3). Kann der Arbeitgeber darauf vertrauen, dass Ihre Kenntnisse, Fertigkeiten und Erfahrungen für die zu vergebende Tätigkeit ausreichen? Werden sich etwaige Lücken innerhalb der Einarbeitungsphase oder durch gezielte Schulungsmaßnahmen schließen lassen? Sind Sie auch nach Ihrer Persönlichkeit für die Aufgabe geeignet?

Auf der fachlichen Ebene geht es aber häufig noch um mehr: um fachliche Sichtweisen, Einstellungen und Überzeugungen, die in das professionelle Handeln im beruflichen Alltag einfließen: Welchen Handlungsansätzen stehen Sie besonders nahe? Teilen Sie bestimmte Auffassungen über Standards und Leitziele für die Arbeit mit der jeweiligen Zielgruppe? Welches Menschenbild liegt Ihrem beruflichen Selbstverständnis zugrunde? Teilen Sie die Leitziele und Wertorientierungen des Anstellungsträgers?

* *Wo sehen Sie Ihre besondere Eignung für die Stelle?*

   Antworten, die Sie vermeiden sollten:

   „Ich bin ausgebildete Diplom–Heilpädagogin mit langjähriger Berufserfahrung. Insofern sollte ich natürlich schon über die entsprechenden Qualifikationen verfügen. Das zeigen ja auch meine Arbeitszeugnisse."

   Wie Sie antworten könnten:

   „Ich habe Ihre Stellenanzeige sehr aufmerksam gelesen. Sie suchen jemanden, der neben einem einschlägigen Studienabschluss berufliche Erfahrungen vorweisen kann. Das kann ich zweifellos. Besonders intensiv habe ich mich als Diplom-Heilpädagogin mit schwerstmehrfachbehinderten Menschen befasst, wo ich mich schrittweise weiter eingearbeitet habe. Diese Arbeit hatte sehr stark auch konzeptionell-gestaltende Inhalte. Konkret: Wir haben neue Förderkonzepte ausprobiert. Dabei haben verschiedene Fachkräfte sehr eng kooperiert. Außerdem habe ich ..."

- *Was qualifiziert Sie als Berufsanfängerin für die ausgeschriebene Stelle?*

  Antworten, die Sie vermeiden sollten:

  „Als Berufsanfängerin kann ich natürlich keine Erfahrung haben. Irgendwann muss man ja mal einsteigen und die Chance bekommen, Erfahrungen zu sammeln. Anders geht's halt nicht."

  Wie Sie antworten könnten:

  „Ich glaube, dass ich als Berufsanfängerin bereits einiges an Erfahrungen vorweisen kann: Ich habe mich nicht nur in der Ausbildung mit dem Thema beschäftigt, sondern auch im Praxissemester viel mit Jugendlichen aus schwierigen familiären Verhältnissen zu tun gehabt. In meiner ehrenamtlichen Arbeit hatte ich durchgängig engen Kontakt zu erfahrenen Pädagogen. Viele Projekte – mal kleiner, mal größer – habe ich eigenständig und eigenverantwortlich umgesetzt. Ich fühle mich deshalb ganz gut gerüstet."

- *Warum sollten wir uns gerade für Sie entscheiden?*

  Antworten, die Sie vermeiden sollten:

  „Weil mich die Stelle interessiert. Bisher hat sich jedenfalls noch niemand über mich beschwert."

  Wie Sie antworten könnten:

  „Ich denke, dass ich einen Fundus an Erfahrungen und Kenntnissen mitbringe, die sich gut mit Ihrem Anforderungsprofil verbinden. Dazu gehören ..."

- *Wäre ein ältere Bewerberin nicht eher für die Stelle geeignet?*

  Antworten, die Sie vermeiden sollten:

  „Gut, aber ich kann mich nun mal nicht älter machen."

  Wie Sie antworten könnten:

  „Das Alter mag vielleicht eine gewisse Bedeutung haben, aber es ist letztlich kein Schutz vor Irrtümern. Ich denke, dass ich nicht nur eine gute Ausbildung mitbringe, sondern auch manches an beruflicher Erfahrung gesammelt habe, was ich für diese Stelle einschlägig ist (zählt auf). Außerdem lerne ich sehr schnell. Insofern denke ich, dass ich den Anforderungen hier gut gerecht werden kann."

  „Ohne die Erfahrungen älterer Kollegen gering schätzen zu wollen ..., aber jüngere Mitarbeiter/innen sind oft besonders innovationsfreudig. Ich denke, man braucht in einer Organisation beides: die Erfahrung der Älteren und die Experimentierfreude der Jüngeren."

- *Sind Sie für die Stelle nicht überqualifiziert?*

    Antworten, die Sie vermeiden sollten:

    „Darf ich das als Kompliment auffassen?"

    „Wie kommen Sie darauf? Wieso überqualifiziert"

    Wie Sie antworten könnten:

    „Ich habe den Eindruck, dass Ihre Anforderungen und meine Qualifikation sehr gut zusammen passen. Die Tätigkeit, die Sie zu vergeben haben, entspricht voll und ganz meinen Neigungen. Deshalb habe ich mich zu dieser Bewerbung sehr bewusst entschieden."

- *Welche Fachzeitschriften lesen Sie regelmäßig? Welchen Aufsatz haben Sie zuletzt durchgearbeitet?*

    Antworten, die Sie vermeiden sollten:

    „Lesen? Das war bisher nie drin während der Arbeitszeit."

    „Ich bin ein kleiner Lesemuffel ..., ich geb's freimütig zu."

    Wie Sie antworten könnten:

    „Ich teile mir mit einer Kollegin das Abonnement der Zeitschrift X. So bekomme ich mit, was aktuell in Wissenschaft und Praxis diskutiert wird."

    „Ich besuche in festen Zeitabständen die Internetseiten bestimmter Fachverbände. So kann ich mich recht gut auf dem Laufenden halten."

- *Bitte stellen Sie sich einmal den folgenden Fall vor:*

    „In dem Team einer Wohngruppe für Jugendliche kommt es zu Meinungsverschiedenheiten, ob Marc an einer Wochenendfreizeit teilnehmen kann. Marc hat während der ganzen Woche seine Aufgaben in der WG nicht erfüllt, wohl wissend, welche Konsequenzen dies für ihn haben kann. Einer der Erzieher ist der Meinung, der Ausschluss von Marc würde dessen Fehlverhalten eher verstärken, seine Kollegin plädiert dafür, konsequent zu bleiben und die angekündigte Maßnahme „durchzuziehen". Eine dritte Kollegin weist darauf hin, dass allein für Marc am Wochenende eine Aufsicht bereitgestellt werden müsste, wenn er nicht mitfahren darf. Außerdem habe er sein insgeheimes Ziel, nicht mitfahren zu müssen, auf diese Weise erreicht. Wie würden Sie das Problem lösen?"

    oder:

    „Sie sind Kinderpsychotherapeutin und haben den Verdacht, dass das von Ihnen behandelte Kind sexuell missbraucht wird. Einen Beweis dafür gibt es aber nicht. Wie würden Sie vorgehen?"

oder:

„In einem Elterngespräch erklärt der Vater, Sie hätten Ihren Beruf verfehlt. Sie hätten überhaupt keine Ahnung von Kinderziehung. Wie reagieren Sie?"

- *Wir würden gerne von Ihnen wissen ...*

  Auf welche Ziele kommt es aus Ihrer Sicht in der Früherziehung/Stadt-teilarbeit/Sozialpolitik/Mitarbeiterführung etc. besonders an? Welche Konzepte der Arbeit mit der Zielgruppe X halten Sie für überzeugend? Was halten Sie von dem Ansatz von Meyer/Müller? Mit wem würden Sie eine Vernetzung anstreben? Wie stehen Sie dazu, dass Sie als Mitarbeiter/in des Jugendamtes gelegentlich auch in eine Familie eingreifen müssen? Halten Sie es für angemessen, in der Sozialen Arbeit von Kunden zu sprechen? Welche Bedeutung hat Qualitätsmanagement für Sie? Was können ehrenamtliche Mitarbeiter/innen in diesem Arbeitsfeld leisten? Wie bewerten Sie eine systemisch ausgerichtete Familienarbeit? In den letzten Jahren hat das „Empowerment-Konzept" viel Beachtung gefunden: Halten Sie dieses Konzept für tragfähig? Wie stehen Sie dazu, in Ihrem Arbeitsfeld auch die Budgetverantwortung zu tragen? Etc.

- *Liegt Ihnen eher konzeptionelle und planende Arbeit oder eher der unmittelbare Umgang mit Menschen?*

  Antworten, die Sie vermeiden sollten:

  „Ich bin von ganzem Herzen Praktikerin. Wenn es geht, überlasse ich das Konzeptionelle gerne anderen. Viele machen das ja sehr gerne."

  Wie Sie antworten könnten:

  „Ich sehe da überhaupt keinen Gegensatz. Arbeit mit Menschen ist immer in eine Konzeption und in Zielplanung eingebettet, jedenfalls wenn sie professionell ist. Die Konzeption ist die Grundlage für die praktische Aufgabendurchführung. Der Profi sollte beides können."

- *Wie gelingt es Ihnen als pädagogische Leiterin, Ihre Mitarbeiter/innen zu motivieren?*

  Antworten, die Sie vermeiden sollten:

  „Ich mache deutlich, dass ich jeden Einzelnen im Blick habe und dass ich klare Erwartungen setze."

  Wie Sie antworten könnten:

  „Motivation braucht eine gute zwischenmenschliche Beziehung und die prinzipielle Wertschätzung des Anderen. Führungskräfte sollten an der Arbeit ihrer Mitarbeiter/-innen Interesse zeigen, als Ansprechpartner zur Verfügung stehen und ein regelmäßiges Feedback geben. Dies schließt Kritik überhaupt nicht aus, wohl aber unsachliche und verletzende Formen der Kritik. Wichtig erscheint die gemeinsame Vereinbarung von Zielen, damit in der Umsetzung Freiräume bestehen und Verantwortung übernommen werden kann. Verantwortung und Motivation gehören zusammen."

- *Klienten sind oft undankbar. Wie motivieren Sie sich trotzdem?*

  Antworten, die Sie vermeiden sollten:

  „Das ist nicht leicht. Ich mache meinen Job, ob der Klient das besonders toll findet oder nicht. Letztlich trägt er ja die Verantwortung für sein Leben, nicht ich."

  Wie Sie antworten könnten:

  „Manche Klienten brauchen Zeit, um Hilfe zu würdigen."

  „Ich mache meine Arbeit nicht von der Dankbarkeit abhängig, sondern davon, dass sie einem sinnvollen Ziel folgt. Dafür werbe ich bei meinen Klienten. Ich versuche auch kleine Erfolge wichtig zu nehmen."

  „Der regelmäßige Austausch im Team ist wichtig, gerade wenn man alles Mögliche an Unterstützung versucht hat, der Klient aber trotzdem die Brocken hinschmeißt."

- *Was würde Ihr Vorgesetzter an Ihnen auszusetzen haben?*

  Antworten, die Sie vermeiden sollten:

  „Oh, da fragen Sie ihn am besten selbst."

  Wie Sie antworten könnten:

  „Mein Vorgesetzter schätzt meine Arbeit. Eltern haben sich wiederholt anerkennend über unsere Tagesstätte geäußert. Das ist auch bei der Abteilungsleitung bemerkt worden."

- *Sind Sie mehr Team- oder mehr Alleinarbeiter?*

  Antworten, die Sie vermeiden sollten:

  „Das kommt ganz auf das Team an, wenn da die richtigen Leute drin sind, die einen nicht ständig nerven."

  Wie Sie antworten könnten:

  „Ich kann mich in beiden Arbeitsformen gut zurechtfinden. Das Team hat oft Vorteile, gerade wenn es um die Entwicklung neuer Ideen und Problemlösungen geht oder schwierige Entscheidungen anstehen. Wichtig ist eine klare Aufgabenstellung und die Klärung der Rollen und Verantwortlichkeiten im Team. Wenn es um Routineaufgaben geht, sollte jedes Teammitglied aber auch in der Lage sein, eigenverantwortlich zu arbeiten, alles andere wäre sehr ineffizient."

- *Wie würden Sie sich von Ihrer menschlichen Seite her beschreiben?*

  Antworten, die Sie vermeiden sollten:

  „Tja, ich würde sagen: Ich habe ganz normale Eigenschaften. Was soll ich sagen? Guter Durchschnitt? Ich beiß' keinen und lasse mich nicht gerne beißen. Ich bin eigentlich ganz zufrieden."

  Wie Sie antworten könnten:

  „Ich sehe mich als beziehungsstarke Persönlichkeit, die in auch fachlicher Hinsicht hohe Ansprüche an ihre Arbeit stellt. Beides zusammen kommt mir bei meiner Arbeit sehr zugute. Ich glaube auch, dass ich andere Menschen ganz gut motivieren kann."

- *Jeder von uns hat Stärken und Schwächen. Wie ist es bei Ihnen?*

  Antworten, die Sie vermeiden sollten:

  „Bei mir ist es anders, ich habe nur Stärken (lacht). Nein, natürlich nicht. In bestimmten Situationen fahre ich schon mal ein wenig aus der Haut, aber keine Sorge, ich rege mich dann auch wieder ab."

  Wie Sie antworten könnten:

  „Ich kann anderen Menschen gut zuhören, bin in meiner Art verbindlich und versuche den kleinen Ärger nicht zum großen Thema zu machen. Zu den Schwächen fällt mir ein: Ich bin manchmal vielleicht etwas ungeduldig, wenn ich merke, ich könnte schneller vorankommen. Außerdem sollte ich meine Reisekostenabrechnung früher einreichen, damit ich mein Geld wiederbekomme. Meine Englischkenntnisse würde ich gerne wieder auf ihren alten Stand bringen.

  Empfehlung:

  Geben Sie Schwächen zu, die für die gewünschte Stelle eher nebensächlich sind oder die sich leicht ausbügeln lassen. Überlegen Sie aber vor dem Vorstellungsgespräch, wie weit Sie gehen wollen. Das Zugeben ernsthafter Schwächen („Ich erzeuge des Öfteren den Eindruck bei Menschen, ich wolle sie bevormunden. Was aber gar nicht stimmt.") empfiehlt sich für Supervisionssitzungen und Therapiegespräche; in einem Vorstellungsgespräch könnte soviel Ehrlichkeit das Aus für Sie bedeuten.

Weitere Fragen

- *Wo mussten Sie bisher Teamfähigkeit beweisen?*
- *Reizt Sie eher ein dynamisches oder eher ein beständigeres Arbeitsfeld?*
- *Wie sehen gute Bekannte und Freunde Sie?*
- *Wie gehen Sie damit um, wenn Sie erkennen, dass Sie ein Ziel verfehlt haben?*

- *Wie reagieren Sie darauf, wenn Kolleg/innen Sie gegenüber Vorgesetzten kritisieren?*
- *Was nervt Sie an anderen Menschen?*
- *Was schätzen Sie an Kolleg/innen besonders, was können Sie überhaupt nicht leiden?*
- *Sie wollen ein bestimmtes Projekt realisieren, stoßen aber wiederholt auf taube Ohren. Wie gehen Sie mit dieser Situation um?*
- *Klienten wollen nicht immer das, was Sie selbst aus guten Gründen für unverzichtbar halten. Was machen Sie in einer solchen Situation?*

Fragen zu Ihren persönlichen Lebensumständen und Ihrer privaten Lebensgestaltung

Ihre persönlichen Lebensumstände und Ihre private Lebensgestaltung haben den Arbeitgeber nicht zu interessieren. Dennoch können solche Fragen vorkommen, z. B. weil sich der Arbeitgeber der Unzulässigkeit gar nicht bewusst ist. Nur im Ausnahmefall sind Sie verpflichtet, entsprechende Fragen wahrheitsgemäß zu beantworten bzw. diese überhaupt zu beantworten (siehe Kapitel 9).

Fragen zur privaten Lebensgestaltung können aus Bewerbersicht zwiespältig empfunden werden: Einerseits dringen sie in die persönliche Sphäre ein; andererseits lassen sich manche Fragen als gute Gelegenheit sehen, Sympathiepunkte zu erzielen. Dies gilt vor allem für Fragen zur Freizeitgestaltung. So stoßen übliche Freizeitbeschäftigungen, vor allem aber ehrenamtlich-soziales Engagement im Allgemeinen auf Anerkennung. Je nach Position nimmt man auch gerne zur Kenntnis, dass sich Ihre Interessen auf gehobenen Kulturpfaden bewegen („Mich fasziniert das Lebenswerk Fontanes"; „Ich habe mich anlässlich des Mozartjahrs intensiv mit der Musik Mozarts beschäftigt"). Extreme Sportarten können allerdings die Befürchtung auslösen, Sie könnten sich zu sehr verausgaben und durch Verletzungen ausfallen. Auch sollten Sie nicht den Eindruck erwecken, dass Ihr Hobby so zeitintensiv ist, dass Sie das Büro zwingend um 16.30 Uhr verlassen müssen. Ebenso sollten Sie keinen Anlass zu der Vermutung geben, dass die Leitung Ihres Vereins Sie so sehr in Anspruch nimmt, dass Sie in der Versuchung stehen, dafür Arbeitszeit einzusetzen. Hobbys, die problematische Schlüsse auf Ihre Persönlichkeit nach sich ziehen könnten („Briefmarken sammeln"), sollten Sie zurückhaltend handhaben. Es ist im Übrigen keine Schande, wenn Sie kein ausgesprochenes Hobby vorweisen können.

Typische Fragen

- *Was tun Sie am liebsten in Ihrer Freizeit?*
- *Was möchten Sie tun, wenn Sie mehr Freizeit hätten?*
- *Genießen Sie Ihre Freizeit lieber alleine oder lieber gemeinsam mit Anderen?*
- *Lesen Sie gerne?*
- *Sind Sie kulturell interessiert?*

- *Was beinhaltet das ehrenamtliche Engagement, das Sie in Ihren Unterlagen erwähnt haben?*
- *Wie sehen Sie das Verhältnis von Familie und Beruf?*
- *Haben Sie einen großen Freundes- und Bekanntenkreis?*

Schwieriger wird es, wenn der Arbeitgeber sich nicht nur für Ihre Hobbys und das ohnehin nicht überprüfbare Vorhandensein eines Freundeskreises interessiert, sondern noch weiter in die Privatsphäre vorstößt.

Beispiele:

- *Aus Ihren Unterlagen entnehme ich, dass Sie keine Kinder haben. Mögen Sie keine Kinder?*
- *Wie oft benötigen Sie im Durchschnitt eines Monats ärztliche Hilfe?*

Ob man entsprechende Fragen des Arbeitgebers aus rechtlicher Sicht beantworten muss oder nicht, ist oft nicht entscheidend. Denn eine ausdrückliche Antwortverweigerung, erst recht eine schroffe Abfuhr, kann de facto das Aus für die Bewerbung bedeuten.

Antworten, die Sie vermeiden sollten:

„Mit Verlaub: Das geht Sie nichts an!"

„Verzeihung, aber ich lasse mich nicht ausforschen."

„Jetzt gehen Sie aber eindeutig zu weit."

„Werden Sie etwa nie krank?"

„Haben Sie was gegen Kinder?"

„Kinder zu bekommen ist doch ganz natürlich. Wo würde die Gesellschaft landen, wenn es keinen Nachwuchs mehr gäbe."

„Meine Familienplanung überlassen Sie am besten mir."

Das Risiko, die Heimreise antreten zu müssen, lässt sich verringern, wenn Sie statt der schroffen eine höfliche Form der Zurückweisung wählen. Womöglich geht es dem Arbeitgeber nämlich gar nicht darum, eine ehrliche Antwort von Ihnen zu bekommen, sondern darum, Sie zu testen: Wie gehen Sie mit offenkundigen „Unverschämtheiten" um: Greifen Sie in einer Stresssituation gleich zu „beinharten Ansagen" oder bewahren Sie auch dann einen kühlen Kopf?

Wie Sie antworten könnten:

„Seien Sie mir nicht böse, wenn ich diese Frage offenlassen möchte. Ich kann Ihnen aber vergewissern: Sie brauchen sich in diesem Punkt keine Sorgen zu machen."

„Diese Frage überrascht mich in einem Vorstellungsgespräch. Ich habe ganz und gar nichts zu verheimlichen. Aber sehen Sie mir nach, wenn es mir nicht leicht fällt, den Zusammenhang zu einem möglichen Anstellungsverhältnis zu erkennen."

Weitere Möglichkeiten, auf problematische Fragen zu Ihrer Privatsphäre zu reagieren, zeigen Ihnen die folgenden Beispiele:

* *„Sind Sie ein politisch interessierter Mensch, dem es wichtig ist, sich auch parteipolitisch zu engagieren?"*

    Antworten, die Sie vermeiden sollten:

    „Ja, ich bin Mitglied der (Partei) und sitze dem Ortsverein (Stadtbezirk) vor. Ich halte es für wichtig, Flagge gegen Gleichgültigkeit zu zeigen."

    Antworten, die Sie geben könnten:

    „Ich mache mir wie jeder Staatsbürger meine Gedanken über das politische Geschehen. Gerade die Sozialpolitik interessiert mich, weil sie meine Berufstätigkeit ganz besonders berührt. Ich halte es auch grundsätzlich für wichtig, dass Menschen sich politisch beteiligen, ob man das nun aktiv betreibt oder sich auf die Beteiligung an Wahlen beschränkt."

    Nachfrage: „Bedeutet das, dass Sie keiner politischen Partei angehören?"

    Antwort: „Ob man einer politischen Partei angehört oder nicht: Parteipolitik hat in der Sozialen Arbeit aus meiner Sicht in keinem Falle etwas zu suchen."

* *Waren Sie in letzter Zeit in ärztlicher Behandlung?*

    Antworten, die Sie vermeiden sollten:

    „Jeder muss mal zum Arzt, der eine öfter, der andere seltener. Das empfinde ich als ganz normal. Inwiefern ist das für Sie ein Problem?"

    Antworten, die Sie geben könnten:

    „Ich bin Gott sei Dank nicht sehr anfällig. Deshalb hatte ich bisher auch nur wenige Fehlzeiten. Den Anforderungen der Stelle fühle ich mich auch gesundheitlich voll gewachsen."

Manche Fragen diskriminieren speziell Frauen, weil sie nur Frauen gestellt werden. Möglicherweise spielen solche Fragen in dem von weiblichen Beschäftigten beherrschten Arbeitsmarkt der Erziehungs- und Sozialberufe eine geringere Rolle als andernorts; ausgeschlossen ist Diskriminierung aber auch hier nicht. Im Hintergrund stehen meist wirtschaftliche Überlegungen: Die Furcht davor, dass Frauen wegen Schwangerschaft oder der Versorgung kranker Kinder ausfallen könnten. Bei aller berechtigten Empörung: Das beste Mittel ist die Gelassenheit, ohne Selbstverleugnung. Wie das geht, zeigen Ihnen unsere Beispiele:

- *Ich könnte mir vorstellen, dass über kurz oder lang die Frage der Familiengründung für Sie ansteht.*

  Antworten, die Sie vermeiden sollten:

  „Wir haben da keinen festen Plan. Wenn es denn so sein soll, dann ist uns ein Kind auch willkommen. Muss ja nicht gleich morgen sein."

  Wie Sie antworten könnten:

  „Kinder zu haben, ist etwas sehr Schönes. Mein Mann und ich haben uns aber entschieden, uns vorerst unseren beruflichen Interessen zu widmen. Im Übrigen glaube ich, dass sich Engagement im Beruf und Kinder gut verbinden lassen."

- *Wie steht Ihr Partner zu Ihrer Berufstätigkeit?*

  Antworten, die Sie vermeiden sollten:

  „Mein Mann ist nicht gerade begeistert, aber einverstanden."

  Wie Sie antworten könnten:

  „Dass wir beide berufstätig sein wollen, ist selbstverständlich zwischen uns geklärt."

- *Was ist, wenn Ihr Partner beruflich einen Ortswechsel plant?*

  Antworten, die Sie vermeiden sollten:

  „Gut, das wäre sicher ein Problem, denn meine Familie würde ich nicht einfach ziehen lassen."

  Wie Sie antworten könnten:

  „Wir sind hier in der Region verwurzelt. Wir haben uns außerdem so abgesprochen, dass ich nach der Familienphase Zeit für meine eigene berufliche Entwicklung haben werde. Insofern gibt es hier keine Probleme."

- *Kommen Ihre Kinder nicht zu kurz, wenn Sie voll berufstätig sind?*

  Antworten, die Sie vermeiden sollten:

  „Wenn die Kinder sich darauf verlassen können, dass ich mittags um halb eins zuhause bin, sehe ich keine Probleme."

  Wie Sie antworten könnten:

  „Nein ganz und gar nicht. Die Kinder sind am Vormittag durch Kindergarten und Schule gut versorgt. Sollte die Schule einmal ausfallen, übernimmt eine befreundete Mutter die Betreuung. Dies gilt auch, wenn ich mal länger in der Arbeit bleiben will, um etwas fertig zu stellen."

- *Was ist, wenn ihre Kinder krank sind und Sie zuhause gebraucht werden?*

  Antworten, die Sie vermeiden sollten:

  „Meine Kinder sind unter 12, sodass mir eine gesetzliche Arbeitsbefreiung zusteht. Ansonsten würde ich Urlaub nehmen."

  Wie Sie antworten könnten:

  „Mein Mann und ich haben für diesen Fall vorgesorgt. Sollte er oder ich aus dienstlichen Gründen nicht für kurze Zeit zuhause bleiben können, werden seine oder meine Eltern einspringen. Großeltern warten ja praktisch auf eine solche Gelegenheit."

11 Nachhaken

Bewerbungen erzeugen immer wieder Verunsicherung. Womöglich hat man nicht einmal eine Eingangsbestätigung erhalten oder es herrscht über längere Zeit „Funkstille". Was Sie in diesen und ähnlichen Situationen tun können, erfahren Sie in diesem Kapitel.

Wer sich bewirbt, wird gelegentlich die Erfahrung machen,

- dass er nach Übersendung seiner Bewerbungsunterlagen keine Eingangsbestätigung erhalten hat,
- dass er auch etliche Wochen nach einer Eingangsbestätigung weder zum Vorstellungsgespräch eingeladen worden ist noch eine Absage erhalten hat,
- dass er nach einem Vorstellungsgespräch trotz angemessener Wartezeit noch nichts wieder von dem Arbeitgeber gehört hat,
- dass ihm ein Konkurrenzangebot zu entgehen droht, falls der Arbeitgeber nicht bald zu einer Entscheidung kommt.

Ausbleibende oder zögerliche Reaktionen des Arbeitgebers erzeugen naturgemäß Verunsicherung: Sind die Bewerbungsunterlagen überhaupt angekommen? Ist das Verfahren aus unvorhersehbaren Gründen geplatzt? Wurden die Vorstellungsgespräche längst durchgeführt, ohne dass man eine Einladung erhalten hat? Lässt man sich nur Zeit, den ausgeschiedenen Bewerbern abzusagen? Wie lange kann ich die Zusage bei einer anderen Stelle noch hinauszögern, ohne mir zu schaden?

In Fällen, wo sich aufseiten des Arbeitgebers tatsächlich oder scheinbar „nichts tut", wird man sich fragen, ob es statt „Abwarten und Tee trinken" nicht besser ist, aktiv zu werden und nachzuhaken. Selbst wenn das Nachfassen den Tanker nicht in Bewegung setzen sollte, so verringert es doch das Gefühl, der Situation ausgeliefert zu sein.

Auch wenn ein Bewerbungsverfahren außerordentlich gut verlaufen ist, kann sich die Frage stellen, ob man sich unaufgefordert noch einmal zu Wort meldet. Je attraktiver die Stelle ist, auf die man sich beworben hat, umso größer ist die Befürchtung, sie könnte zu guter Letzt doch von einem Mitbewerber weggeschnappt werden. Auch hier ergibt sich die Frage, ob man diese nicht auszuschließende „Fehlentscheidung" des Arbeitgebers stumm auf sich zukommen lässt oder ob man noch einmal aktiv für sich wirbt.

Bevor man per Telefonhörer, E-Mail oder konventionellem Brief zur Tat schreitet, sollte man beachten: Für den Arbeitgeber ist ein Bewerbungsverfahren eine von vielen parallel laufenden anderen Aktivitäten, die in seiner Prioritätenliste miteinander konkurrieren. Am Auswahlverfahren sind meist mehrere Funktionsträger beteiligt, deren Zusammenspiel koordiniert werden muss. Effizientes Vorgehen ist nicht überall zu erwarten. Zum Teil werden Verfahren mehrstufig betrieben (vgl. Kapitel 9). Kurzum: Stellenbesetzungen benötigen ihre Zeit, und wer sich bewirbt benötigt Geduld. Wer ohne ernsthafte Rechtfertigung nachhakt („Ich habe Ihnen vorgestern meine Bewerbungsunterlagen geschickt. Ich wollte nur fragen, ob diese auch angekommen sind"), empfiehlt sich nicht gerade als „gestandene Persönlichkeit". Das gilt erst recht für Anfragen wie „Ich habe Ihnen vor einer Woche meine Bewerbungsmappe geschickt. Haben Sie schon einmal hineingeschaut?" Man stelle sich vor, es käme nur jeder zweite Bewerber auf die Idee, denjenigen, von dem er sich ein Beschäftigungsangebot erhofft, so gekonnt zu nerven!

Auf der anderen Seite kann es aber gute Gründe geben, Dinge nicht auf sich beruhen zu lassen. Wir haben diese eingangs schon benannt.

Anlass 1: Sie haben keine Eingangsbestätigung erhalten

Wenn Ihnen 14 Tage nach Versendung Ihrer Bewerbungsunterlagen noch keine Eingangsbestätigung vorliegt, sollten Sie immer nachhaken. Zwar ist unwahrscheinlich, dass Ihre Unterlagen auf dem Postweg oder beim Empfänger einfach verschwunden sind. Die Teilnahme an einem für Sie wichtigen „Rennen" sollten Sie aber keinen Wahrscheinlichkeitstheorien überlassen. Die telefonische oder schriftliche Nachfrage, ob die Unterlagen ihren Empfänger evtl. nicht erreicht haben, ist in jedem Falle gut begründet. Unterlassen Sie aber jeden Anklang einer versteckten Beschwerde („Ich habe Ihnen die Unterlagen bereits am … zugesandt, doch bis heute nichts gehört."). Nutzen Sie die Gelegenheit, Ihren Wunsch nach einer Mitarbeit in persönlich gehaltenem Stil noch einmal klar zum Ausdruck zu bringen.

Beispiel:

Mein Bewerbungsschreiben vom 24. 01. 2008

Sehr geehrter Herr Weidenbach,

vor etwa drei Wochen sandte ich Ihnen ein Bewerbungsschreiben, mit dem ich mich für eine Tätigkeit als Diplom-Psychologin empfohlen habe. Ich hoffe, das Schreiben hat Sie erreicht. Lassen Sie mich bitte wissen, wenn dies nicht der Fall ist. Ich werde gerne einen zweiten Versuch starten.

Ich hatte Ihnen geschrieben, weil ich gerne als Beraterin in der Ehe-, Familien- und Lebensberatung tätig sein möchte. Als evangelische Christin ist mir die Arbeit bei einem diakonischen Träger besonders willkommen. Diesen Wunsch möchte ich heute noch einmal ausdrücklich bekräftigen.

Ich freue mich sehr auf Ihre Reaktion.

Alles Gute und freundliche Grüße

Ina Rohland

Für das Nachhaken ist oft nicht die Frage entscheidend, ob Sie es tun, sondern wie Sie es tun. Ihre Nachfrage zeigt immer auch: Die Stelle ist Ihnen wichtig. Wenn Sie trotz angemessener Wartezeit stumm bleiben, gehen Sie womöglich sogar das Risiko ein, als scheu oder nicht mehr interessiert angesehen zu werden. Diese Fehlinterpretation sollten Sie durch eine höfliche Nachfrage ohne erhobenen Zeigefinger ausschließen.

Anlass 2: Sie haben lediglich eine Eingangsbestätigung erhalten

Nach erfolgter Eingangsbestätigung werden Bewerbungsunterlagen zunächst gesammelt, bis die Bewerbungsfrist abgelaufen ist. Danach gehen die Unterlagen meist durch mehrere Hände. Sind die beteiligten Personen allesamt hauptberuflich bei dem Anstellungsträger tätig, wird der Lesevorgang in der Regel drei Wochen nach Ende der Einsendefrist abgeschlossen sein. Bewerben sich 100 und mehr Bewerber/innen auf eine attraktive Stelle, kann der Zeitbedarf auch länger ausfallen. Zu erledigen sind folgende Aufgaben:

- Bewerber/innen, die die geforderten Voraussetzungen definitiv nicht mitbringen, müssen in einem ersten Durchgang aussortiert werden.
- Die im Verfahren bleibenden Unterlagen müssen durch alle Beteiligten ausgewertet werden. Dies geschieht zum Teil nicht parallel, sondern nacheinander, vor allem, wenn bei höherrangigen Stellen von den Bewerber/innen umfangreiche Unterlagen vorgelegt werden, die nicht alle durchkopiert werden können.
- Es muss eine Abstimmung erfolgen, wer eingeladen werden soll bzw. wessen Bewerbung in Reserve genommen wird. Dies ist bei einer größeren Zahl gut qualifizierter Bewerber nicht in Windeseile zu erledigen.
- Es müssen hausintern Vorstellungstermine abgestimmt werden.

Wäre der Geschäftsführer nicht häufig auf Dienstreise und die Vorsitzende der Mitarbeitervertretung nicht seit einer Woche erkrankt, könnte mancher Schritt auch schneller vollzogen werden. Abstimmungstermine könnten früher angesetzt werden, ebenso die Einladung der aussichtsreichen Kandidat/innen zum Vorstellungsgespräch. Zeit kostet auch die Mitwirkung ehrenamtlich Tätiger. So wollen nicht selten Vorstandsmitglieder eines e. V. an den Einstellungsentscheidungen mitwirken, und dies nicht nur, wenn es um die Besetzung wichtiger Positionen geht. Langsamkeit ist daher an der Tagesordnung.

Dennoch: Vier bis sechs Wochen nach Erhalt des Eingangsschreibens wird man es Ihnen nicht verübeln können, wenn Sie sich freundlich – wiederum ohne den Unterton einer Beschwerde – nach dem Stand des Verfahrens erkundigen.

Beispiel:

Meine Bewerbung als Diplom-Pädagogin („Die Zeit" vom 10. 01. 2008)

Sehr geehrte Frau Dr. Henning,
herzlichen Dank für Ihre Zwischennachricht vom 16. 01. 2008.

Ich bin an der Stelle sehr interessiert. Können Sie bereits absehen, wann ich mit einer Antwort auf meine Bewerbung rechnen kann?

Ihre Nachricht erreicht mich gerne auch per E-Mail.

Mit Dank und besten Grüßen aus Dingolfing

Michaela Riegert

Anlass 3: Sie haben nach dem Vorstellungsgespräch nichts mehr gehört

Ein professionell organisierter Arbeitgeber wird versuchen, nach Abschluss der Vorstellungsrunde möglichst zügig zu seiner Entscheidung zu kommen. Gut qua lifizierte Kandidat/innen haben schließlich auch andernorts gute Chancen; zu langsames Reagieren ist daher kontraproduktiv. Im Allgemeinen wird die abschließende Auswahlentscheidung etwa zwei Wochen nach Abschluss der Vorstellungsgespräche mitgeteilt werden. Diese Zeitspanne hat auch damit zu tun, dass man Absagen an die Mitbewerber des engeren Kreises (meist 5–6 Personen) erst dann auf die Post gibt, wenn der Vertragsabschluss mit dem ausgewählten Kandidaten unter Dach und Fach ist. Wenn die Zeit bis zur Zu- oder Absage aber ungewöhnlich lange dauert, kann es Ihnen niemand verwehren, nachzufragen, ob über die Besetzung der Stelle schon entschieden wurde und bis wann ggf. mit einer Entscheidung zu rechnen ist. Nutzen Sie den Anlass, Ihr Interesse an der ausgeschriebenen Position noch einmal zu verdeutlichen.

Anlass 4: Sie haben noch eine andere Stelle in Aussicht

Manchmal liegen ganz besondere Umstände vor, sich zu Wort zu melden, bevor der Arbeitgeber seine Entscheidung von sich aus übermittelt. Dies ist dann der Fall, wenn Sie andernorts eine attraktive Stelle bekommen können, die Ihnen bei nicht rechtzeitiger Entscheidung des Arbeitgebers entgeht. Hier kommt es sehr entscheidend auf das „Wie" Ihres Vorgehens an. Wer den Arbeitgeber unter Druck setzt, tut sich keinen Gefallen.

Negativbeispiel:

Meine Bewerbung als Diplom-Pädagoge („Die Zeit" vom 10. 01. 2008)

Sehr geehrte Frau Schwan,

bisher habe ich noch nichts von Ihnen gehört. Bis spätestens übermorgen muss ich aber wissen, ob ich die Stelle bekommen werde, da ich ansonsten eine andere Stelle antreten werde.

Mit freundlichen Grüßen

Mario Langensiepen

Positiv-Beispiel:

Meine Bewerbung als Diplom-Pädagoge („Die Zeit" vom 10. 01. 2008)

Sehr geehrte Frau Hegener,

ich komme auf das Gespräch zurück, das wir vor drei Tagen in Ihrem Hause geführt haben. Die Atmosphäre habe ich als sehr angenehm empfunden. Mir ist deutlich geworden, dass Ihre Erwartungen und meine eigenen Wünsche sich hervorragend verbinden.

Bitte nehmen Sie mir nicht übel, wenn ich heute die Bitte äußere, möglichst rasch von Ihrer Entscheidung zu hören. Der Grund hierfür liegt in einem Alternativangebot, das ich je nach Zeitpunkt einer evtl. Absage nicht mehr wahrnehmen könnte. Bis zum (Datum) erwartet man eine definitive Entscheidung von mir. Bitte fühlen Sie sich durch diesen Hinweis nicht bedrängt. Selbstverständlich braucht eine gute Entscheidung Zeit.

Meine Priorität ist klar: Sie liegt bei der von Ihnen ausgeschriebenen Stelle. Die Synthese von Einbindung und Eigenverantwortung bei gleichzeitig anspruchsvoller inhaltlicher Aufgabenstellung reizt mich außerordentlich. Deshalb stehe ich für diese Aufgabe sehr gerne zur Verfügung.

Für Ihre freundliche Nachricht danke ich Ihnen schon heute sehr herzlich.

Mit freundlichen Grüßen aus Essen

Oliver Aulbach

Anlass 5: Das Vorstellungsgespräch ist gut gelaufen

Sie können einen positiven Eindruck hinterlassen, wenn Sie bereits kurz nach dem erfolgreich verlaufenen Vorstellungsgespräch – bevor die mutmaßlich abschließende Entscheidung getroffen wird – noch einmal klar zum Ausdruck bringen, dass das „angenehme Gespräch" Ihren Wunsch gefestigt hat, die ausgeschriebene Stelle zu übernehmen. Bringen Sie in diesem Schreiben erneut zum Ausdruck, worin der besondere Reiz der Aufgabe für Sie liegt und was dafür spricht, die Stelle Ihnen zu übertragen: Dezent, höflich, unaufdringlich, aber eindeutig in Ihrer Entschiedenheit.

Beispiel:

Meine Bewerbung als Referent für Gesundheitspolitik („Süddeutsche Zeitung" vom 5. 1. 2008)

Sehr geehrte Frau Bruchhäuser,

erlauben Sie mir, schon heute auf das Gespräch zurückzukommen, das wir vorgestern in Ihrem Hause geführt haben.

Sie haben gewiss bemerkt, dass mir gesundheitliche Fragen sehr am Herzen liegen. Ihre Stelle bietet die Chance, die Interessen von psychisch kranken Menschen und ihren Angehörigen gegenüber Staat und Öffentlichkeit zu vertreten.
Nach einer solchen Aufgabe suche ich schon lange. Ich hoffe, Sie überzeugt zu
haben, dass ich das nötige Rüstzeug hierfür mitbringe: langjährige Berufserfahrung in der Sozialen Arbeit, fundierte Kenntnisse der Probleme psychisch kranker Menschen und der entsprechenden Dienste und Einrichtungen, mehrjährige
Erfahrung im Umgang mit „Politik" als Vertreter des (Name des Wohlfahrtsverbandes) im Sozialausschuss des Kreises (Name). Nicht zuletzt lege ich aber auch
meine Fähigkeit zu zielgerichteter Arbeit sowie die Bereitschaft zum persönlichen
Engagement in die Waagschale.

Ich grüße Sie herzlich und freue mich darauf, von Ihnen zu hören.

Dr. Axel Dittmann

Wenn das Vorstellungsgespräch „nicht gut gelaufen" ist, erübrigt sich eine Nach-
fassaktion. Sie kann das Ruder nicht mehr herumreißen. Der Fall, dass Sie sich
fundamental über Verlauf und Ergebnis des Vorstellungsgesprächs täuschen, ist
zwar nicht ausgeschlossen, doch eher unwahrscheinlich. Es macht keinen Sinn,
Dinge, die im Vorstellungsgespräch schiefgegangen sind, missverstanden wurden
oder unglücklicherweise offengeblieben sind, in einem Schreiben nachzubear-
beiten („Nicht dass Sie denken, ich sei nicht motiviert, nur weil ich vielleicht
im Vorstellungsgespräch gehemmt gewirkt habe"). Solche Richtigstellungen und
Versicherungen mögen in der Sache zwar zutreffend sein, verfehlen aber ihre
Wirkung. Ein missratenes Vorstellungsgespräch lässt sich nicht im Nachhinein
reparieren. Ein nicht geglückter Auftritt entfaltet seinen Wert aber in zukünftigen Bewerbungen. Deshalb ist die Nachbereitung eines Vorstellungsgesprächs
gerade in diesem Fall von größter Bedeutung (vgl. Kapitel 9).

12 Assessment-Center[1]

Was Menschen können, lässt sich am besten beurteilen, wenn man sie mit den typischen Anforderungen eines Arbeitsplatzes konfrontiert. Darum geht es beim Assessment-Center. Das Assessment-Center ersetzt das Prinzip „Sag mir, was Du kannst" durch das Prinzip „Zeig mir, was Du kannst".

Wenn es um die Auswahl von gut bezahlten Führungs(nachwuchs)kräften geht, verlassen sich große Arbeitgeber im Bereich der privaten Wirtschaft schon längst nicht mehr auf die Analyse von Bewerbungsunterlagen und die Erkenntnismöglichkeiten eines Vorstellungsgesprächs. So dürfen Arbeitszeugnisse aus rechtlichen Gründen keine nachteiligen Äußerungen beinhalten; oft werden sie sogar geschönt, um gerichtlichen Auseinandersetzungen aus dem Wege zu gehen. Auch die Vorhersagekraft eines Bewerbungsgesprächs ist sehr begrenzt, vor allem, wenn man herauszufinden will, wie Bewerber mit den typischen Anforderungen einer angestrebten Position tatsächlich zurecht kommen. Wenn es darum geht, eher Schlüssel- als fachliche Qualifikationen von Bewerbern zuverlässig(er) zu erkennen, sind Methoden wie das Assessment-Center (AC) den herkömmlichen Verfahren deutlich überlegen. Darin sind sich Praktiker wie Wissenschaftler einig. Weil Mitarbeiter/innen mit Führungsaufgaben gerade im Bereich der Schlüsselqualifikationen besonders gefordert sind, werden AC-Verfahren vor allem bei Führungskräften eingesetzt. Dabei geht es nicht allein um Neueinstellungen (Auswahl-AC), sondern auch um die Besetzung betrieblicher Aufstiegspositionen (Förder-AC/Entwicklungs-AC). Unternehmen, die AC nutzen, wollen das Risiko einer Fehlbesetzung reduzieren, die gerade bei Führungskräften erhebliche Kosten verursachen kann.

Nicht immer erkennt man ein AC bereits am Namen. Gebräuchlich sind z. B. auch Bezeichnungen wie Auswahlseminar, Bewerberworkshop, Kontakttag, Potenzialanalyse o. dgl.

Beispiele für wichtige Schlüsselkompetenzen von Führungskräften:

Organisationstalent, Entscheidungsfähigkeit, Initiative, Delegationsfähigkeit, Durchsetzungsvermögen, schriftliche und mündliche Kommunikationskompetenz, Kooperations-/Teamfähigkeit, Kritikfähigkeit, Lernbereitschaft, Stresstoleranz.

Obwohl ausgeprägte Schlüsselkompetenzen auch in den psychosozialen Berufen das Proprium der beruflichen Handlungskompetenz ausmachen, ist es erstaunlich, wie wenig verbreitet AC-Verfahren im Erziehungs- und Sozialbereich heute noch sind. Dabei sind die AC-Methoden dem Sozialsektor durchaus geläufig;

---

[1] gemeinsam mit Julia Bieker

regelmäßig werden sie z. B. bei der Unterstützung des Berufswahlprozesses von benachteiligten Jugendlichen angewendet, um Förderbedarfe der Jugendlichen besser zu erkennen (Förder-AC).

Auch im Bereich der öffentlichen Verwaltung trifft man noch selten auf ein AC als Auswahlverfahren. Am ehesten sind AC bei der Einstellung von Anwärtern für den gehobenen Beamtendienst verbreitet.

Was ist ein Assessment-Center?

Assessment-Center, abgeleitet von dem englischen Wort „to assess" (= einschätzen, beurteilen), ist der Oberbegriff für ein Bündel eignungsdiagnostischer Verfahren, in denen

- Sie gemeinsam mit mehreren weiteren Kandidat/innen (meist 8 bis 12)
- von mehreren geschulten Beobachter/innen (Fach- und Führungspersonal; externe Personalfachleute, Psychologen)
- in Bewerbungsinterviews
- zum Teil mithilfe von Testverfahren (Intelligenz-, Persönlichkeits-, Wissens- und Leistungstests)
- in der Hauptsache aber in einer Vielzahl zuvor festgelegter Übungen (Gruppendiskussionen, Kurzvorträge, Fallstudien, Präsentationen, Rollenspiele, individuell zu erstellende Arbeitsproben)
- anhand vorab definierter Anforderungskriterien (z. B. „kann andere Menschen motivieren")
- unter Verwendung speziell erstellter Beobachtungs- und Bewertunginstrumente

beurteilt werden.

Einfacher gesagt: Beim AC wird durch mehrere Beobachter beobachtet, wie Sie mit berufstypischen Anforderungen umgehen. In verschiedenen alltagsnahen Übungssituationen (Simulationen) sollen Sie eine Kostprobe Ihres beruflichen Könnens abliefern. Man will herausfinden: Was sind Ihre wirklichen Stärken? Mit welchen Anforderungen des späteren Berufsalltags kommen Sie eher bescheiden zurecht? In welcher Hinsicht unterscheiden Sie sich positiv wie negativ von den andernen Teilnehmer/innen? Abgesehen davon, dass Sie beim AC von einer Mehrzahl von Beobachtern beurteilt werden, soll gerade der Vergleich mit Ihren Mitbewerbern die Auswahlentscheidung objektivieren. Jedes Anforderungskriterium wird dabei in zwei unterschiedlichen Situationen beobachtet, um die Treffsicherheit der Beobachtung zu verbessern.

Dass ein solches Find-Out Zeit benötigt, liegt auf der Hand. Deshalb dauert ein AC mindestens einen Tag, manchmal aber auch länger. Da solche Auswahlverfahren für den Arbeitgeber sehr vorbereitungs- und kostenintensiv sind (vor allem wenn er externe Fachleute damit beauftragt), ist ihr Anwendungsbereich im Allgemeinen auf die Gewinnung von Führungs(nachwuchs)kräften begrenzt.

Ablauf eines Assessment

Bevor ein AC beginnen kann, hat der Arbeitgeber umfangreiche Vorbereitungs-
aufgaben zu erledigen. Dazu gehören u. a.

- die Auswahl der Beobachter
- die genaue Beschreibung des Anforderungsprofils der Zielposition („Welche
  Kompetenzen erfordert die ausgeschriebene Position?")
- die Ableitung von Verhaltensweisen, die als erfolgreiche Umsetzung der Anforderungen angesehen werden können („Woran wollen wir erkennen, ob ein/e
  Bewerber/in über die gewünschte Eigenschaft ‚Teamfähigkeit' verfügt?")
- die Vorbereitung und Zusammenstellung der Übungen entsprechend dem Anforderungsprofil
- die organisatorische Vorbereitung des Auswahlseminars
- das Training der Beobachter.

Nach Abschluss dieser Vorfeldarbeit lädt man Sie als Bewerberin ein und bittet
um Bestätigung des in Aussicht genommenen Termins (meist 2 bis 3 Wochen
später). Mehr als allgemeine Informationen über die geplanten Eignungsfeststel-
lungen werden Sie in der Regel bei der Einladung nicht bekommen. Wie ein AC
im Einzelnen abläuft, wollen wir Ihnen anhand eines anderthalbtägigen AC beispielhaft zeigen.

Programm
für das DGSD-Bewerberseminar am 12./13. Januar 2008 im
MH Tagungs- und Kongresshotel
Alte Heerstr. 25–31, 53639 Königswinter
Tel. 0 22 23/1 23 45 67-0 – Fax 0 22 23/1 23 45 67-20

Freitag, 12. Januar 2008

bis 18.00 Uhr	Anreise
20.00–21.00 Uhr	Begrüßung,
	Informationen zur Deutsche Gesellschaft für Soziale Dienste gGmbH
	(DGSD), zum Arbeitsfeld und zur Zielposition
	Ablauf der Veranstaltung
21.00–22.00 Uhr	Selbstpräsentation der Bewerber
22.00–22.30 Uhr	Klärung von Einzelfragen

Samstag, 13. Januar 2008

08.00–08.45 Uhr	Gruppendiskussion ohne Moderator
08.45–10.00 Uhr	*Pause*
10.00–10.45 Uhr	Rollenspielübung
10.45–11.00 Uhr	*Pause*
11.00–12.00 Uhr	Interview
12.00–13.00 Uhr	*Mittagspause*

13.00–14.00 Uhr	Präsentation
14.00–14.15 Uhr	*Pause*
14.15–15.15 Uhr	Kurzfallbearbeitung
15.15–15.45 Uhr	*Pause*
15.45–16.15 Uhr	Postkorbübung
16.15–16.30 Uhr	*Pause*
16.30–17.00 Uhr	Test
17.00–18.00 Uhr	Abendessen
18.00–19.00 Uhr	Rückmeldung an jeden Teilnehmer
	Verabschiedung

Mit diesen Übungen müssen Sie rechnen

Postkorb

Bei dieser Übung werden Sie aufgefordert, unter Zeitdruck über eine Vielzahl von Einzelvorgängen zu entscheiden, die sich aktuell in Ihrem Postkorb befinden. Die Vorgänge können wichtiger oder unwichtiger sein, man kann sie besser oder schlechter aufschieben (Wichtigkeit/Dringlichkeit). Ihre Entscheidungen müssen Sie nicht nur schriftlich begründen, sondern womöglich auch gegen Einwände des Übungsleiters verteidigen.

Übungsbeispiel:

„Sie haben zwei Tage an einem Fachkongress teilgenommen. Ohne Zwischenstopp zuhause suchen Sie am Vormittag des nächsten Tages Ihr Büro auf. Ihr Ablagekorb, Ihre Mailbox und Ihr Anrufbeantworter enthalten Schriftstücke und Nachrichten mit folgendem Inhalt:

- Die Vorsitzende des Vereins erwartet dringend Ihren Rückruf von Ihnen, weil sie mit einer Entscheidungsvorlage nicht einverstanden ist.
- Ihre Sekretärin, die heute Urlaub hat, teilt Ihnen mit, dass es Probleme mit dem Rückflug von Madrid gibt, wo Sie in Kürze den Hauptvortrag auf dem „European Meeting for Social Care" halten sollen.
- Ihr Abteilungsleiter bittet in einer unaufschiebbaren Personalangelegenheit (Beachtung einer Kündigungsfrist) dringend um ein Gespräch.
- Die Sitzung des Sozialausschusses in A., wo Sie ein Investitionsvorhaben Ihres Unternehmens vorstellen sollten, kann erst drei Stunden später stattfinden. Zu diesem Zeitpunkt sollen Sie aber eine Delegation von Geschäftsführer/innen litauischer Einrichtungen für behinderte Menschen empfangen.
- Ihr Kind hat sich schon um acht Uhr per Handy gemeldet. Die Schule fällt heute aus."

Was man herausfinden will, ist unschwer zu erkennen:

- Können Sie Wichtiges von Unwichtigem, Dringliches von Aufschiebbarem unterscheiden?
- Behalten Sie auch unter hohem Entscheidungsdruck noch einen kühlen Kopf?
- Gelingt es Ihnen zu delegieren?
- Verzetteln Sie sich in komplexeren Situationen?
- Tun Sie sich leicht oder schwer mit Entscheidungen?
- Können Sie für zusammenhängende Vorgänge eine sinnvolle Gesamtlösung entwickeln?
- Wie gehen Sie mit Kritik um, wenn der Übungsleiter Ihre Vorschläge nach getaner Arbeit angreift?

Gruppendiskussionen

Gruppendiskussionen sind ein „Muss" in jedem AC. Sie sollen zeigen, wie der Einzelne sich in Situationen bewegt, in denen er gemeinsam mit anderen Problemlösungen erarbeiten, Zukunftpläne schmieden und aktuelle Fragen klären soll.

In der Regel diskutiert die Gruppe über ein vorgegebenes Thema. Einen Moderator gibt es zumeist nicht. Die Teilnehmer/innen bekommen 10–15 Minuten Zeit, sich auf die Diskussion einzustellen. Das Thema wird so gewählt, dass es zwar eine Verbindung zu der Zielposition hat, jedoch keine spezifischen Fachkenntnisse voraussetzt. Das Thema kann auch in einem Auftrag bestehen, den die Gruppe zu erfüllen hat, oder in einer Entscheidung liegen, die von der Gruppe zu treffen ist.

Beispiele für Diskussionsthemen:

- Passen Soziale Arbeit und Betriebswirtschaft zusammen?
- „Kultur" – Für wen arbeiten wir?
- Was sind die drei wichtigsten Herausforderungen der nächsten zehn Jahre?
- Bürgerarbeit statt Erwerbsarbeit?
- Erarbeiten Sie ein Konzept „Mitarbeiterorientierung in Non-Profit-Unternehmen"!
- Entwickeln Sie eine Marketingstrategie für die Leistung „Service-Wohnen im Alter"
- Entscheiden Sie: Wer von den drei in dem Hand-out skizzierten Mitarbeiter/innen der Einrichtung soll eine Leistungszulage zu seinem Gehalt bekommen?

Zum Teil überlässt man es auch der Gruppe, ihren Diskussionsgegenstand aus einer Vorschlagsliste auszuwählen oder das Thema vollkommen selbst zu bestimmen. Dabei will man erkennen, wie es den Teilnehmer/innen gelingt, Vorschläge zu entwickeln, sich mit ihren Vorschlägen und Argumenten Gehör zu verschaffen und sich in akzeptabler Form durchzusetzen bzw. zu einigen. Hier zählen die sachliche Qualität und Differenziertheit Ihrer Argumente und natürlich Ihre rhetorische Fähigkeit, andere von der Richtigkeit Ihrer Vorschläge zu überzeugen.

Denkbar ist auch, dass man Ihnen eine spezifische Rolle vorgibt, die Sie in der Gruppendiskussion spielen sollen (z. B. Auftraggeber, Abteilungsleiterin, Gleichstellungsbeauftragte, ehrenamtliche Vorsitzende). Das Drehbuch zu Ihrer Rolle erhalten Sie in Form einer schriftlichen Instruktion. Man will erkennen,

- wie gut Sie sich in die Perspektive eines anderen, mit dem Sie beruflich zusammenarbeiten (müssen), hineinversetzen können,
- wie gut es Ihnen gelingt, einerseits die Interessen des Rolleninhabers zu wahren, andererseits aber auch auf einen tragfähigen Konsens oder Kompromiss hinzuwirken,
- wie Sie auf Konfliktangebote Anderer reagieren,
- ob Sie eher integrierend oder eher polarisierend vorgehen.

Selbstverständlich kann Ihre Rolle auch darin bestehen, die Diskussion zu moderieren, was Ihnen nicht nur bestimmte Kommunikationsformen abverlangt, sondern auch die Fähigkeit

- sich durchzusetzen,
- den roten Faden zu behalten,
- zum Ergebnis zu kommen,
- Teilnehmer/innen zu aktivieren,
- die vorgegebene Zeit einzuhalten.

Am Ende der Übungseinheit werden die Teilnehmer/innen manchmal aufgefordert, anonym eine Rangreihe zu bilden: Wer war am kooperativsten? Wer hatte die besten Ideen? Wer hat die Effektivität der Gruppenarbeit am meisten beeinträchtigt („Peer-Ranking")? Ebenso ist eine wechselseitige Einschätzung anhand vorgegebener Kriterien möglich („Peer-Rating").

Rollenspiel

Im Erziehungs- und Sozialsektor ist die Fähigkeit unverzichtbar, auf Menschen zuzugehen, ihr Vertrauen zu gewinnen, zu Selbstreflexion und aktiver Problemlösung zu ermutigen etc. Als Führungskraft stehen Sie zwar kaum im Kontakt zu den unmittelbaren Adressaten bzw. den Kunden Ihrer Einrichtung, dafür müssen Sie aber die Mitarbeiter/innen auf Ihre Seite ziehen, sie motivieren, ihnen Unvermeidliches zumuten, Veränderungen anregen, Initiativen aufgreifen, Kontrolle ausüben etc. Im Rollenspiel soll sich herausstellen, wie Sie sich als qualifizierte Fachkraft bzw. als Vorgesetzter in alltagstypischen Kommunikationssituationen gegenüber Klienten oder Mitarbeiter/innen verhalten, und ob Sie mit ihrem individuellen Stil in die Kommunikationskultur des Anstellungsträgers passen.

Rollenspiel-Themen für Führungskräfte (Beispiele):

- Mitarbeitergespräche (über Zielvereinbarungen, Leistungsanreize, Fehlverhalten, Förderung, Einstellung/Kündigung etc.)
- Verhandlungen mit Kostenträgern (über Leistungsentgelte, Zuschüsse, Projektmittel)
- Verhandlungen mit der Mitarbeiter/innen-Vertretung (Gehalt, Leistungszulagen, Urlaubsregelungen etc.)
- Umgang mit Beschwerden und innerbetrieblichen Konflikten

Rollenspiel-Themen für Fachkräfte (Beispiele):

- Beruhigung eines renitenten Jugendlichen
- Streitschlichtung zwischen Eltern und Kindern
- unwillige Eltern zur Zusammenarbeit bewegen
- Moderation eines Hilfeplangesprächs
- ein Telefonat führen, in dem anonym eine Kindesmisshandlung angezeigt wird

Die Dauer eines Rollenspiels beträgt im Allgemeinen zwischen 10 und 20 Minuten. Dem geht eine unterschiedlich lange Vorbereitungszeit voraus. Die Rolle des Spielpartners übernimmt ein Assessor oder ein geschulter Trainer, nur selten ein anderer Kandidat. Vor der Übung erhalten Sie eine ausführliche schriftliche Instruktion über die Spielsituation und ihren sachlichen Hintergrund.

Beispiel:

Sie sind Leiterin einer Wohneinrichtung für psychisch Kranke. Sie führen ein Gespräch mit zwei Personen aus der Nachbarschaft der Einrichtung, die sich zuvor gemeinsam mit anderen in einem offenen Brief massiv über Ihre Einrichtung beschwert haben: „Bewohner lärmen", „Man fühlt sich nicht mehr sicher", „ständiger Besucherverkehr", „Grundstückspreise sinken" etc. Setzen Sie sich mit den Behauptungen der Anwohner auseinander!

Im Anschluss an die Übung wird Ihr Verhalten mithilfe eines Beurteilungsbogens durch die Beobachter (Assessoren) bewertet.

Weitere Übungen in Kurzform

Fallbearbeitung („Fallstudie")	In begrenzter Zeit sollen Sie alleine oder in der Gruppe einen typischen, mehr oder weniger komplexen Problemfall aus Ihrem Berufsalltag lösen. Dazu erhalten Sie meist umfangreiche Unterlagen, in die Sie sich vorab einarbeiten müssen.
	Als Gruppenübung hat die Fallstudie deutliche Parallelen zu einer Gruppendiskussion (siehe oben).
	Beispiele für ein Fallszenario haben wir weiter unten für Sie zusammengestellt.
Vortrag/ Präsentation	Die Präsentationsübung ist eine der häufigsten Übungen. Sie stellt Sie vor die Aufgabe, innerhalb knapp bemessener Vorbereitungszeit mehr oder weniger umfangreiches Material zu sondieren, für das vorgegebene Thema auszuwerten und Ihr Ergebnis dann vor der Gruppe vorzutragen. Je nach Thema können Vorbereitungs- und Vortragszeit erheblich schwanken (zwischen 15 Minuten und 2 Stunden bzw. zwischen 5 und 15 Minuten). Die Übung lässt sich in Verbindung mit Gruppendiskussionen oder als Ergebnis von Fallstudien durchführen. Oft werden die Vortragenden nach der Präsentation mit Fragen und Einwänden konfrontiert bzw. es schließt sich eine Diskussion an.

	Die Themen der Präsentation können mehr oder weniger speziell sein. In jedem Fall sollen sie eine direkte Verbindung zu der ausgeschriebenen Zielposition aufweisen. *Beispiele:* • Voraussetzungen für die Einführung eines Qualitätsmanagements in Sozialen Diensten • Braucht man Standesorganisationen im Erziehungs- und Sozialsektor? • Sind ethische Standards im Sozialwesen unverzichtbar? • Welche Vorteile bieten Diversity-Strategien für Sozialunternehmen?
Erstellung von Schriftstücken	Bei dieser Übung geht es darum, einen Text oder ein Schreiben abzufassen, das im Berufsleben regelmäßig ansteht. *Beispiele:* • begründeter Antrag auf Bewilligung eines städtischen Zuschusses • Rundschreiben an die Mitarbeiter/innen • Pressemitteilung • Kurzbeitrag für den Jahresbericht
Selbstpräsentation	Ihre Aufgabe ist es, sich vor der Gruppe und den Assessoren persönlich vorzustellen. Dafür bekommen Sie eine Zeitvorgabe, die Sie möglichst einhalten sollten. Bei einer fünfminütigen Präsentation sollten Sie daher nicht nach zwei Minuten bereits fertig sein. Eine qualifizierte Selbstpräsentation gelingt Ihnen nur durch sorgfältige Vorbereitung.

Ergänzt werden die Übungen regelmäßig durch ein Interview. Es dauert meist zwischen 20 und 45 Minuten und ähnelt sehr stark einem leitfadengestützten Vorstellungsgespräch. Häufig sitzen Sie im Interview mehreren Assessoren gegenüber, die sich vor allem für das Folgende interessieren:

• Ihre berufliche Biografie
• Ihre Bewerbungsmotivation
• Ihre Leistungsbereitschaft
• Ihre Selbstbewertung hinsichtlich fachlicher, sozialer, methodischer und personaler Kompetenzen
• Ihre beruflichen Ziele und Zukunftspläne etc.

Die Fragen in dem Leitfaden sind normiert und werden jedem Kandidaten in gleicher Weise gestellt. Der Bewerber selbst kann keine Fragen stellen.

Tests im Assessment-Center

Während sie bei Auszubildenden durchaus häufiger zum Tragen kommen, spielen Tests bei der Gewinnung von Führungskraften statistisch kaum eine Rolle. Im pädagogischen Bereich werden sie aktuell als Auswahlinstrument für angehende Lehrer diskutiert. Wer als Arbeitgeber Tests anwendet, benötigt gründliche testtheoretische Kenntnisse und Erfahrungen, damit die solide Durchführung, Auswertung und Interpretation der Ergebnisse gewährleistet ist. Rechtlich ist der Einsatz psychologischer Eignungstests nur zulässig, wenn

- Sie über Inhalt und Reichweite des Tests unterrichtet wurden,
- Sie Ihr Einverständnis zur Durchführung des Tests gegeben haben,
- der Test sich ausschließlich auf Anforderungen des betreffenden Arbeitsplatzes bezieht

Im AC können Sie insbesondere auf die folgenden Tests stoßen:

Testtyp	richtet sich z. B. auf ...
Berufseignungstest/ Fähigkeitstest/ Leistungstest	• Konzentrationsfähigkeit • Reaktionsgeschwindigkeit • sprachliche Begabung • Rechenfähigkeit/logisches Denken • Kreativität • Merkfähigkeit • technische Begabung • künstlerische Begabung • soziales Einfühlungsvermögen
Intelligenztest	• Sprachbeherrschung • Rechengewandtheit • Denkfähigkeit • Kombinationsvermögen • räumliches Vorstellungsvermögen
Persönlichkeitstest	• Interessen/Neigungen • Gelassenheit • Aggressionsbereitschaft • Zuverlässigkeit • Antriebsstärke • Belastbarkeit • Kontaktfreude

Beispiele für Fallstudien aus dem Erziehungs- und Sozialsektor

Beispiel 1: Auswahl einer Geschäftsführerin für einen Jugendhilfeträger

Sie sind Geschäftsführerin einer großen Heimeinrichtung. Seit Jahren nehmen Sie Kinder und Jugendliche bei sich auf, die in ihren Familien nicht mehr weiterleben können. Das Jugendamt A. ist Hauptbeleger Ihrer Heimeinrichtung. Es teilt Ihnen mit, dass es Ihr Haus zukünftig erheblich seltener in Anspruch nehmen wird. Man geht davon aus, dass die Zuweisungen um ca. ein Drittel abnehmen werden. Mit den eingesparten Mitteln sollen Angebote der Prävention und der ambulanten Beratung und Erziehungshilfe ausgebaut werden. Leider ist auch die Nachfrage durch andere Jugendämter bereits zurückgegangen. Eine Trendumkehr ist nicht in Sicht. Wenn Sie keine Lösung für das Problem finden, müssen Sie die Einrichtung verkleinern und Mitarbeiter/innen entlassen.

Ihre Aufgabe:

Erstellen Sie innerhalb von 60 Minuten gemeinsam mit einer leitenden Mitarbeiter/in ein Schreiben, mit dem Sie auf die Ankündigung des Jugendamtes A. reagieren und diesem Vorschläge unterbreiten, wie Sie die Zukunft Ihrer Einrichtung sichern wollen.

Beispiel 2: Auswahl eines städtischen Jugendhilfeplaners

Mit dem Erlass „Offene Ganztagsschule im Primarbereich" hat das Land NRW einen ersten Schritt zu einer tiefgreifenden Umstrukturierung der Landesförderung im Bereich der Schulkinderangebote gemacht. Die bisherigen nebeneinander bestehenden Schülerbetreuungsangebote des Hortes, des Programms *13plus* und *„Schülertreffs in Tageseinrichtungen (SIT)"* werden nur bis zum Jahre 2007 gefördert und dann vereinheitlicht im dem Angebot der „Offenen Ganztagsschule". Zunächst soll das Angebot der „Offenen Ganztagsschule (OGS)" nur an den Grundschulen und im Primarbereich der Sonderschulen eingerichtet werden.

In der Stadt Viersen werden derzeit 370 Kinder im Hort oder in den *13plus-* und *SIT-Gruppen* betreut. Aus finanziellen Gründen sollen zunächst nur für diese Anzahl der Kinder Betreuungsplätze an den Offenen Ganztagsschulen geschaffen werden. In der Stadt Viersen gibt es 14 Grund- und 2 Sonderschulen; die Betreuungsplätze in den Horten, den *13plus-* und *SIT-Gruppen* befinden sich in städtischer Trägerschaft, sie sind in eigenen Gebäuden außerhalb der Schulstandorte untergebracht.

Innerhalb der Stadtverwaltung sind mit der Überführung der Schülerbetreuungsprogramme in die Struktur der Offenen Ganztagsschule das Schulverwaltungsamt, das Gebäudemanagement, das Personalamt und die Finanzverwaltung befasst; die Federführung wurde dem Jugendamt übertragen. Ferner ist dies natürlich eine Aufgabe der Schulen. Diese entscheiden durch Beschluss der Schulkonferenz, ob sie eine Offene Ganztagsschule einrichten und sie beschließen das pädagogische Konzept. Außerdem suchen die Schulen Kooperationspartner für musische, sportliche oder freizeitorientierte Angebote an den Nachmittagen.

Die Mindeststärke einer Gruppe an einer OGS beträgt 25 Schüler.

Zu dem evtl. notwendig werdenden Umbau oder Ausbau von Schulgebäuden für die OGS stellt das Land für jede Gruppe von mindestens 25 Kindern 80.000 € zur Verfügung, außerdem 25.000 € für die Ersteinrichtung und Ausstattung (investive Förderung). Für jeden Schüler an der OGS zahlt das Land 820 € jährlich an Betriebskosten, sofern die Stadt einen Eigenanteil von 410 € pro Schüler aufbringt. Ferner kann die Stadt Elternbeiträge zwischen 1 und 100 € erheben. Außerdem erspart sie mit der Schließung der Horte und der *13plus-* und *SIT-Gruppen* ihren Trägereigenanteil.

Der Jugendhilfeausschuss hat in seiner Sitzung am 1. 7. 2004 die Verwaltung beauftragt, ein Gesamtkonzept für die Überführung der bisherigen Schülerbetreu-
ungsmaßnahmen in die Struktur der Offenen Ganztagsschule bis zum 1. 10. 2004
zu entwickeln.

Ihre Aufgabe:

Entwerfen Sie einen Projekt- oder Handlungsplan.

Ausblick

Es spricht einiges dafür, AC-Konzepte auch bei der Auswahl von akademisch
qualifizierten Führungskräften des Erziehungs- und Sozialsektors zu berücksichtigen. Führungspositionen erfordern auch hier eine zuverlässiges Erkennen, ob
sich der Bewerber nach seinen überfachlichen Managementqualifikationen tatsächlich für die Stelle eignet. Sozialmanager tragen nicht selten Verantwortung
für Millionen-Umsätze. Große Träger sozialer Dienste und Einrichtungen beschäftigen bisweilen Hunderte von Mitarbeitern unterschiedlicher Professionen.
Vorläufig schreckt der hohe Aufwand eines professionell durchgeführten AC
viele Arbeitgeber noch davon ab, ihre klassischen Personalauswahlverfahren um
eine „AC-Komponente" zu erweitern. Dabei wird verkannt, dass Investitionen,
wenn sie personelle Fehlentscheidungen vermeiden, durchaus wirtschaftlich sind
(„Return on Investment"). Wenn es allerdings zutrifft, dass nahezu jeder, der
nach harter Vorauswahl das AC überhaupt erreicht, eine erfolgreiche berufliche
Karriere vor sich hat, reduziert sich das AC auf die Auswahl des/der Besten unter
den Favoriten. Ob sich so gesehen der hohe Kosten- und Zeitaufwand immer
lohnt, erscheint zumindest fraglich. Hinzu kommt, dass den Bewerber/innen die
verschiedenen Übungsaufgaben und Tests eines AC bekannt sind und sie wissen,
wie sie sich zum eigenen Vorteil zu verhalten haben. Damit lässt sich auch das
Ergebnis eines AC zumindest zum Teil beeinflussen. Aus Bewerbersicht erzeugt
ein AC häufig zwar Ängste; auf der anderen Seite ergibt sich die Möglichkeit, eigene Stärken umfassender darstellen zu können, als es bei üblichen Bewerbungsgesprächen möglich ist.

13 Geld spielt eine Rolle – Was Sie im Erziehungs- und Sozialsektor verdienen können

Die Einkommensverhältnisse der Beschäftigten im Erziehungs- und Sozialsektor werden je nach Anstellungsträger durch Tarifverträge, arbeitgeberseitige Richtlinien oder durch Gesetze bestimmt. In einer konzentrierten Übersicht zeigen wir Ihnen, wovon Ihr Gehalt abhängt und mit welchem Einkommen Sie rechnen können.

Tonangebend für die Beschäftigungsverhältnisse im Erziehungs- und Sozialsektor war über viele Jahrzehnte der Bundesangestelltentarifvertrag (BAT), der in jeweils unterschiedlicher Fassung für Bund, Länder und Kommunen galt. Er war nicht nur die Vergütungsgrundlage für den öffentlichen Dienst, sondern diente zugleich als Orientierungsrahmen für eigene Tarif- und Beschäftigungsregelungen der großen Wohlfahrtsverbände. Die starke Anlehnung an den BAT bzw. die zum Teil wortgleiche Übernahme durch die Verbände lag nahe, weil der BAT bei kommunalen und staatlichen Finanzgebern als Einstufungs- und Entgeltgrundlage akzeptiert war. Aus Konkurrenzgründen sollten die Mitarbeiter/innen der freigemeinnützigen Träger außerdem nicht schlechter dastehen als ihre öffentlichen Kollegen. Umgekehrt schied eine bessere Bezahlung aus, wenn Wohlfahrtsverbände öffentlich subventioniert wurden, was fast immer der Fall war (Besserstellungsverbot). Zum 1.10.2005 wurde der BAT durch ein neues Tarifwerk abgelöst, den Tarifvertrag für den öffentlichen Dienst (TVöD). Er gilt für die Angestellten des Bundes und der Kommunen. Für die angestellten Mitarbeiter/innen der Länder (ausgenommen Berlin und Hessen) trat am 1.11.2006 ein eigener Tarifvertrag in Kraft (Tarifvertrag für den öffentlichen Dienst der Länder – TV-L). Die Reform des öffentlichen Tarifsektors soll nicht nur zu besser handhabbaren und transparenteren Tarifstrukturen führen, sondern auch die Personalausgaben senken. Kostenträchtige Strukturmängel des alten Systems, wie altersabhängige Gehaltssteigerungen, die automatische Höhergruppierung nach Zeitablauf („Bewährungsaufstieg") und ein üppiges Zuschlagswesen, wurden abgeschafft, leistungsabhängige Komponenten wurden eingeführt. Familienstand und Kinderzahl spielen bei der Entgeltbemessung keine Rolle mehr. Betroffen sind von der Neuausrichtung der Tarifsysteme in erster Linie Neueinsteiger, während bereits Beschäftigte durch Besitzstandssicherungen vor Nachteilen geschützt sind.

Die Veränderungen im öffentlichen Beschäftigungssektor haben Rückwirkungen auch auf die freien Träger. Nachdem Staat und Kommunen seit Jahren enormen Druck auf die Preisgestaltung der Freien Wohlfahrtspflege ausüben (Abkehr vom Selbstkostendeckungsprinzip) und in einigen Feldern des Sozial- und Gesundheitssektors der Wettbewerb zunehmend das Geschäft bestimmt, sehen sich auch die Wohlfahrtsverbände zu Anpassungen ihrer Tarifstrukturen gezwungen. Weil die Beschäftigten eine Verschlechterung ihrer Arbeitsbedingungen befürchten, ist diese zurzeit laufende Umgestaltung zum Teil von vehementen Auseinandersetzungen geprägt.

Was bei diesen Veränderungen in den Beschäftigungsbedingungen am Ende herausgekommen ist, wollen wir Ihnen – soweit möglich – in Kurzform präsentieren, konzentriert auf die Frage nach dem Einkommen, mit dem Sie als Angestellter oder Beamter im Erziehungs- und Sozialsektor heute rechnen können.

Öffentlicher Dienst

Vergütungen nach dem TVöD

Während die am 1.10.2005 bei Bund und Kommunen bereits Beschäftigten durch Überleitungstarifverträge in das neue Tarifsystem integriert wurden (Besitzstandswahrung), gilt der TVöD für die seitdem Neueingestellten unmittelbar. Nach dem TVöD ist jeder Arbeitnehmer einer der insgesamt 15 Entgeltgruppen zuzuordnen (siehe S. 201). Entscheidend für die Zuordnung ist die Tätigkeit. Da es bisher keine eigene Entgeltordnung im TVöD gibt (Zuordnung von Tätigkeiten zu Entgeltgruppen), werden auch Neueingestellte zunächst noch auf BAT-Grundlage eingruppiert. Die BAT-Vergütungsgruppe führt dann zu einer der TVöD-Entgeltgruppen. Für die östlichen Länder gelten die Tabellenentgelte im kommunalen Bereich seit dem 1.7.2006 mit einem Abschlag von (nur noch) 3 %. Alle Entgelte werden durch Jahressonderzahlungen (früher: Urlaubs- und Weihnachtsgeld) ergänzt, die je nach Entgeltgruppe zwischen 60 und 90 % eines Monatsgehaltes betragen (Ost: 75 %). Anstelle einer Erhöhung der Tabellenwerte können die Tarifvertragsparteien auch Einmalzahlungen vereinbaren (so in den Jahren 2006 und 2007 in den westlichen Bundesländern geschehen).

Nach den BAT-TVöD-Eingruppierungsregeln sind Mitarbeiter/innen in Berufen des Erziehungs- und Sozialsektors folgenden Entgeltgruppen zugeordnet:

Berufsgruppe	Entgeltgruppe
Kinderpflegerinnen/Sozialassistentinnen	3
• mit schwieriger fachlicher Tätigkeit	5
Erzieher/innen	6
• mit besonderer schwieriger fachlicher Tätigkeit	8
• in Schulkindergärten	8
• mit fachlichen Koordinationsaufgaben; Kita-Leitung	8–9
Diplom-Sozialarbeiter/innen/Bachelor of Arts Fachrichtung Soziale Arbeit	9
• bei Aufgaben mit besonderer Schwierigkeit und Bedeutung	10
• bei Aufgaben mit besonders herausgehobener Verantwortung	11–12
Diplom-Psycholog/in, Diplom-Sozialwissenschaftler/in Master of ... (in entsprechend akkreditierten Studiengängen)	13

TVöD	1	2	3	4	5	6
1	1.286,00	1.286,00	1.310,00	1.340,00	1.368,00	1.440,00
2	1.449,00	1.610,00	1.660,00	1.710,00	1.820,00	1.935,00
3	1.575,00	1.750,00	1.800,00	1.880,00	1.940,00	1.995,00
4	1.602,00	1.780,00	1.900,00	1.970,00	2.040,00	2.081,00
5	1.688,00	1.875,00	1.970,00	2.065,00	2.135,00	2.185,00
6	1.764,00	1.960,00	2.060,00	2.155,00	2.220,00	2.285,00
7	1.800,00	2.000,00	2.130,00	2.230,00	2.305,00	2.375,00
8	1.926,00	2.140,00	2.240,00	2.330,00	2.430,00	2.493,00
9	2.061,00	2.290,00	2.410,00	2.730,00	2.930,00	3.180,00
10	2.340,00	2.600,00	2.800,00	3.000,00	3.330,00	3.470,00
11	2.430,00	2.700,00	2.900,00	3.200,00	3.635,00	3.835,00
12	2.520,00	2.800,00	3.200,00	3.550,00	4.000,00	4.200,00
13	2.817,00	3.130,00	3.300,00	3.630,00	4.090,00	4.280,00
14	3.060,00	3.400,00	3.600,00	3.900,00	4.360,00	4.610,00
15	3.384,00	3.760,00	3.900,00	4.400,00	4.780,00	5.030,00
	1	2	3	4	5	6

Entgelte nach TVöD (Kommunen)

Die Unterscheidung von Fachhochschulabsolventen und Universitätsabsolventen wurde auch im TVöD grundsätzlich beibehalten. Allerdings erhalten auch FH-Absolventen Zugang zu der Stufe 13 und höher, wenn sie an ihrer FH einen Master-Abschluss erworben haben, der für den „höheren Dienst" akkreditiert ist, also eine entsprechende wissenschaftliche Ausrichtung aufweist.

Im Unterschied zum früheren BAT ist die Eingruppierung in eine höhere Entgeltstufe nur möglich, wenn eine „höherwertige Tätigkeit" ausgeübt wird. Eine Beförderung bei gleichbleibender Tätigkeit ist ausgeschlossen.

Beispiel:

Eingruppierung einer Diplom-Sozialpädagogin, die ein Großstadtjugendamt leitet, in die Entgeltgruppe 15.

Oberhalb der Stufe 15 (früher: BAT I) können Gehälter frei vereinbart werden.

Die Entgelttabelle des TVöD unterscheidet zwischen zwei Grundentgeltstufen (1 und 2) und vier Entwicklungsstufen (3 bis 6). Grundentgeltstufe 1 gilt für Einsteiger ohne Berufserfahrung. Bewerber/innen mit Berufspraktikum (z.B. Anerkennungsjahr als Erzieher/in) werden automatisch der Grundentgeltstufe 2 zugeordnet. Stufe 2 wird im Übrigen nach einjähriger Tätigkeit in Stufe 1 erreicht, Stufe 3 nach zweijähriger Tätigkeit in Stufe 2 etc. Um nach entsprechendem Zeitablauf vorzurücken, muss die Tätigkeit in der Regel ohne Unterbrechung bei demselben Arbeitgeber ausgeübt worden sein. Von Ausnahmen abgesehen verlängern Unterbrechungen die Anlaufzeit für die nächsthöhere Stufe (z.B. Sozialpädagogin nimmt für ein Jahr Sonderurlaub, um ihre kranke Mutter zu pflegen; Wehr- und Zivildienst; Elternzeit). Bei mehr als dreijähriger Unterbrechung (bei Elternzeit mehr als fünf Jahre) kommt es dagegen beim Wiedereinstieg zu einer Rückstufung um eine Stufe.

Entscheidende Größe für den Stufenaufstieg ist nicht mehr das Lebensalter, sondern die Beschäftigungszeit des Mitarbeiters. Es wird angenommen, dass mit der Beschäftigungszeit auch die Berufserfahrung steigt. Dies führt dazu, dass man nach Zeitablauf bei durchschnittlicher Erfüllung der Anforderungen in die nächsthöhere Entwicklungsstufe aufsteigt. Aber: Bei einem Wechsel des Arbeitgebers kann es zu einer Rückstufung kommen. Auch wer die Stufe 3 nach langjähriger Berufstätigkeit längst verlassen hatte, fällt ab dem 1.1.2009 beim Wechsel des Arbeitgebers wieder in Stufe 3 zurück, es sei denn der Arbeitgeber sieht hiervon ab, um seinen Personalbedarf decken zu können.

Die Zeit eines Stufenaufstiegs in die Stufen 4 bis 6 kann bei erheblich über oder unter dem Durchschnitt liegenden Leistungen beschleunigt bzw. gehemmt werden (leistungsorientierte Entgeltkomponente). Darüber hinaus können seit 2007 zusätzlich materielle Leistungsanreize gewährt werden (einmalige Leistungsprämien, Leistungszulagen, Erfolgsprämien). Die genauen Bestimmungen zur Leistungsbezahlung (wer bekommt wann wie viel) muss jeweils vor Ort durch Betriebs- oder Dienstvereinbarungen geregelt werden. Es ist jedoch davon auszugehen, dass die Umsetzung der Leistungskomponenten noch einige Jahre in Anspruch nehmen und insbesondere in der Sozialen Arbeit erhebliche Probleme bereiten wird. Bis zur Umsetzung entsprechender Regelungen werden die hierdurch eingesparten Mittel pauschal an alle Beschäftigten ausgezahlt. Zuschläge sind für Schichtarbeit, Bereitschaftsdienste, Nachtarbeit etc. vorgesehen. Hinzu kommen spezielle Zahlungen wie z. B. vermögenswirksame Leistungen und eine zusätzliche Altersversorgung.

Die tarifliche Arbeitszeit liegt bei Bundesangestellten bei 39 Stunden, bei den kommunalen Mitarbeiter/innen je nach Bundesland zwischen 38,5 und 40 Stunden. Die Arbeitszeit kann flexibel geregelt werden. Bei West-Mitarbeitern tritt nach 15-jähriger Beschäftigung und einem Mindestlebensalter von 40 Jahren nach wie vor ein besonderer Kündigungsschutz ein (sog. Unkündbarkeit).

Vergütungen nach dem TV-L

Der Tarifvertrag für den öffentlichen Dienst der Länder (TV-L) basiert in weiten Teilen auf dem Text des TVöD. Deshalb sind seine Strukturmerkmale trotz zahlreicher Unterschiede im Detail mit dem TVöD vergleichbar. Der TV-L erfasst die Landesangestellten. Er gilt u. a. für sozialpädagogische Fachkräfte an Schulen, für nicht beamtete Bewährungshelfer oder Kulturpädagog/innen an Landesmuseen. Mit Sonderregelungen gilt er auch für angestellte Lehrer/innen und für wissenschaftliche Mitarbeiter/innen. Je nach Bundesland beträgt die tarifliche Arbeitszeit zwischen 38,7 und 39,7 Stunden.

Wie im TVöD ist die Entgelttabelle in Entgeltgruppen und -stufen unterteilt. Für die Entgeltgruppen 9–15 entfällt jedoch die Entwicklungsstufe 6. Die Zuordnung zu den Entgeltgruppen ist ebenfalls von der Tätigkeit abhängig, der Aufstieg in den Stufen innerhalb einer Entgeltgruppe von der Beschäftigungszeit. Wer den Arbeitgeber wechselt, muss damit rechnen, dass ihm nicht alle Vorbeschäftigungsjahre angerechnet werden. Zur Deckung des Personalbedarfs, zur Personalbindung oder zum Ausgleich höherer Lebenshaltungskosten können Stufen ganz oder teilweise vorweggewährt werden. Die Zeiträume zwischen den Stufenaufstiegen können wie nach TVöD im Rahmen der leistungsorientierten Bezahlung verkürzt oder verlängert werden. Ebenso können spezielle Leistungsentgelte gezahlt werden. Vergleichbar sind auch die Regelungen über die Überleitung der vor dem Inkrafttreten des Tarifvertrags bereits beschäftigten Mitarbeiter/innen. Ebenso gilt die Eingruppierungsordnung des BAT vorläufig weiter.

Die Entgelte entsprechen der TVöD-Tabelle. Für Lehrkräfte gilt eine besondere Tabelle. Die Tabellenwerte werden am 1. Januar 2008 (West) und am 1. Mai 2008 (Ost) um 2,9 Prozent angehoben und anschließend auf volle fünf Euro aufgerundet. Das Entgelt wird durch Jahressonderzahlungen (früher: Urlaubs- und Weihnachtsgeld) ergänzt, die je nach Entgeltgruppe zwischen 35 und 95 % eines Monatsgehaltes betragen (Ost: 30 bis 71,5 %). Am 1. Januar 2008 werden außerdem die Entgeltgruppen 1 bis 8 in den Ost-Ländern auf 100 % West angehoben, am 1. Januar 2010 diejenigen der Entgeltgruppen 9 bis 15. In 2006 und 2007 gab es statt einer Prozentsteigerung Einmalzahlungen. Das Tarifgehalt kann durch eine individuelle Leistungszulage aufgestockt werden. Die Höhe der Zulage ist durch Landestarifverträge festzulegen. Die Wochenarbeitszeit der Landesbeschäftigten beträgt im Westen durchschnittlich gut 39 Stunden/Woche, in den neuen Bundesländern beträgt sie weiterhin 40 Stunden. Beschäftigte in Heimen und sonderpädagogischen Einrichtungen arbeiten 38,5 Stunden. West-Mitarbeiter sind nach 15 Jahren und einem Mindestlebensalter von 40 Jahren nur noch im Sonderfall kündbar (sog. Unkündbarkeit).

Bundes- und Landesbesoldungsordnungen (BBesO/LBesO)

Beschäftigte, die auf Beamtenstellen tätig sind, erhalten ihr Gehalt nicht nach einem Tarifvertrag, sondern nach den Besoldungsgesetzen von Bund und Ländern. Diese unterscheiden verschiedene Besoldungsordnungen. Für Fach- und Leitungskräfte im Erziehungs- und Sozialsektor ist die Besoldungsordnung A maßgeblich. Diese ist aufsteigend in 15 Besoldungsgruppen gegliedert (A2 bis A16). Die Eingruppierung erfolgt „nach dem Amt". Bewerber mit Fachhochschulabschluss werden zu Beginn der Besoldungsgruppe A9 zugeordnet. Von dieser Position aus können Sie im Laufe ihrer Dienstzeit auch bei gleichbleibender Tätigkeit ggf. in eine höhere Besoldungsgruppe aufrücken. Bewerber mit Universitätsabschluss beginnen Ihre Laufbahn mit der Besoldungsgruppe A13. Das monatliche Entgelt der Beamten setzt sich aus mehreren Komponenten zusammen:

• dem Grundgehalt entsprechend der Besoldungsgruppe
• der jährlichen Sonderzahlung
• vermögenswirksamen Leistungen.

Bei Vorliegen der jeweiligen Voraussetzungen können hinzukommen

• ein Familienzuschlag (z.B. für Verheiratete, für Eltern mit Kindern; kinderzahlabhängig)
• eine Amts- oder Stellenzulage
• leistungsbezogene Zulagen (Prämien als Einmalzahlung; Leistungszulage).

Das Grundgehalt wird nach Stufen bemessen. Das Aufsteigen in den Stufen bestimmt sich nach dem Besoldungsdienstalter und der Leistung. Eine 21-jährige Person ist nach dem Besoldungsdienstalter der Stufe 1 zuzuordnen, eine 27-jährige Person dagegen der Stufe 4.

Es wird mindestens das Anfangsgrundgehalt der jeweiligen Besoldungsgruppe gezahlt. Das Grundgehalt steigt bis zur fünften Stufe im Abstand von zwei Jahren, bis zur neunten Stufe im Abstand von drei Jahren und darüber hinaus im Abstand von vier Jahren. Bei dauerhaft herausragenden Leistungen kann die nächsthöhere Stufe als Grundgehalt vorweg festgesetzt werden (Leistungsstufe).

Die wöchentliche Arbeitszeit der Beamten beträgt je nach Bundesland zwischen 40 und 42 Stunden.

Wie viel Einkommen Sie als zukünftiger Beamter tatsächlich erzielen, ist wegen der differenzierten Bemessungsregelungen ex ante nur aus einer individuellen Berechnung zu ersehen. Um diese sollten Sie als Bewerber/in unbedingt bitten. Hinzu kommt die Tatsache, dass Beamte keine Beiträge zur Arbeitslosen- und Rentenversicherung zahlen. Die in der nachfolgenden Tabelle ausgewiesen Bruttoentgelte führen also zu einem höheren Nettoeinkommen als dieselben Bruttoentgelte von Angestellten (S. 205).

Beamte	1	2	3	4	5	6	7	8	9	10	11	12
A2	1.474,59	1.510,19	1.545,81	1.581,42	1.617,03	1.652,66	1.688,28					
A3	1.536,09	1.573,98	1.611,87	1.649,76	1.687,67	1.725,57	1.763,47					
A4	1.570,97	1.615,61	1.660,20	1.704,83	1.749,44	1.794,06	1.838,66					
A5	1.583,67	1.540,80	1.685,19	1.729,56	1.773,96	1.818,34	1.862,73	1.907,12				
A6	1.621,17	1.569,91	1.718,65	1.767,38	1.816,11	1.864,85	1.913,60	1.962,33	2.011,06			
A7	1.692,42	1.736,22	1.797,55	1.858,87	1.920,19	1.981,52	2.042,86	2.086,64	2.130,44	2.174,26		
A8		1.798,45	1.850,84	1.929,43	2.008,02	2.086,60	2.165,21	2.217,60	2.269,98	2.322,39	2.374,77	
A9		1.916,09	1.967,65	2.051,52	2.135,39	2.219,27	2.303,15	2.360,80	2.418,48	2.476,13	2.533,80	
A10		2 064,60	2.136,24	2.243,69	2.351,17	2.458,63	2.566,10	2.637,74	2.709,38	2.781,01	2.852,65	
A11			2.379,94	2.490,05	2.600,16	2.710,28	2.820,40	2.893,81	2.967,21	3.040,64	3.114,05	3.187,45
A12			2.559,52	2.690,81	2.822,08	2.953,37	3.084,65	3.172,17	3.259,68	3.347,20	3.434,74	3.522,25
A13			2.880,96	3.022,73	3.164,50	3.306,26	3.448,02	3.542,53	3.637,04	3.731,55	3.826,07	3.920,58
A14			2.998,41	3.182,26	3.366,09	3.549,92	3.733,76	3.856,31	3.978,87	4.101,43	4.223,99	4.346,55
A15						3.903,77	4.105,89	4.267,59	4.429,28	4.590,98	4.752,68	4.914,37
A16						4.311,59	4.545,34	4.732,36	4.919,38	5.106,37	5.293,38	5.480,39
	1	2	3	4	5	6	7	8	9	10	11	12

Grundgehalt der Beamten nach Besoldungsordnung A (West) ohne Zuschläge. Die Entgelte nach der Tabelle-Ost liegen 7,5 % unter den West-Werten.

Empfehlung:

Bei der Berechnung Ihres individuell zu erwartenden Entgeltes helfen Ihnen „Gehaltsrechner für den öffentlichen Dienst", die Sie im Internet vorfinden.

Entgeltordnungen freigemeinnütziger Träger

AVR des Deutschen Caritasverbandes e.V.

Der Deutsche Caritasverband e.V. (DCV) ist mit ca. 470.000 Vollzeit- und Teilzeitmitarbeiter/innen der weitaus größte Wohlfahrtsverband. Die „Richtlinien für Arbeitsverträge in den Einrichtungen des Deutschen Caritasverbandes (AVR/DCV)" orientierten sich – wie erwähnt – bis vor geraumer Zeit an den Regelungen des öffentlichen Tarifrechtes (BAT). Nachdem die Übernahme des BAT-Nachfolgewerkes am Widerstand der Dienstgeberseite gescheitert ist (so heißen in den kirchlichen Verbänden die Arbeitgeber), hat die zuständige „Arbeitsrechtliche Kommission des DCV (AK)" für 2008 ein neues, eigenständiges Regelwerk („AVR neu") angekündigt. Bis dahin gilt die bisherige AVR fort. Unter den gegebenen ökonomischen Zwängen wird aber auch das neue Tarifsystem nicht umhinkommen, „alte Zöpfe" zu Lasten der Beschäftigten abzuschneiden. Da die neuen Richtlinien bei Redaktionsschluss für dieses Buch noch nicht vorlagen, können hier nur Hinweise auf die zu erwartenden Eckpunkte der Tarifreform gegeben werden. Zu den Eckpunkten gehören u. a.

• Abschmelzung von Familienzuschlägen, Wegfall von altersabhängigen Gehaltssteigerungen und sog. Bewährungsaufstiegen (Aufstieg in einer höhere Gehaltsgruppe nach allgemeiner Bewährung des Angestellten)
• Einführung variabler Gehaltsbestandteile (Leistungsvergütung)
• regionale bzw. betriebliche Flexibilisierung von Arbeitszeit- und Entgeltregelungen (Öffnungsklauseln)
• Abstriche beim Urlaubs- und Weihnachtsgeld
• Absenkung der Tarife für einfache Beschäftigungen (Niedriglohnsektor) und bei Rettungsdiensten.

AVR des Diakonischen Werkes e.V.

Wie der Caritasverband verfügt auch der zweitgrößte Träger sozialer Dienste und Einrichtungen mit konfessioneller Ausrichtung, das Diakonische Werk der Evangelischen Kirche in Deutschland e.V., über eigene Arbeitsvertragsrichtlinien (AVR). Einzelne Untergliederungen wichen bisher durch eigene Entgeltregelungen von diesem allgemeinen Regelwerk aber mehr oder weniger weit ab. Am 1.7.2007 trat eine novellierte AVR in Kraft, von der ca. 150.000 Mitarbeiter/innen unmittelbar erfasst werden. Für die übrigen ca. 140.000 Diakoniebeschäftigten gelten separate, im Allgemeinen aber vergleichbare landeskirchliche Regelungen (z.B. Bayern, Nordelbien).

Im Mittelpunkt des neuen Regelungswerkes steht nicht nur die Vereinfachung und größere Transparenz des kaum noch überschaubaren Tarifsystems, sondern vor allem seine Anpassungsfähigkeit an wirtschaftliche Gegebenheiten im „Sozial- und Gesundheitsmarkt" (Flexibilisierung). In seiner Grundkonstruktion soll es – jedenfalls nach Angaben des DW – kostenneutral sein, d. h. die Lohnsumme, die die Diakonie an ihre Beschäftigten auszahlt, nicht verringern. Merkmale des neuen Vergütungssystems sind:

- Die Mitarbeiter/innen werden nach ihrer Tätigkeit 13 Entgeltgruppen zugeordnet.
- Die Entgeltgruppen sind in drei Stufen gegliedert: Einarbeitungs-, Basis- und Erfahrungsstufe. Die BAT-gleichen Lebensaltersstufen, die mit steigendem Lebensalter automatisch zu Gehaltssteigerungen führten, sind entfallen. Die Basisstufe wird in der Regel nach zweijähriger, die Erfahrungsstufe nach weiteren 6 Jahren in der jeweiligen Tätigkeit erreicht. Die Stufenentgelte liegen max. 10 % auseinander.
- Der Aufstieg in eine höhere Tarifstufe setzt eine Änderung der Tätigkeit voraus. Der BAT-typische „Bewährungsaufstieg" ist weggefallen.
- Mitarbeiter/innen, die ihre Berufstätigkeit erst beginnen, werden nach der neuen Tabelle höher bezahlt als in der Vergangenheit. Jüngere und ältere Mitarbeiter/innen liegen im Gehalt nunmehr stärker als bisher beieinander.
- Für bereits Beschäftigte erfolgte bei Einführung der neuen AVR eine Besitzstandswahrung. Um die Tarifreform dennoch kostenneutral umsetzen zu können, werden neu eingestellte Mitarbeiter/innen acht Jahre lang zu abgesenkten, jährlich aber steigenden Tabellenentgeltsätzen beschäftigt (untere Entgeltgruppen ausgenommen).
- Für die östlichen Bundesländer gilt eine spezielle (niedrigere) Entgelttabelle, deren Werte 7,5 v. H. unter den West-Entgelten liegen.
- Es werden 13 Gehälter gezahlt. Das 13. Gehalt (Jahressonderzahlung) kann bei nachgewiesenem negativem Betriebsergebnis bis auf 50 % gekürzt werden.
- Bei schwieriger Wettbewerbssituation einer Einrichtung können die Gehälter ebenfalls abgesenkt werden (bis zu 6 %); alternativ können die Arbeitszeiten verlängert werden oder beides. Hierfür sind klare Voraussetzungen und Verfahrenswege vorgegeben. Ebenso sind bei einer wirtschaftlichen Notlage die vorübergehende Absenkung des Entgeltes oder eine Gehaltsstundung von bis zu 10 % möglich, um betriebsbedingte Kündigungen abzuwenden.

Tätigkeit als	Entgeltgruppe
Erzieherin/Heilerzieherin/Gruppenleiterin in einer Werkstatt für behinderte Menschen/Altenpflegerin	7
Heilerzieherin/Erzieherin mit speziellen Aufgaben	8
Sozialarbeiterin/-pädagogin, Heilpädagogin • mit schwierigen Aufgaben • leitend	9 10 11
Psychologin, pädagogische Leiterin	12
Geschäftsführerin	13

Eingruppierungsbeispiele Diakonisches Werk

Entgelt-gruppe	Entgelttabelle West (monatlich in €)				
	Einarbeitungsstufe		Basisstufe		Erfahrungs-stufe
	Entgelt	Verweildauer (Monate)	Entgelt	Verweildauer (Monate)	Entgelt
1	–	0	1.300,00	24	1.365,00
2	–	0	1.497,00	48	1.572,00
3	1.521,00	6	1.521,00	48	1.606,00
4	1.550,00	12	1.641,00	48	1.732,00
5	1.700,00	24	1.800,00	72	1.900,00
6	1.766,00	24	1.870,00	72	1.974,00
7	1.956,00	24	2.071,00	72	2.186,00
8	2.158,00	24	2.285,00	72	2.412,00
9	2.360,00	24	2.499,00	72	2.638,00
10	2.686,00	24	2.844,00	72	3.002,00
11	3.053,00	24	3.233,00	72	3.412,00
12	3.218,00	24	3.407,00	72	3.597,00
13	3.640,00	24	3.854,00	72	4.068,00

Entgelte der Beschäftigten des Diakonischen Werks der EKD, gültig vom 1. 7. 2007 bis 30. 6. 2008 für Beschäftigte in den westlichen Bundesländern, die nach dem 30. 6. 2007 eingestellt werden (östliche Bundesländer: minus 7,5 v. H.); ohne Kinderzuschläge.

Tarifregelungen anderer Wohlfahrtsverbände

Die Senkung und Flexibilisierung der Personalkosten durch neue Tarifsysteme stand und steht nicht nur beim öffentlichen Dienst und den großen konfessionellen Anstellungsträgern auf der Agenda, sondern auch bei allen anderen Wohlfahrtsverbänden. So hat die *Arbeiterwohlfahrt* Ihre Tarifverträge zum 31. 12. 2006 gekündigt. In den Tarifverhandlungen verlangt sie erhebliche Zugeständnisse von den Gewerkschaften. Bei Redaktionsschluss waren diese Verhandlungen noch nicht abgeschlossen. Mit dem *Deutschen Roten Kreuz* wurde nach zweijähriger Verhandlung ein Tarifvertrag vereinbart, der weitgehend dem TVöD entspricht, sich allerdings nicht mehr unmittelbar an diesen bindet (Aufgabe der Tarifautomatik).

Die dem *Paritätischen Wohlfahrtsverband* angeschlossenen, rechtlich selbstständigen Träger orientieren sich häufig an den „Arbeitsvertragsrichtlinien" des DPWV-Gesamtverbandes; einzelne Träger (z. B. Krankenhäuser) haben sich Tarifgemeinschaften, wie z. B. dem kommunalen Arbeitgeberverband, angeschlossen, sodass der TVöD hier unmittelbar gilt. Im Großen und Ganzen lässt sich sagen, dass sich die Vergütungen im paritätischen Sektor mehr oder weniger am TVöD orientieren.

Arbeitsentgelte privatgewerblicher Träger

Privatgewerbliche Träger im Erziehungs- und Sozialsektor unterliegen entweder keiner Tarifbindung oder haben Haustarifverträge vereinbart. Haustarife können sich mehr oder weniger weit an andere Tarifverträge anlehnen, z. B. den TVöD. Da keine entsprechenden Daten vorliegen, sind verallgemeinerbare Aussagen über den „typischen Rahmen" solcher Verträge nicht möglich. Allgemein ist davon auszugehen, dass die Durchschnittsentgelte unter den bisher im öffentlichen und kirchlichen Bereich gezahlten Gehältern liegen.

Stichwortregister